黄河水质水量一体化配置和调度研究

彭少明　王　煜　郑小康　李福生　乔　钰　等著

黄河水利出版社

·郑　州·

内 容 提 要

本书主要内容包括揭示黄河兰州—河口镇河段水资源与水环境状况;引入具有水质水量综合管理的功能流域水质水量一体化 IQQM 模型,以黄河兰州—河口镇区间为典型河段建立了兰州—河口镇河段水质水量一体化模型,实现河流产流、产污过程的同步模拟;以 2020 年为研究水平年,黄河"87 分水方案"为基础,以黄河水功能区水质目标和主要断面水量控制为约束,开展黄河水质水量的综合模拟与调控,提出了一体化的调配方案,并细化了取水口取水量和排污口污染物入河量的过程分配,提出调度的实现手段和措施,研究成果可为全面实施黄河流域水资源综合管理提供重要的决策依据。

本书可供从事水文水资源研究、流域规划、水量调度与管理、水权转让与交易、水质模型研发等方面研究的管理者和决策者以及相关专业的科研人员阅读参考。

图书在版编目(CIP)数据

黄河水质水量一体化配置和调度研究/彭少明等著
.—郑州:黄河水利出版社,2016.11
ISBN 978 − 7 − 5509 − 1583 − 1

Ⅰ.①黄…　Ⅱ.①彭…　Ⅲ.①黄河 – 水资源管理 – 研究　Ⅳ.①TV213.4

中国版本图书馆 CIP 数据核字(2016)第 276332 号

出　版　社:黄河水利出版社
　　　　　地址:河南省郑州市顺河路黄委会综合楼 14 层　　邮政编码:450003
发行单位:黄河水利出版社
　　　　　发行部电话:0371 – 66026940、66020550、66028024、66022620(传真)
　　　　　E-mail:hhslcbs@ 126.com
承印单位:河南省瑞光印务股份有限公司
开本:787 mm × 1 092 mm　1/16
印张:15.5
字数:360 千字　　　　　　　　　　　　　印数:1—1 000
版次:2016 年 11 月第 1 版　　　　　　　印次:2016 年 11 月第 1 次印刷
定价:48.00 元

前　言

　　水质水量联合调配是实现流域经济社会与生态环境协调发展的有效举措,通过发挥水利工程兴利避害的综合功能,合理调配河流径流过程分布,实现水资源高效利用、河道水质改善的目标,以水资源的可持续利用保障经济社会的可持续发展,是当前国内外水科学研究的前沿和热点之一。

　　由于流域环境持续变化,加之经济社会发展对水资源需求及污染物排放量不断增加,黄河正面临水资源短缺、水环境恶化等问题交织的严峻局面,急需从战略层面系统研究水质水量一体化管理模型和方法,基于水资源和水环境承载能力优化河流水量过程、改善水环境。当前国内水质水量一体化模型研究仍处于起步阶段,尚不能解决黄河流域水质水量问题,通过对国际上通用的模型对比分析,IQQM 模型是比较适合丁黄河流域开展水质水量一体化配置与调度的模型系统。

　　本书引入了 IQQM 模型系统,建立兰州至河口镇河段水质水量一体化模型,完成参数率定和验证等,实现产流、产污过程模拟和水质水量一体化控制。以黄河"87 分水方案"为基础,以黄河水功能区水质目标和主要断面水量控制为约束,创新性地提出了我国主要江河的水质水量一体化的配置方案,并细化了取水口取水量和排污口污染物入河量的过程分配,提出调度的实现手段和措施。研究提出的水质水量一体化配置与调度方案成果可为黄河流域实施最严格的水资源管理制度提供重要技术支撑,研究建立的水质水量一体化配置与调度模型系统,可嵌入黄河水量调度系统为黄河水资源管理提供科学的工具和平台。

　　本书共有 9 章:第 1 章为综述,介绍研究背景,相关领域的国内外研究状况及研究技术路线;第 2 章为河段概况,介绍黄河兰州—河口镇河段的自然概况、水资源开发利用现状和水环境状况;第 3 章为 IQQM 模型及其功能,介绍了模型的架构、组件、主要功能和应用范围,并对模型进行了本土化改进;第 4 章为黄河兰州—河口镇河段水质水量一体化模型建立,研究 IQQM 模型系统的功能和原理,以黄河兰州—河口镇河段水力联系和物理原型为基础,通过概化建立黄河兰州—河口镇区间的水质水量一体化网络模型框架,并研究水质水量一体化控制流程和求解方法;第 5 章为模型参数率定和验证,在调查统计和室内分析的基础上,总结兰州—河口镇河段的取水、排水、点源排污、面源污染物入河规律,确定河段水质水量模型计算的边界条件,拟定模型系统的水质、水量模型参数,对模型参数进行率定和验证,结果表明模型模拟效果良好;第 6 章为水质水量一体化配置方案研究,开展不同情景方案的水质水量配置与调度方案研究,根据方案比较,优选"断面水量满足、水功能区水质达标"的一体化配置方案作为推荐方案,实现取水量及污染物入河总量与过程分配;第 7 章为水质水量一体化调度的实现,利用模型对取水过程、排污过程、断面下泄流量的控制及水库运用方式的优化,实现以周为时间步长的黄河水质水量一体化调度;第 8 章为典型流域水质水量一体化调控研究——以祖厉河为例,以祖厉河为典型流域,开展产流、产污模拟,从改善植被、控制取水、压缩排污等方面提出流域水质水量一体化调控手段,实现水质水量双控目标;第 9 章为总结与展望,总结了本研究的主要结论和创新性成果,并针对性地提出了几点展望。

本书编写人员及编写分工如下:第 1 章由彭少明、王煜、李福生编写;第 2 章由彭少明、郭兵托、郑小康、乔钰编写;第 3 章由郑小康、何刘鹏编写;第 4 章由彭少明、王煜、郑小康编写;第 5 章由彭少明、郑小康编写;第 6 章由乔钰、郑小康、李福生编写;第 7 章由彭少明、王煜、李福生、乔钰编写;第 8 章由何刘鹏、刘娟、郑小康编写;第 9 章由彭少明、王煜编写。

中国水利水电科学研究院王浩院士、黄河水利委员会副主任薛松贵教授、黄河水利委员会副总工程师刘晓燕教授对本书的编写进行了悉心指导,黄河水利委员会、黄河水利委员会水资源管理与调度局、中国水利水电科学研究院、西安理工大学、华北水利水电大学等单位的领导和专家对书稿的编制、修改、完善提出了诸多宝贵意见和建议,在此表示衷心的感谢! 向所有支持本书出版的单位及个人一并表示感谢!

作 者

2015 年 8 月

目　录

第 1 章　综　述

1.1　黄河水资源利用与管理的主要问题

1.1.1　水资源总量不足,供需矛盾突出

黄河流域多年平均河川天然径流量 534.8 亿 m^3(1956~2000 年系列),仅占全国河川径流量的 2%,人均年径流量 473 m^3,仅为全国人均年径流量的 23%,却承担着全国 15%的耕地面积和 12%的人口的供水任务,同时还有向流域外部分地区远距离调水的任务。黄河又是世界上泥沙最多的河流,有限的水资源还必须承担一般清水河流所没有的输沙任务,使可用于经济社会发展的水量进一步减少。

随着经济社会的发展,黄河流域及相关地区耗水量持续增加,水资源供需矛盾日益突出。不断扩大的供水范围和持续增长的供水要求,使水少沙多的黄河难以承受。黄河流域供水量由 1980 年的 446 亿 m^3 增加到目前的 512 亿 m^3;受人类活动和气候变化的双重影响,20 世纪 90 年代黄河平均天然径流量减少为 437 亿 m^3,利津断面实测水量仅为 119 亿 m^3,实际消耗径流量已达 318 亿 m^3,占天然径流量的 73%,已超过其承载能力。根据《黄河流域水资源综合规划(2010 年)》成果,未来 20 年黄河水资源将进一步减少,而水资源需求还将不断增加,2020 年和 2030 年黄河流域缺水量将分别达到 75 亿 m^3 和 104 亿 m^3,缺水率分别为 15%和 19%,水资源短缺将成为黄河流域经济社会发展面临的最大挑战之一。

20 世纪 70 年代以来,随着黄河流域经济的发展和用水量的增加,加上降水偏少等因素,黄河入海水量大幅度减少,河流生态环境用水被挤占。据 1991~2000 年统计,黄河平均天然径流量 437.00 亿 m^3,利津断面下泄水量 119.17 亿 m^3。按黄河流域多年平均利津断面应下泄水量 220 亿 m^3,按照丰增枯减的原则计算,1991~2000 年平均利津断面下泄水量应达到 179.77 亿 m^3,黄河河流生态环境用水被挤占 60.60 亿 m^3,在多年平均来水情况下,生态环境用水被挤占 26 亿 m^3。河道内生态环境用水被大量挤占导致黄河断流频繁。1972~1999 年的 28 年间,黄河下游 22 年出现断流。最下游的利津水文站累计断流 82 次、1 070 d。尤其是进入 20 世纪 90 年代后,几乎年年断流,断流最严重的 1997 年,断流时间长达 226 d,断流河段达到开封。同时,河道内生态水量不足,也导致出现河道淤积、"二级悬河"加剧、水环境恶化等一系列问题。1999 年开始黄河水量调度以来,虽然黄河下游没有出现断流,但这是在严格控制上中游用水的情况下取得的,且不少时段黄河下游最小流量也只有十几立方米每秒,远没有达到功能性不断流的要求。

1.1.2　纳污量超出水环境承载能力,水污染形势严峻

黄河流域匮乏的水资源条件决定了极为有限的水体纳污能力,水环境易被人为污染。

随着流域经济社会和城市化的快速发展,黄河流域废污水排放量翻了一番,由 20 世纪 80 年代初的 21.7 亿 t 增加到 2010 年的 43.6 亿 t。大量未经任何处理或有效处理的工业废水和城市污水直接排入河道,造成流域内 23% 的河长水质劣于 V 类,将近一半的河长达不到水功能要求。

黄河水域纳污能力分布与流域经济社会发展布局不协调,水功能区超载严重。受流域经济社会布局、沿河地形条件等影响,黄河流域污染物入河相对集中,与流域纳污能力分布不匹配,主要纳污河段以约 20% 的纳污能力承载了全流域约 90% 的入河污染负荷,尤其是城市河段,水功能区超载严重,造成了河流污染。黄河流域接纳入河污染物的水功能区 274 个,占流域水功能区总数的 46.2%,其 COD、氨氮纳污能力分别为 73.91 万 t、3.42 万 t,占流域总量的 60% 左右。其中,污染物入河量大于水域纳污能力的超载水功能区 197 个,是流域入河污染物控制的重点,COD、氨氮纳污能力分别为 25.45 万 t、1.03 万 t,仅占流域总量的 20.3%、17.7%,现状 COD、氨氮的入河量分别为 93.16 万 t、8.66 万 t,是纳污能力的 3.7 倍和 8.4 倍。

黄河流域工业产业结构不合理,高耗水、重污染和清洁生产水平低下的工业企业在流域广为分布,工业废水超标排放严重;城市生活污水处理率低于全国平均水平;污染物排放集中,局部水域污染物入河量严重超过纳污能力;饮用水安全受到威胁;农业面源污染基本没有得到控制。水环境的低承载能力和流域高污染负荷,以及低水平的污染治理手段与控制技术,造成了黄河流域日趋严重的水污染问题,省际间的水污染矛盾日益突出,流域水污染形势十分严峻。

1.1.3　水资源管理尚不能满足现代流域管理的需要

多年来,黄河流域水资源管理取得了一定成就,实施了黄河可供水量的分配。1987 年国务院以国办发〔1987〕61 号文批准了南水北调生效前的《黄河可供水量分配方案》(简称"87 分水方案"),规定了各省(区)的分配水量;编制完成的《黄河可供水量年度分配及干流水量调度方案》,于 1998 年经国务院批准由国家计委和水利部联合颁布实施,为黄河水资源的管理和调度奠定了基础,1999 年开始实施全河干流的水量统一调度。2006 年国务院颁布《黄河水量调度条例》,进一步确立了黄河水量调度的法律依据。同时,取水许可、建设项目水资源论证、水权转换试点等多项工作都卓有成效。所有这些,对促进水资源的一体化管理的发展都具有十分重要的意义,但与黄河水资源短缺、水环境持续恶化的形势和水资源调度管理的复杂性相比,当前水资源管理的方法和手段尚不能满足现代流域管理的需要。

缺少水质水量一体化适用、有效的工具系统,不能同步开展水质水量的综合管理决策的效果模拟与分析。水资源是水质和水量的统一体,长期以来黄河水资源管理注重水量管理和调度,先后建立了黄河水量调度系统、数字黄河、下游枯水调度等模型和软件系统;但对于水质的调度和管理考虑较少,忽视了水质的同步调度,水质模型开发缺失,一体化的模型系统尚待形成,不能满足流域水质水量统一管理要求。

缺乏落实最严格水资源管理制度的指标体系,过程管理的指标缺失,不能指导流域严格、精细管理。当前黄河主要实施的是省(区)、地市分配水量与取水许可制度,黄河水量调度执行的"87 分水方案"分配的是全河耗水总量指标,不便于水量调度过程的取水控制,总量控制及定额管理相结合的水量管理技术体系尚不完善;以定额管理为基础的节约用水行为规范尚未实行,不利于实施用水监测和效率控制;缺乏流域细化的污染物入河控制方案,入河污染物控制缺乏依据,以水功能区为单元的地表水水质管理制度还未建立,而对于污染物入河控制也仅限于事后的评价,缺乏可用于科学指导控制河段、排污口许可的污染物总量和过程。

随着经济社会的迅速发展,流域水资源管理将面临更加复杂的形势,诸多方面急需进一步提高和完善。

1.2 水质水量一体化研究进展

1.2.1 研究进展

水资源是符合一定水质要求的水量,水资源中的水量和水质具有统一性。但在以往的水资源管理和调度决策中,通常只考虑了水量的分配而忽视了水质要求,对水量进行了优化配置而未考虑水污染因素的影响,这违背了水量和水质不可分离的特性,因此配置方案不能满足流域用水户的水质水量需求。而水污染物的总量控制,是在假定不同频率设计流量的基础上进行污染物最大允许排放量和削减量的计算,缺乏对水量过程的优化,也没有明确提出排放过程的控制方案。以往的水质水量配置研究,缺乏一体化的模型工具,通常是将水质作为约束条件,满足特定断面下泄水量或者流量要求,水质水量缺乏直接耦合,水质模拟具有滞后性。因此,需要通过有效的模型方法来集成水量和水质变量,解决水质水量的一体化配置与调度问题。

水质水量一体化配置与调度是一个高维复杂的巨系统,水量配置方面需要考虑水量演进及工程运用,水量配置涉及经济社会效益与生态环境效益平衡问题,水质配置方面需要分析污染物迁移、转化的水环境效果。随着水量短缺和水环境持续恶化问题的凸显,水质水量联合调控是当今国内外用于改善水环境研究的前沿和热点之一。

较早期的水资源优化配置研究通常强调水量的配置,将水环境等作为约束条件。优化模型的目标函数可以有以下几种:满足所有用水户需水目标,最小的费用,最佳的生态经济净效益。约束条件主要分为 4 类:水文约束条件,主要有河流水量平衡约束、水库水量平衡约束、节点水量上下限约束;物理约束条件,有储水、抽水和配水能力等物理工程条件限制;水资源管理制度约束条件,有用水权约束和生态、生活、生产用水优先性约束;水质约束条件,其中的水质模型可以是一、二、三维的恒定或非恒定流模型。

早在 20 世纪 80 年代国外就开始了水质水量研究。1983 年,澳大利亚昆士兰、新南威尔士及维多利亚等州联合开展 IQQM 模型的研发,开始了水质水量一体化调度的尝试。DHI 也着手开发了 MIKE 系列,可以系统地开展洪水演进、水环境演算等工作。1989 年,Loftis 等使用水资源模拟模型和优化模型研究了综合考虑水质水量目标下的湖泊水资源调控方法。1996 年,Willey 等在考虑洪水控制、水电、河道内流量和水质控制等目标下,利用水质模型(HEC‒5Q)分析水库水量调度对下游水质的影响。1998 年,Pingry 等在科罗拉多流域建立了水质水量联合调控决策支持系统,研究了水资源配置规划和水污染处理规划平衡问题。同年,Hayes 等为更好地满足水库下游水质目标,结合水质水量和发电的优化调控模型,分析了 Cumberland 流域水库调控规则。Azevedo 等利用了网络流优化模拟模型 MODSIM 与水质模型 QUAL2E,考虑了模型参数的时空变量不确定性和资料的缺乏,建立水质水量集成评价指标,采用多准则评价法来获得流域水资源配置的满意方案。2008 年,Se Woong 等在 Geum River 流域模拟分析了不同水库下泄流量情况下对下游水质的影响,并利用实际监测水质数据对模型进行了验证。2010 年,Javier 等在西班牙Manzanares 河流建立了水质支撑系统,重点分析了上游 ElPardo 水库及下游几座污水处理厂对水质的影响程度,提出改善水生态环境的方法。

2000 年以后,国内才开始研发水质水量一体化模型并应用于主要河流的水质水量调配研究,并取得了一些进展。2005 年,张俐针对有机物和重金属污染特征,采用 GIS 技术的支持,分别建立了一维水质模型和二维水质模型,并将水量模型和水质耦合起来进行西江广东段的水质预警预报。李大勇等利用感潮河网水量和水质数学模型,对调水方案实施后主要监测断面的水质进行预测,分析了各个监测断面调水后的水质变化趋势,提出综合整治张家港地区水环境的最佳方案;尹明万等研究了多水源、多工程、多传输系统的复杂水资源系统的生活、生产和生态需水配置模型,在约束条件中考虑了河道水质和生态需水水质要求。2007 年,栾震宇利用调整水闸调度方式研究其在改善淮河流域水环境中的作用,分析了不同水闸调度方式对污染迁移的影响。2009 年,付意成等构建了松花江流域以水功能区水质为目标的水质水量联合调控模型,以水量调节为基础,通过计算流域内的纳污能力,来确定污染负荷削减量,满足水功能区水质要求。同年,董增川等建立了太湖流域水质水量模拟与调度的耦合模型,分析了不同调水方案对常规水质指标的影响;刘玉年等针对淮河中游的特点,建立了一个能适应水系密布、河网交错、水库闸坝众多、相互制约等复杂水流条件和防污调度要求的一、二维水质水量耦合的非恒定流模型,预测和评价各种调度方案的改善水质效果。2010 年,左其亭等重新全面分析了闸坝的水质水量作用规律,考虑了闸坝扰动导致河流底泥变化引起的水质变化。2010 年,尤进军通过分析水质水量调配的需求,总结了水质水量联合调控目标和思路。2012 年,孙少晨针对寒区污染物迁移转化规律,建立数学模型研究了冰期松花江流域的水质水量一体化调控的方案。

水质水量集成模型求解通常采用大系统分解协调、分步优化的方法,大致思路是将高维复杂的问题分解、分步解决,求解技术是通过建立水质水量变量的优化模型并对它逐步求解来实现的,通过确定目标或约束条件与水质水量变量之间的函数关系,水质水量耦合变量可能出现在目标函数或约束条件中。

第一种方法,先固定水质,求水量,即先根据研究区污染物排放和处理水平,确定最终进入水体的污染物量,根据不同的污染物处理水平来确定所需的不同等级的生态环境需水量。

第二种方法,先固定水量,求水质,即首先假定水质满足水体使用用途的前提下,保证水体具有一定流速和流量,并满足不同等级生物栖息地要求的需水量,然后将水量作为外部变量输入水质模型中,求得为满足水质控制目标所必需的污染物总量控制,保证水体水质满足其生态功能需求。通过以上两种方法寻求最优的水质水量协调解。

1.2.2　存在的主要问题

纵观国内外水质水量一体化研究成果取得了长足进步和十分丰硕的成果,解决了水资源配置过程中的质量分离问题,为水资源系统决策提供了有力的技术支撑,但从模型和方法研究方面看仍存在以下几个方面的不足:

(1)研究多侧重于同步模拟,缺少优化思想。研究通常是将水量结果输入水质模型中考察分配结果是否满足流域时空水质目标,采取从提高污染物的去除水平到增加约束条件的方法来重新求解水量模型。没有实现真正意义上的实时反馈修正的功能,因此只能解决水质水量配置层面的问题,而不能指导水质水量一体化配置。

(2)对水库群联合调控研究不够深入,缺少系统的思想。研究多针对单一水库或闸坝系统调度对水质水量的影响,没有深入水库群联合调度下水质水量一体化的调配问题。水库群联合调度问题极为复杂,不但可实现水量的优化配置而且可提高水环境承载能力,因此水库群优化调度对于河流水质水量一体化调配具有重要意义。

(3)模型多针对具体河流,缺少通用性系统。研究多针对具体河流进行概化,边界条件设置相对固定,不灵活,应用具有局限性,缺少通用性的模型软件系统。

1.3　模型引进的需求分析

受气候变化和人类活动双重影响,黄河径流衰减显著,加之经济社会发展对水资源需求及污染物排放量的不断增加,黄河正面临水资源短缺、水环境恶化等问题交织的严峻局面,急需从战略层面系统研究水质水量一体化管理模型和方法,基于水资源和水环境承载能力优化河流水量过程、改善水环境。在以往的黄河水资源管理决策中,往往只考虑了水量的分配而忽视了水质要求,违背了水量和水质不可分离的特性,因此决策方案不能满足不同用水户及水功能区对水质的要求,需要通过有效的模型方法来集成水量和水质变量为一体化的决策提供支撑。

为解决日益尖锐的黄河流域水资源供需矛盾,科学合理地分配有限的黄河水资源,2002年,黄河水利委员会(简称黄委)以水量实时调度为核心开发了黄河水量调度系统,实现了黄河水量调度的现代化、信息化。针对非汛期小流量问题,开发了枯水调度模型,为枯水防断流提供了重要工具。目前,黄河水量调度主要考虑的是取水总量控制,对水质因素考虑较少,没有明确提出污染物控制要求。黄委此前开发了大量水量调度和管理的数学模型,与国内众多的水量调度模型一样仅是将水质问题作为约束条件进行概化,尚未建立起水质水量一体化模型,因此缺乏指导水质水量一体化管理和调度的有效方法和手段,影响了统一管理和调度效果。对于当前黄河水资源面临水质水量的双重压力,黄河现有水量调度手段已不能满足解决黄河水资源问题的要求。

黄河水资源供需矛盾十分突出、水环境问题突出,为了有效地管理流域水资源,不仅要满足各种用水户的需水量要求,合理调配水资源,还要关注水中的各种成分是否满足使用要求和循环利用要求,因此当前黄河流域水资源管理要求在流域时空维上有效分配水资源的量和质。作为水质水量一体化配置与调度方案的技术支持和决策支持工具,高效的模型可以为水质水量的配置与调度提供情景分析和决策支持,从而为方案的制订和决策提供科学依据。

当前国内水质水量一体化模型尚处于起步阶段,未形成成熟的模型系统。国际通用的水资源统一管理模型有 AQUATOR、IQQM、SWAT、REALM、WEAP、MIKE BASIN 和 River Ware 等 7 个,从技术标准和非技术标准层面分析,模型各自的特点和性能有所差别。

模型评估标准,模型评估通常采用技术标准与非技术标准相结合进行考核。技术标准主要考虑模型的功能和性能、模型的复杂性、数据要求。非技术的标准包括优化灵活的界面、运行模型所需要的技术水平、支撑配置与调度的能力、模型购买和维护的成本、技术支撑的实用性。国际通用的水资源管理模型性能比较见表 1-1。

表 1-1 国际通用的水资源管理模型性能比较

模型名称	IQQM	AQUATOR	MIKE BASIN	REALM	River Ware	SWAT	WEAP
开发国家	澳大利亚	英国	丹麦	澳大利亚	美国	美国	美国
模拟类型	以规则为基础	以规则为基础	以规则为基础或优化模型	优化模型	以规则为基础或优化模型	以规则为基础	优化模型
功能与性能	适当	适当	好	适当	适当	适应性不强	适当
地表水和地下水联合运用	是	是	综合性	是	是	综合性	是
水质模拟	是	否	需要典型模块	有限	有限	综合性	是
详细的灌溉用水需求模拟	是	否	需要典型模块	否	否	是	是
河流演进	是	否	是	否	是	是	否
模拟步长	灵活(月、日)	日	灵活(月、日)	灵活(月、日)	灵活(月、日)	日	灵活(月、日)
GIS 界面	是	否	综合性	否	否	是	是
数据要求	高	中、高	高	中	高	非常高	中
模型复杂性	高	中、高	高	中、高	高	非常高	中
模型灵活性	好	好	好	好	好	好	好
用户友好/运用灵活性	灵活	一般	一般	一般	一般	一般	灵活

从技术角度分析,国际通用的 7 个模型基本都可以运用于黄河水资源的配置与调度管理,模型的选择通过取决于应用的目的,IQQM 模型(后升级更名为 Source)运用网络线性程序,通过确定优先序和费用相结合,运用优化方式,模拟河流系统的运作。模型系统集成了水量、水质、灌溉模型实现多目标宏观决策和工程实时调度管理,具有模拟和优化功能,模型具有面向对象、视窗界面、灵活易用等优点,符合黄河水资源的水质水量一体化配置与调度、干流与支流的统一配置与调度、地表水地下水一体化管理的需求。

IQQM 模型研发是主要针对澳大利亚墨累 - 达令河流域水质水量问题开展的,墨累 - 达令河与黄河相比有许多相似之处,具有对比研究的基础:①流经干旱半干旱地区,水资源短缺、供需矛盾突出;②生态环境脆弱,水环境问题凸显;③流域地跨多个行政区,水量分配和水量协调调度问题由来已久。相比墨累 - 达令河流域而言,黄河流域的突出特征是:①水资源分配时空更加不均、产水主要在上游,年内年际变化大,汛期水量所占比重大;②水沙关系不协调、河流含沙量大、输沙水量需求大;③沿黄排污多,点源污染严重,因此黄河面临更深层次的水质和水量问题。引入 IQQM 一方面可作为黄河水质水量一体化配置和调度的工具,另一方面可借鉴墨累－达令河在控制污染协调水量方面的管理理念和经验。

模型的引入和改进可使得黄河流域大范围的时空尺度,多水源水质的高维、多变量的战略性水质水量一体化决策成为可能,通过对水质水量模型进行适当本土化改进,可实现水质水量优化决策的可视化和自动化。

1.4　研究的技术路线

根据项目研究目标和任务,采用野外调查、室内分析、模拟与集成相结合的方式,按照"基础整备—规律分析—模型构建—方案研究—成果评估"的整体技术路线开展研究,拟定研究的技术路线见图 1-1。

1.4.1　基础整备

通过现场调查与资料收集整理模型所需的水文气象、经济社会、污染物排放量和入河量、生态环境、水资源利用、水量调度等方面的基础数据。

1.4.2　规律分析

分析兰州至河口镇河段降水、径流、污染物及水力特征作为模型的基础输入和便捷条件。分析降水径流及其演变趋势、产流产污特征,分析河段取水与退水变化、排水排污规律以及污染物入河变化,分析黄河上游主要水库历史调度特点,分析河段的主要水力学特征。

1.4.3　模型构建

研究 IQQM 模型各模块的结构和功能,分析模型应用于黄河上游的适用性和局限性,对模型的水质模拟、灌溉决策等相关模块开展适应性的修改;根据 IQQM 建模思路,按照径流、取水、退水、排水及重要断面的水力联系,绘制黄河上游河段物理概化的节点图,通过模型耦合建立黄河兰州—河口镇河段水质水量一体化配置和调度模型;根据黄河兰州至河口镇河段水量演进、水质模拟的关键指标,确定模型主要参数开展率定,采用 2000 ～ 2007 年实测水质水量监测数据对模型水量和水质参数进行率定,利用 2008 ～ 2010 年实测数据进行模型适应性和可靠性的验证。

1.4.4　方案研究

分析黄河流域水资源管理现状及存在的问题,根据黄河流域水资源开发利用和保护的需要设置不同情境;选择黄河干流兰州—河口镇河段水质水量观测资料齐全的 1956 ～ 2000 年系列,开展水质水量一体化配置的方案研究;选择系列中的典型年份开展模型水质水量一体化的实时调度方案研究。开展未来不同情景下黄河上游水质水量一体化的年度配置方案模拟,并通过方案实施的效果评价比选,提出黄河上游水质水量一体化配置方

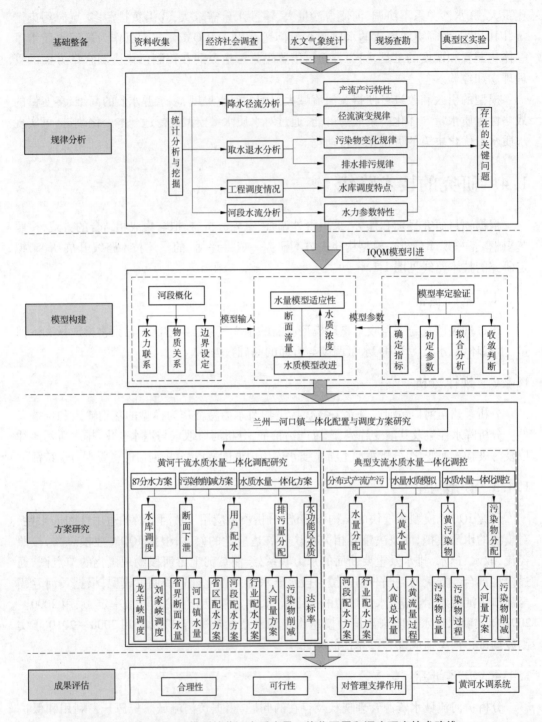

图 1-1 基于 IQQM 模型的黄河水质水量一体化配置和调度研究技术路线

案;根据黄河水质水量调度的需求,将水质水量一体化配置方案,断面水量、水库调度、水功能区划水质、用户配水、污染物排放分配,水质水量配置方案进行细化到以周为时间步长,提出细化的水量调度和污染物控制方案。

以兰州—河口镇区间祖厉河为典型支流,开展模型的径流、用水、排水及主要水环境指标等进行参数估值,开展从产流、产污模拟,到水质水量双控制的实现,实现流域一体化配置与调度。

1.4.5　成果评估

从断面水量、水库调度、水功能区水质、用户配水、污染物排放分配等方面分析水质水量一体化配置与调度方案的合理性、可行性,并结合模型应用论证系统嵌入黄河水调系统的可行性。

第 2 章　河段概况

黄河兰州—河口镇河段属于黄河上游,河长 1 342.9 km,涉及甘肃省、宁夏回族自治区和内蒙古自治区,流域面积 16.36 万 km²,位于我国西北干旱半干旱地区。兰州—河口镇区间能源、矿产、土地资源丰富,沿黄河分布着一些重要城市、工业基地和主要灌区,是甘肃、宁夏、内蒙古等省(区)经济开发的重点地区,对于国家能源开发、粮食生产和环境保护具有十分重要的战略意义。黄河兰州—河口镇河段年均产水量不足 20 亿 m³,而用水量接近 180 亿 m³,占黄河流域总用水量的 40% 以上,是黄河水量的主要消耗区;主要污染物入河量占全河的 30% 以上,废污水排放量大且集中,是黄河流域水资源和水环境问题最突出的区域之一。

2.1　自然概况

2.1.1　地形地貌

黄河兰州—河口镇区间位于黄河流域第二级阶梯,包括黄河河套平原和鄂尔多斯高原。黄河河套平原西起贺兰山、大青山,东到呼和浩特、和林格尔,南达鄂尔多斯高原,北抵狼山、大青山,长约 750 km,最宽处达 50 km 以上,海拔一般在 1 000 ~ 1 200 m,是黄河的冲积平原,分为宁夏河套平原和内蒙古河套平原。鄂尔多斯高原西、北、东被黄河河湾怀抱,东南部以古长城为界和陕北黄土高原相接,地势从西北向东南微倾,起伏和缓,海拔一般为 1 300 ~ 1 500 m,最高点桌子山海拔 2 149 m。

2.1.2　河流水系

黄河兰州—河口镇区间流域面积大于 1 000 km² 的河流有 26 条,其中流域面积大于 10 000 km² 的支流有祖厉河、清水河和大黑河,其他河流大都为季节性河流,产水比较少。祖厉河位于甘肃省境内,流域面积 10 653 km²,多年平均天然径流量为 1.53 亿 m³,其中汛期 7 ~ 10 月径流量为 0.92 亿 m³,占河流年径流量的 60%。清水河流经甘肃省和宁夏回族自治区,流域面积 14 481 km²,多年平均天然径流量为 2.02 亿 m³;大黑河位于内蒙古自治区境内,流域面积 17 673 km²,多年平均径流量为 1.08 亿 m³。

2.1.3　气候特征

黄河兰州—河口镇区间,气候干燥、降少量少,多沙漠干旱草原,是黄河流域最干旱的地区,多年平均降水量 261.7 mm,降水量总的趋势是由东南向西北递减,内蒙古的河套地区是黄河流域降水最小的地区,多年平均降水量在 150 mm 左右,内蒙古杭锦后旗、临河一带多年平均降水量则在 150 mm 以下,为黄河流域低值区。

兰州—河口镇区间蒸发量由东南向西北递增,多年平均水面蒸发量 1 360 mm,河套地区最大水面蒸发量达到 2 000 mm。全年最小月蒸发量一般出现在 1 月或 12 月,最大月蒸发量出现在 5~7 月,5~7 月各月蒸发量占年总量的 15% 左右。

2.1.4　矿产资源

兰州—河口镇河段煤炭资源丰富,具有资源雄厚、分布集中、品种齐全、煤质优良、埋藏浅、易开发等特点。兰州—河口镇河段目前有宁夏宁东和内蒙古鄂尔多斯能源基地。宁东能源基地是国家规划建设的 13 个亿吨级大型煤炭基地之一,位于银川市黄河以东,煤炭远景预测储量 1 390 多亿 t,探明地质储量约 270 多亿 t,占宁夏煤炭探明总储量的88.6%,是宁夏回族自治区近期重化工基地的重点开发建设区域。鄂尔多斯市是我国煤炭主要资源地和生产基地,境内拥有准格尔、东胜和桌子山三大煤田。目前,全市煤炭已探明储量为 1 496 亿 t,预测远景储量 10 000 亿 t,其中探明储量约占全国的 16.67%,约占内蒙古自治区的 50%。

兰州—河口镇河段矿产资源丰富,主要金属矿产有铁、铜、铅锌等,非金属矿产有黄铁矿、芒硝、耐火黏土、石墨等。兰州—河口镇河段有灵武—同心—石嘴山区和内蒙古河套地区资源集中区,形成了各具特色和不同规模的生产基地,进行集约化开采利用。

2.1.5　土地资源

兰州—河口镇河段土地面积 16.3 万 km²。区内地势平坦,土地肥沃,引水方便,灌溉历史悠久,耕地约占总土地面积的 50% 以上,是宁蒙两区乃至全国的重要粮食基地,素有"黄河百害,唯富一套"之美称。宁蒙河套灌区主要由宁夏境内的青铜峡灌区、卫宁灌区和内蒙古境内的河套灌区组成。灌区土地总面积 1.73 万 km²,其中宁夏灌区总面积 0.61万 km²,内蒙古灌区总面积 1.12 万 km²。

2.2　水资源条件

2.2.1　水资源量

兰州—河口镇河段水量主要来自于兰州以上,根据黄河流域水资源调查评价成果,兰州断面 1956~2000 年多年平均天然径流量 329.9 亿 m³,占黄河多年平均天然径流量的62%。兰州—河口镇河段地处干旱、半干旱地区,降水少,蒸发大,产流少,河段内汇入的主要河流为祖厉河、清水河和苦水河,区间产水量 17.7 亿 m³,扣除干流河道蒸发渗漏损失,河口镇断面多年平均天然径流量为 331.8 亿 m³。

根据《黄河流域水资源综合规划(2010 年)》,兰州—河口镇区间(含内流区)年平均地下水资源量为 46.2 亿 m³,地下水可开采量为 38.5 亿 m³,地下水与地表水不重复量22.7 亿 m³。综合以上,兰州—河口镇区间河川天然径流量为 1.9 亿 m³,地下水与地表水不重复量 22.7 亿 m³,水资源总量 24.6 亿 m³。

2.2.2　地表水天然水化学

黄河流域的地表水大多为重碳酸盐类,矿化度在地区分布上差异较大,低矿化度、中矿化度、较高矿化度和高矿化度水的分布面积,分别占流域总面积的 10.4% 、41.9% 、27.4% 和 20.3% 。兰州以下的清水河、苦水河等支流为高矿化度区域,兰州以下干流河段为中矿化度区域。

2.3　工程概况

2.3.1　河段梯级工程

黄河兰州—河口镇干流河段的来水主要受上游龙羊峡和刘家峡等大型水电工程的影响。黄河河口镇以上干流河段规划 26 座梯级工程,其中兰州以上规划 14 座梯级水电站,已建 12 座梯级水电站,包括龙羊峡、拉西瓦、刘家峡等大型水电站工程;兰州以下—河口镇区间规划 12 座梯级工程,目前已建、在建 10 座梯级水电站工程,该河段的梯级工程调节能力较小。黄河龙羊峡—河口镇河段干流梯级工程主要技术经济指标见表 2-1。

表 2-1　黄河龙羊峡—河口镇河段干流梯级工程主要技术经济指标

序号	工程名称	建设地点	控制面积 (万 km²)	正常蓄水位 (m)	总库容 (亿 m³)	有效库容 (亿 m³)	最大水头 (m)	装机容量 (MW)	年发电量 (亿 kWh)
1	●龙羊峡	青海 共和	13.1	2 600	247.0	193.5	148.5	1 280	59.4
2	●拉西瓦	青海 贵德	13.2	2 452	10.1	1.5	220	4 200	102.2
3	●尼那	青海 贵德	13.2	2 235.5	0.3	0.1	18.1	160	7.6
4	山坪	青海 贵德	13.3	2 219.5	1.2	0.1	15.5	160	6.6
5	●李家峡	青海 尖扎	13.7	2 180	16.5	0.6	135.6	2 000	60.6
6	●直岗拉卡	青海 尖扎	13.7	2 050	0.2	—	17.5	192	7.6
7	●康扬	青海 尖扎	13.7	2 033	0.2	0.1	22.5	283.5	9.9
8	●公伯峡	青海 循化	14.4	2 005	5.5	0.8	106.6	1 500	51.4
9	●苏只	青海 循化	14.5	1 900	0.3	0.1	20.7	225	8.8
10	●黄丰	青海 循化	14.5	1 880.5	0.7	0.1	19.1	225	8.7
11	●积石峡	青海 循化	14.7	1 856	2.4	0.4	73	1 020	33.6
12	大河家	青海 甘肃	14.7	1 783	0.1	—	20.5	120	4.7
13	●炳灵	甘肃 积石山	14.8	1 748	0.5	0.1	25.7	240	9.7
14	●刘家峡	甘肃 永靖	18.2	1 735	57.0	35	114	1 690	60.5
15	●盐锅峡	甘肃 兰州	18.3	1 619	2.2	0.1	39.5	472	22.4
16	●八盘峡	甘肃 兰州	21.5	1 578	0.5	0.1	19.6	252	11.0
17	河口	甘肃 兰州	22	1 558	0.1	—	6.8	74	3.9

续表 2-1

序号	工程名称	建设地点	控制面积 （万 km²）	正常 蓄水位 （m）	总库容 （亿 m³）	有效库容 （亿 m³）	最大水头 （m）	装机容量 （MW）	年发电量 （亿 kWh）
18	● 柴家峡	甘肃 兰州	22.1	1 550.5	0.2	—	10	96	4.9
19	● 小峡	甘肃 兰州	22.5	1 499	0.4	0.1	18.6	230	9.6
20	● 大峡	甘肃 兰州	22.8	1 480	0.9	0.6	31.4	324.5	15.9
21	● 乌金峡	甘肃 靖远	22.9	1 436	0.2	0.1	13.6	140	6.8
22	黑山峡	宁夏 中卫	25.2	1 380	114.8	57.6	137	2 000	74.2
23	沙坡头	宁夏 中卫	25.4	1 240.5	0.3	0.1	11	120.3	6.1
24	● 青铜峡	宁夏 青铜峡	27.5	1 156	0.4	0.1	23.5	324	13.7
25	● 海勃湾	内蒙古 乌海	31.2	1 076	4.9	1.5	9.9	90	3.6
26	● 三盛公	内蒙古 磴口	31.4	1 055	0.8	0.2	8.6		
合计					467.7	292.9		17 418.3	603.4

注：● 为已建、在建工程。

龙羊峡水库具有调节库容 193.5 亿 m³，可以对黄河水量进行多年调节，补充枯水年全河水量的不足，实现年际间水资源的合理配置。刘家峡水库对水量进行年内调节，拦蓄黄河汛期水量以补充枯水期水量的不足，提高沿黄两岸的供水保证率，增加上游梯级水电基地的发电效益。

根据龙羊峡和刘家峡两水库建成后的 1998 年 7 月～2010 年 6 月系列，从水资源年内分配来看，龙刘水库汛期（7～10 月）多年平均蓄水量为 54.0 亿 m³，最大蓄水量达 120.6 亿 m³（2005 年），非汛期（11 月～次年 6 月）补水量多年平均为 44.7 亿 m³，最大补水量达 64.4 亿 m³（2005～2006 年）；从水资源年际配置来看，两水库年最大蓄水量达 56.3 亿 m³（2005～2006 年），年最大增供水量为 39.0 亿 m³（2002～2003 年）；2000～2003 年连续三个年度黄河来水特枯，龙羊峡水库合计跨年度补水 75.2 亿 m³，对特枯水年黄河不断流、保障生活和基本的生产用水起到了关键作用。由此看出，两水库的建设在黄河水量的统一调度和合理配置中发挥了重要作用。

2.3.2　龙羊峡水库

龙羊峡水库位于黄河上游青海省共和县和贵南县交界的龙羊峡峡谷进口段，距西宁市 147 km，是一座具有多年调节性能的大型综合利用枢纽工程。龙羊峡水库坝址以上控制流域面积 13.1 万 km²，占黄河流域总面积的 16.5%，多年平均流量 659 m³/s。龙羊峡水库大坝按千年一遇洪水标准设计，设计洪水洪峰流量 7 040 m³/s；按可能最大洪水校核，校核洪水洪峰流量为 10 500 m³/s。多年平均入库悬移质输沙量为 2 490 万 t，多年平均含沙量为 1.15 kg/m³。

龙羊峡水库设计正常蓄水位 2 600 m，相应库容 247 亿 m³；死水位 2 530 m，相应库容 53.5 亿 m³；汛期限制水位 2 594 m，设计洪水位 2 602.25 m，校核洪水位 2 607 m，总库容

274.19 亿 m³;水库调节库容 193.5 亿 m³,库容系数 0.94,具有多年调节性能。工程以发电为主,目前与刘家峡水库联合运行承担青海、甘肃、宁夏、内蒙古河段的灌溉、防洪、防凌和供水等综合利用任务,在黄河中下游水库严重缺水时,还承担向中下游补水的任务。

龙羊峡水电站装机容量 1 280 MW,保证出力 589.8 MW,多年平均发电量 59.4 亿 kWh,是西北电网调峰、调频和事故备用的主力电厂。通过和刘家峡水库及梯级水电站群联合补偿调节运行,在发电、防洪、防凌、灌溉供水等方面取得了显著的经济效益。龙羊峡水库于 1979 年 12 月截流,1986 年 10 月下闸蓄水,1987 年 1、2 号机组发电。

2.3.3　刘家峡水库

刘家峡水电站位于甘肃省永靖县境内黄河干流上,距兰州市 100 km。水库坝址位于洮河汇入口下游约 1.5 km 处。坝址以上控制流域面积 18.2 万 km²,多年平均流量 885 m³/s。水库设计洪水(千年一遇)洪峰流量为 8 860 m³/s;校核洪水(万年一遇)洪峰流量为 10 800 m³/s。刘家峡水库入库水量主要来自黄河干流贵德与洮河李家村以上河段,入库沙量主要来自贵德和李家村以下的干支流区间。多年平均年输沙量 8 700 万 t(1947 ~ 1963 年),多年平均含沙量 3.31 kg/ m³。

刘家峡水库正常蓄水位为 1 735 m,死水位 1 696 m,正常蓄水位以下库容 57 亿 m³,有效库容 35 亿 m³。电站原设计装机容量 1 225 MW,后扩机增容后装机容量 1 690 MW,年发电量 60.5 亿 kWh。刘家峡水库以发电为主,还承担水库以下黄河干流甘肃、宁夏和内蒙古河段的防洪、防凌、灌溉和供水任务。

刘家峡水库于 1958 年 9 月开工建设,1969 年 3 月第一台机组发电,1974 年年底全部建成。

2.4　经济社会

2.4.1　人口和城镇化

兰州—河口镇区间地跨甘肃、宁夏和内蒙古三省(区),分布有兰州、银川、包头、鄂尔多斯和呼和浩特等大中城市。2010 年区域总人口 1 737.26 万人,占黄河流域总人口的 15.0%,甘肃、宁夏、内蒙古人口分别为 410.96 万人、539.36 万人和 786.94 万人;其中城镇人口 1 053.15 万人,城镇化率为 60.6%;人口密度为 106.2 人/km²。

2.4.2　经济指标

截至 2010 年年底,兰州—河口镇区间国内生产总值当年价为 7 843.76 亿元,占黄河流域 GDP 的 21.8%,人均 GDP 为 45 150 元,比黄河流域人均 GDP 高 45.1% 左右。

2.4.2.1　农业灌溉面积

兰州—河口镇区间的内蒙古高原,是我国主要的畜牧业基地;宁蒙河套平原是我国主要的农业生产基地。现状农田有效灌溉面积为 2 476.9 万亩(1 亩 = 1/15 hm²),占黄河流域总有效灌溉面积的 31%,甘肃、宁夏和内蒙古灌溉面积分别为 302.02 万亩、635.28 万亩和 1 539.62 万亩。农村人口人均农田有效灌溉面积 3.6 亩。现状农田实灌面积

2 170.1 万亩。

2.4.2.2　工业增加值

黄河兰州—河口镇区间分布有以兰州为中心的能源和水电、石化、有色金属和特色农产品加工产业基地,宁东能源基地,包头钢铁加工基地,内蒙古稀土加工基地,以及以鄂尔多斯盆地为重点的能源化工基地,是黄河流域经济社会较发达的地区,是国家重要能源、战略资源接续地和产业集聚区。据统计,2010 年区域工业增加值 3 251.55 亿元,占黄河流域的 19.3%,甘肃、宁夏和内蒙古区域工业增加值分别为 226.25 亿元、595.35 亿元和 2 429.95 亿元。

2.5　供用耗水现状

黄河兰州—河口镇河段降水量极少,当地水资源十分贫乏,农业灌溉和社会经济的生存与发展主要依赖黄河供水。根据国务院批准的《黄河可供水量分配方案》(国办发〔1987〕61 号),在南水北调工程生效前,正常来水年份甘肃、宁夏和内蒙古三省(区)分配耗用黄河水量 129.0 亿 m^3,占全河可供水量的 34.9%。河段用水主要集中在 5~7 月,占全年用水量的 65% 以上。由于灌溉用水比较集中,因此在 5~7 月经常出现灌溉用水无法满足的问题,灌溉经常会挤占生态用水,黄河干流河口镇断面流量经常小于生态流量。

2.5.1　现状供水量

2010 年黄河流域总供水量为 512.05 亿 m^3(含跨流域调出的地表水量),其中地表水供水量 384.84 亿 m^3,地下水供水量 127.21 亿 m^3。在黄河流域各分区供水量中,兰州—河口镇河段供水量最多,为 182.88 亿 m^3,占黄河流域总供水量的 35.7%。

2010 年兰州—河口镇河段供水量为 182.88 亿 m^3,其中地表水供水量 155.99 亿 m^3,占河段总供水量的 85.3%;地下水供水量 26.89 亿 m^3,占河段总供水量的 14.7%,可见兰州—河口镇河段供水以地表水为主,对黄河水依赖程度高。2006 年以来兰州—河口镇河段供水情况见表 2-2。

表 2-2　2006 年以来兰州—河口镇河段供水量　　　　　(单位:亿 m^3)

年份	地表水	地下水	合计
2006	159.27	26.02	185.29
2007	150.77	26.10	176.87
2008	150.82	26.60	177.42
2009	156.82	27.98	184.80
2010	155.99	26.89	182.88
均值	154.73	26.72	181.45

从表 2-2 可以看出,2006 年以来兰州—河口镇河段平均供水量为 181.45 亿 m^3,其中地表水供水量为 154.73 亿 m^3,地下水供水量为 26.72 亿 m^3。近 5 年来地下水供水量变化不大,为 26 亿~28 亿 m^3;受上游来水影响,地表水年供水量为 151 亿~159 亿 m^3。

2.5.2　现状用水量

2010 年兰州—河口镇河段总用水量为 182.88 亿 m³,占黄河总用水量的 35.7%。在河段总用水量中农田灌溉用水量最大,农田灌溉用水量为 146.07 亿 m³,占河段总用水量的 79.9%;林牧渔畜用水量为 10.23 亿 m³,占河段总用水量的 5.6%;工业用水量为 15.47 亿 m³,占河段总用水量的 8.5%;城镇公共用水量为 1.61 亿 m³,占河段总用水量的 0.9%;居民生活用水量为 4.72 亿 m³,占河段总用水量的 2.6%;生态环境用水量 4.78 亿 m³,占河段总用水量的 2.6%。

2006 年以来兰州—河口镇河段平均用水量为 181.45 亿 m³,其中农田灌溉用水量最大,为 143.45 亿 m³,占总用水量的 79.1%;工业用水量次之,为 15.89 亿 m³,占总用水量的 8.8%;林牧渔畜用水量为 13.56 亿 m³,占总用水量的 7.5%;其余为城镇公共、居民生活及生态环境用水量,合计为 8.55 亿 m³,占总用水量的 4.7%。

在地表水用水量中,农田灌溉用水量最大,为 130.27 亿 m³,占地表水用水量的 84.2%;其次为林牧渔畜用水量,为 10.84 亿 m³,占地表水用水量的 7.0%;工业用水量 9.04 亿 m³,占地表水用水量的 5.8%。

2006 年以来兰州—河口镇河段用水量见表 2-3。

表 2-3　2006 年以来兰州—河口镇河段用水量　　　　（单位:亿 m³)

年份	项目	农田灌溉	林牧渔畜	工业	城镇公共	居民生活	生态环境	合计
2006	总供水	145.52	15.37	16.43	2.05	4.54	1.38	185.29
	其中地表水	132.84	12.66	9.66	1.10	1.97	1.04	159.27
2007	总供水	139.41	15.37	15.22	2.05	3.37	1.45	176.87
	其中地表水	126.58	12.47	8.66	1.00	0.86	1.20	150.77
2008	总供水	139.62	13.95	15.71	2.02	4.27	1.85	177.42
	其中地表水	126.91	11.88	7.66	1.00	1.67	1.70	150.82
2009	总供水	146.64	12.88	16.60	1.88	4.54	2.26	184.80
	其中地表水	132.37	9.97	10.10	0.60	1.76	2.02	156.82
2010	总供水	146.07	10.23	15.47	1.61	4.72	4.78	182.88
	其中地表水	132.66	7.24	9.08	0.71	1.85	4.45	155.99
均值	总供水	143.45	13.56	15.89	1.92	4.29	2.34	181.45
	其中地表水	130.27	10.84	9.04	0.88	1.62	2.08	154.73

2.5.3　现状耗水量

2010 年兰州—河口镇河段总耗水量为 122.49 亿 m³,其中地表水耗水量为 103.54 亿 m³,地下水耗水量为 18.95 亿 m³。在总耗水量中,农田灌溉耗水量最大,为 94.80 亿 m³,占总耗水量的比例为 77.4%;工业耗水量次之,为 10.35 亿 m³,占总耗水量的比例为 8.4%。

2006 年以来兰州—河口镇河段平均耗水量为 123.16 亿 m³,其中地表水耗水量为 104.02 亿 m³,地下水耗水量为 19.14 亿 m³。分行业耗水量中,农田灌溉耗水量最大,为 95.73 亿 m³,占总耗水量的比例为 77.7%;林牧渔畜耗水量次之,为 11.53 亿 m³,占总耗水量的比例为 9.4%;工业耗水量为 9.74 亿 m³,占总耗水量的比例为 7.9%;其余为城镇公共、居民生活及生态环境耗水量 6.15 亿 m³,占总用水量的 5.0%。

在地表水耗水量中,农田灌溉耗水量最大,为 84.67 亿 m³,占地表水耗水量的 81.4%;其次为林牧渔畜耗水量,为 9.25 亿 m³,占地表水耗水量的 8.9%;工业耗水量 6.11 亿 m³,占地表水耗水量的 5.9%。

2006 年以来兰州—河口镇河段耗水量见表 2-4。

表 2-4　2006 年以来兰州—河口镇河段耗水量　　　　（单位:亿 m³）

年份	项目	农田灌溉	林牧渔畜	工业	城镇公共	居民生活	生态环境	合计
2006	总耗水	96.73	13.09	9.16	1.46	3.03	1.27	124.74
	其中地表水	85.63	10.73	5.77	0.99	1.69	1.01	105.82
2007	总耗水	95.81	13.17	8.34	1.29	1.84	1.22	121.67
	其中地表水	84.59	10.64	4.87	0.73	0.53	1.04	102.40
2008	总耗水	93.11	12.10	9.82	1.32	2.72	1.63	120.70
	其中地表水	82.44	10.36	5.42	0.78	1.33	1.54	101.87
2009	总耗水	98.22	10.79	11.02	1.12	3.00	2.03	126.18
	其中地表水	86.66	8.43	7.57	0.42	1.51	1.87	106.46
2010	总耗水	94.80	8.50	10.35	0.99	3.31	4.54	122.49
	其中地表水	84.07	6.11	6.89	0.52	1.66	4.29	103.54
均值	总耗水	95.73	11.53	9.74	1.24	2.78	2.14	123.16
	其中地表水	84.67	9.25	6.11	0.69	1.34	1.95	104.02

2.6　水环境状况

2.6.1　水功能区划

根据《全国重要江河湖泊水功能区划》(国函〔2011〕167 号,2011 年 12 月 28 日国务院批复),兰州—河口镇河段共划分有 21 个一级水功能区,其中保护区 4 个,保留区 2 个,开发利用区 11 个,缓冲区 4 个,见表 2-5。

根据黄河流域重要江河湖泊二级水功能区划,在兰州—河口镇河段共划分有 28 个二级水功能区,其中饮用水源区 5 个、工业用水区 1 个(共 3 个,与饮用水源区重复 2 个)、农业用水区 10 个(共 11 个,与饮用水源区重复 1 个)、景观娱乐用水区 1 个、过渡区 5 个、排污控制区 6 个,详见表 2-6。

表 2-5　黄河兰州—河口镇河段一级水功能区划

序号	一级水功能区名称	河流、湖库	起始断面	终止断面	长度(km)	水质目标	省级行政区
1	黄河甘宁缓冲区	黄河	五佛寺	下河沿	100.6	Ⅲ	甘、宁
2	黄河宁夏开发利用区	黄河	下河沿	伍堆子	269.0	按二级区划执行	宁
3	黄河宁蒙缓冲区	黄河	伍堆子	三道坎铁路桥	81.0	Ⅲ	宁、内蒙古
4	黄河内蒙古开发利用区	黄河	三道坎铁路桥	头道拐水文站	630.2	按二级区划执行	内蒙古
5	黄河托克托缓冲区	黄河	头道拐水文站	喇嘛湾	41.0	Ⅲ	内蒙古
6	祖厉河通渭、会宁开发利用区	祖厉河	源头	会宁	45.0	按二级区划执行	甘
7	祖厉河会宁、靖远保留区	祖厉河	会宁	入黄口	179.0	Ⅳ	甘
8	清水河固原源头水保护区	清水河	源头	二十里铺	16.5	Ⅱ	宁
9	清水河同心开发利用区	清水河	二十里铺	入黄口	303.7	按二级区划执行	宁
10	沙湖平罗开发利用区	沙湖	沙湖湖区(面积8.2 km²)			按二级区划执行	宁
11	都思兔河鄂托克旗保留区	都思兔河	源头	敖伦淖牧场	34.4	Ⅳ	内蒙古
12	都思兔河鄂托克旗开发利用区	都思兔河	敖伦淖牧场	陶斯图	123.4	按二级区划执行	内蒙古
13	都思兔河蒙宁缓冲区	都思兔河	陶斯图	入黄口	8.0	Ⅲ	内蒙古、宁
14	乌梁海自然保护区	乌梁素海	乌梁素海(面积293.0 km²)			Ⅲ	内蒙古
15	昆都仑河固阳县源头保护区	昆都仑河	源头	阿塔山	61.9	Ⅲ	内蒙古
16	昆都仑河固阳县开发利用区	昆都仑河	阿塔山	五分子	26.1	按二级区划执行	内蒙古
17	昆都仑河包头市开发利用区	昆都仑河	五分子	入黄河口	54.5	按二级区划执行	内蒙古
18	大黑河卓资县源头水保护区	大黑河	源头	福生庄	53.2	Ⅲ	内蒙古
19	大黑河卓资县开发利用区	大黑河	福生庄	吉庆营沟入口	34.9	按二级区划执行	内蒙古
20	大黑河呼和浩特市开发利用区	大黑河	吉庆营沟入口	三两水文站	95.3	按二级区划执行	内蒙古
21	大黑河托克托县开发利用区	大黑河	三两水文站	入黄河口(河口镇南)	52.7	按二级区划执行	内蒙古

表2-6　黄河兰州—河口镇河段二级水功能区划

序号	二级水功能区名称	所在一级水功能区名称	水系	河流/湖库	起始断面	终止断面	长度(km)	水质目标	省级行政区
1	黄河青铜峡饮用、农业用水区	黄河宁夏开发利用区	兰州—河口镇	黄河	下河沿	青铜峡水文站	123.4	Ⅲ	宁
2	黄河吴忠排污控制区	黄河宁夏开发利用区	兰州—河口镇	黄河	青铜峡水文站	叶盛公路桥	30.5		宁
3	黄河永宁过渡区	黄河宁夏开发利用区	兰州—河口镇	黄河	叶盛公路桥	银川公路桥	39.0	Ⅲ	宁
4	黄河陶乐农业用水区	黄河宁夏开发利用区	兰州—河口镇	黄河	银川公路桥	伍堆子	76.1	Ⅲ	宁
5	黄河乌海排污控制区	黄河内蒙古开发利用区	兰州—河口镇	黄河	三道坎铁路桥	下海勃湾	25.6		内蒙古
6	黄河乌海过渡区	黄河内蒙古开发利用区	兰州—河口镇	黄河	下海勃湾	磴口水文站	28.8	Ⅲ	内蒙古
7	黄河三盛公农业用水区	黄河内蒙古开发利用区	兰州—河口镇	黄河	磴口水文站	三盛公大坝	54.6	Ⅲ	内蒙古
8	黄河巴彦卓尔盟农业用水区	黄河内蒙古开发利用区	兰州—河口镇	黄河	三盛公大坝	沙圪堵渡口	198.3	Ⅲ	内蒙古
9	黄河乌拉特前旗排污控制区	黄河内蒙古开发利用区	兰州—河口镇	黄河	沙圪堵渡口	三湖河口	23.2		内蒙古
10	黄河乌拉特前旗过渡区	黄河内蒙古开发利用区	兰州—河口镇	黄河	三湖河口	三应河头	26.7	Ⅲ	内蒙古
11	黄河乌拉特前旗农业用水区	黄河内蒙古开发利用区	兰州—河口镇	黄河	三应河头	黑麻淖渡口	90.3	Ⅲ	内蒙古
12	黄河包头昭君坟饮用、工业用水区	黄河内蒙古开发利用区	兰州—河口镇	黄河	黑麻淖渡口	西柳沟入口	9.3	Ⅲ	内蒙古
13	黄河包头昆都仑排污控制区	黄河内蒙古开发利用区	兰州—河口镇	黄河	西柳沟入口	红旗渔场	12.1		内蒙古
14	黄河包头昆都仑过渡区	黄河内蒙古开发利用区	兰州—河口镇	黄河	红旗渔场	包神铁路桥	9.2	Ⅲ	内蒙古
15	黄河包头东河饮用、工业用水区	黄河内蒙古开发利用区	兰州—河口镇	黄河	包神铁路桥	东兴火车站	39.0	Ⅲ	内蒙古
16	黄河土默特右旗农业用水区	黄河内蒙古开发利用区	兰州—河口镇	黄河	东兴火车站	头道拐水文站	113.1	Ⅲ	内蒙古
17	祖厉河通渭、会宁农业用水区	祖厉河通渭、会宁开发利用区	兰州—河口镇	祖厉河	源头	会宁	45.0	Ⅳ	甘
18	清水河固原排污控制区	清水河同心开发利用区	兰州—河口镇	清水河	二十里铺	固原三营	130.0		宁
19	清水河固原农业用水区	清水河同心开发利用区	兰州—河口镇	清水河	固原三营	入黄口	173.7	保持自然状态	宁
20	沙湖平罗景观娱乐用水区	沙湖平罗开发利用区	兰州—河口镇	沙湖	沙湖(面积8.2 km²)			Ⅳ	宁
21	都思兔河鄂托克旗农业用水区	都思兔河鄂托克旗开发利用区	兰州—河口镇	都思兔河	敖伦淖牧场	陶斯图	123.4	Ⅳ	内蒙古
22	昆都仑河固阳县饮用水源区	昆都仑河固阳县开发利用区	兰州—河口镇	昆都仑河	阿塔山	五分子	26.1	Ⅲ	内蒙古

序号	二级水功能区名称	所在一级水功能区名称	水系	河流、湖库	起始断面	终止断面	长度(km)	水质目标	省级行政区
23	昆都仑河包头市饮用水源区	昆都仑河包头市开发利用区	兰州—河口镇	昆都仑河	五分子	自来水公司水源站	27.5	Ⅲ	内蒙古
24	昆都仑河包头市排污控制区	昆都仑河包头市开发利用区	兰州—河口镇	昆都仑河	自来水公司水源站	入黄河口	27.0		内蒙古
25	大黑河卓资县农业用水区	大黑河卓资县开发利用区	兰州—河口镇	大黑河	福生庄	吉庆营沟入口	34.9	Ⅳ	内蒙古
26	大黑河呼和浩特市工业用水区	大黑河呼和浩特市开发利用区	兰州—河口镇	大黑河	吉庆营沟入口	三两水文站	95.3	Ⅳ	内蒙古
27	大黑河托克托县农业用水区	大黑河托克托县开发利用区	兰州—河口镇	大黑河	三两水文站	新河村(北村)	34.6	Ⅳ	内蒙古
28	大黑河托克托县过渡区	大黑河托克托县开发利用区	兰州—河口镇	大黑河	新河村(北村)	入黄河口(河口镇南)	18.1	Ⅳ	内蒙古

2.6.2 废污水及主要污染物入河量

根据《黄河水资源公报》,2010 年黄河流域废污水排放量为 43.61 亿 t,其中城镇居民生活废污水排放量 11.59 亿 t,第二产业废污水排放量 28.63 亿 t,第三产业废污水排放量 3.39 亿 t,分别占总量的 26.6%、65.6% 和 7.8%。2006 年以来,黄河流域废污水排放量基本维持在 42 亿 t 左右,第二产业废污水排放量占废污水排放总量的比重最大,第二产业废污水排放量为 28.99 亿 t,占废污水排放总量的比例为 68.6%。2006 年以来黄河流域废污水排放量详见表 2-7。

表 2-7　黄河流域废污水排放量统计　　　　　　　　　　　(单位:亿 t)

年份	第二产业	居民生活	第三产业	合计
2006	31.38	8.48	2.77	42.63
2007	30.24	9.88	2.74	42.86
2008	27.15	10.10	2.80	40.05
2009	27.55	11.66	2.84	42.05
2010	28.63	11.59	3.39	43.61
均值	28.99	10.34	2.91	42.24

根据黄河流域水资源综合规划调查统计,2006 年黄河流域点源废污水排放总量为 42.45 亿 t,其中工业废水占 68.6%,生活污水占 31.4%。流域主要污染物 COD 排放量为 135.65 万 t,氨氮排放量为 13.06 万 t,详见表 2-8。兰州—河口镇河段废污水排放量 7.70 亿 t(不包括火电直流冷却水),占黄河流域废污水排放量的 18.1%;COD 排放量 42.95 万 t,占黄河流域 COD 排放量的 31.6%;氨氮排放量 3.14 万 t,占黄河流域氨氮排放量的 24.0%。

表 2-8 现状年黄河流域点污染源废污水和污染物排放量

水资源二级区省(区)	废污水排放量(亿 t)				COD 排放量(万 t)			氨氮排放量(万 t)		
	城镇生活	工业	小计	火核电	城镇生活	工业	小计	城镇生活	工业	小计
龙羊峡以上	0.04	0.02	0.06	0	0.05	0.03	0.08	0.01	0	0.01
龙羊峡—兰州	1.78	6.11	7.89	0.49	4.42	11.28	15.70	0.44	1.36	1.80
兰州—河口镇	3.46	4.23	7.70	1.47	10.94	32.01	42.95	1.26	1.88	3.14
黄河流域	13.31	29.14	42.45	2.03	36.36	99.29	135.65	4.01	9.05	13.06

2.6.3 水质现状

根据《黄河水资源公报》,2010 年黄河干流评价河长 3 613.0 km,其中 Ⅰ ~ Ⅲ类水质河长 2 807.0 km,占评价总河长的 77.7%;Ⅳ ~ Ⅴ类水质河长 806.0 km,占 22.3%。主要污染项目为氨氮、化学需氧量等。黄河主要支流评价河长 10 682.4 km,其中 Ⅰ ~ Ⅲ类水质河长 3 517.6 km,占评价总河长的 32.9%;Ⅳ ~ Ⅴ类水质河长 2 314.4 km,占 21.6%;劣于 Ⅴ类水质河长 4 850.4 km,占 45.4%。全流域各评价河段综合评价结果见附图 1。

兰州—河口镇干流河段Ⅲ类水质河长约占 1/3,Ⅳ类水质以上河长超过 1/3。兰州—河口镇河段的支流污染以大黑河呼和浩特以下河段,祖厉河、宛川河、苦水河、清水河等河入黄段尤为突出,其水质全年基本为劣Ⅴ类,主要污染项目为氨氮、化学需氧量、高锰酸盐指数、五日生化需氧量、挥发酚等。

根据《2010 年黄河流域重点水功能区水资源质量公报》,评价时段非汛期 1~3 月,黄河干流兰州—河口镇区间的 14 个水功能区中,水功能区水质达标率为 36.4%,主要超标污染物为氨氮、化学需氧量、挥发酚等;满足 Ⅰ ~ Ⅲ类水的河长 420.5 km,占 46.1%,Ⅳ类水质河长 449.9 km,占 49.4%,Ⅴ类水质河长 41 km,占 4.5%。评价时段汛期 7~9 月,黄河干流兰州—河口镇区间的 14 个水功能区中,水功能区达标率为 90.9%;主要超标污染物为化学需氧量,满足 Ⅰ ~ Ⅲ类水的河长 830.4 km,占 91.1%,Ⅳ类水质河长 81 km,占 8.9%。总体来看,兰州—河口镇河段水质汛期明显优于非汛期。

第 3 章　　IQQM 模型及其功能

IQQM 模型具有水质水量综合管理的功能,可实现河流水质水量的同步模拟,能够模拟不同水资源管理政策及政策变化对流域水资源系统的影响以及水质水量演变。在对 IQQM 模型结构和功能研究的基础上,结合黄河主要污染物情况,改进 IQQM 模型的水质模型,建立符合黄河水力特征、能够反映主要污染物迁移转化规律的一维水质模型;根据黄河水资源和水权管理的实际,改进农业灌溉决策模型,建立智能化的灌区灌溉决策模型;利用软件编译技术,对模型界面进行了本土化改进,增强了模型应用的灵活性。

3.1　　IQQM 模型研发历程

水质水量综合模拟模型(Integrated Quality and Quantity Model,简称 IQQM)是 2006 年度水利部重点推荐引进的国外先进技术。IQQM 模型是由澳大利亚基础规划与自然资源部(DIPNR)开发的日时间步长的流域水质水量一体化模型,主要用于新南威尔士州河流的管理,最初是用来检验不同的管理体制对河流行为的长期影响,包括对环境流量的影响。后经新南威尔士州和昆士兰州联合开发,IQQM 模型成为用于规划和评价水资源管理政策的水文建模工具。

IQQM 模型基于 Windows 的 32 位系统(IQQM 模型主要功能窗口见图 3-1),拥有逻辑布局和菜单记忆以方便操作,但只能读取标准文本格式。2003 年以后基于 E2(EMSS 2(An Environmental Management Support System for South East Queensland))IQQM 模型升级为源(Source)模型。

图 3-1　　IQQM 模型主要功能窗口

　　Source 模型是在 IQQM 模型基础上改进的新一代集成生态水文建模环境算法和方法模型,能预测河流从源头至入海口的水流和污染物的传输过程。Source 模型是在 E2 模型框架基础上建立的,将流域和河流管理相结合,具有水质水量综合管理的功能,改变了多年来河流管理的方法。

3.2　模型功能及应用

　　IQQM 模型是一个广义的水文模拟包,可广泛应用于河流的水资源调查评价及一体化规划管理和调度模拟。IQQM 的水质模拟是以 QUAL2 为基础,模拟污染物质在河流中的迁移和转化,而水量模拟则从降雨径流入手,模拟水循环的全过程。IQQM 模型可实现河流水质水量的同步模拟,模拟水资源管理政策及政策变化对流域水资源系统的影响及水质水量演变。模型可以开展包括水资源配置、水库调度、农业灌溉及湿地保护等模拟,并可实现多种计算时间步长的相互嵌套。软件的整体结构如下:

　　(1)模型系统是以径流和污染物产生为基础,以河道内的水质水量和地下水的水质水量一体化模型为基本框架,建立包括气候变化、系统优化、经济模型及统计输出等的模型系统。模型系统框架结构如图 3-2 所示。

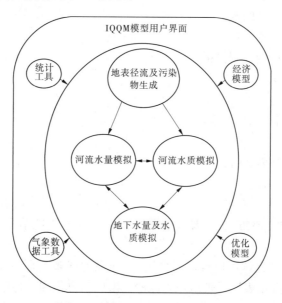

图 3-2　IQQM 模型系统框架结构

　　(2)模型系统集成了降雨径流模型、盐分及污染物迁移转化模型、河道水量演进模型、水库调度、灌溉用水模型、生活及工业用耗排水模型、湿地及河湖生态环境需水模型等诸多模型。

3.2.1 模型功能

3.2.1.1 **基本功能**

水质水量一体化模型的目的就是要用计算机算法来表示原型系统的物理功能和效果。IQQM 模型是在一定系统输入情况下模拟河流水资源和环境系统的响应。IQQM 模型可根据建模的要求,将一条河流生成具有空间、概念或时间布局的系统,见附图 2。空间布局适用于评估土地利用及区域气候变化对河流属性的影响;概念布局通常适用于空间尺度变化较大的评价,其流入一般为更加复杂且有调节的河流系统;时间布局用于河流控制模型,其重点是水流随着时间的分配和下泄过程。

IQQM 模型可以模拟由降雨形成水资源及水资源循环、转换、利用水量变化的过程;模拟污染物产生、入河、迁移、转化等物理化学过程;模拟不同水资源开发利用方案产生的效果及其对水环境的影响。模型主要功能概括如下:

(1)水资源评价、入流和水流演进模拟。

(2)水库调度模拟、水库调度规则制订。

(3)作物需水与灌溉决策。

(4)城镇需水及供水。

(5)生态环境需水及配水。

(6)水资源优化配置。

(7)流域水工程运行控制模拟。

(8)水力发电模拟。

(9)多方案模拟与推荐。

(10)用水户之间的水权转换。

(11)物质迁移和转化模拟。

(12)管理措施评估及排污方案优化。

(13)河流的水量调度。

3.2.1.2 **定制功能**

模型定制有四种基本方式,主要通过增加节点、链接和功能单元模拟过程的算术表达式进行:

(1)表达式编辑器允许用户自定义算法,可在模型的多个环节输入表达式或进行表达式计算。例如,可以用表达式表示一个泥沙输出回归方程用于特定流域的研究。

(2)根据用户在表达式编辑器中编写的代码可进行模型功能定制。

(3)插件是 IQQM 模型框架的一部分,其本质上是一种新方法。插件可以包括模型算法、用户界面代码、输入或数据输入验证代码、持久性映射文件、图形或图标文本等。插件可以加强和扩展流域、节点或链接模型、数据预处理工具、数据传送和导出工具。插件可应用于降雨径流模型、污染物生成模型、节点模型、需水模型、链接/演进模型和河流演进模型。

(4)远程运行。模型可以用命令行运行一系列大型优化软件包,通过在命令提示符下修改浏览器的参数执行。

3.2.2　模型应用范围

IQQM 模型适用于广泛的河流水质水量一体化的模拟和流域水资源综合管理,应用范围主要包括:

(1)河流的宏观管理,制订河流水量水质分配方案和流域综合管理政策。

(2)河流水资源评价。

(3)灌区灌溉决策及用水户水量分配和水权转换过程管理。

(4)水利工程调度运行方案的制订。

(5)河流水质水量的实时调度方案的制订。

在城市环境中,IQQM 模型可以解决城市尺度集中与分散水源的模拟,包括污水回用、雨洪收集、海水淡化、雨水收集池和用水限制对水系统整体性能上的影响。

IQQM 模型系统包括河流系统模型、河流控制模型、流域模型和城市模型 4 种类型的模型,其中河流系统模型和河流控制模型适用于建有多年调节水库的河流,流域模型适用于子流域划分比较清晰的山区流域,城市模型适用于供水系统相对完善且需要进行优化配置的城镇。

3.3　基本概念及模型架构

3.3.1　基本概念

IQQM 模型是对现实世界的简化,并使用特定的协定来代表被模拟系统的重要要素。主要要素包括:

流域和子流域 ——产生地表径流和污染物负荷的区域。

功能单元——子流域内径流和污染物产出相似的区域,如有共同土地利用类型的区域。

节点——水流和营养物质进入河流网络的点,或者一些对建模重要的过程,如流量监测站的实测流量。

链接——用来连接节点和存储单元,水流和污染物质通过的路线和演进方法。

节点—链接系统——模型中水流和污染物在流域内产生、运输和转化的主要通道,见附图 3。

3.3.2　模型架构

IQQM 模型(升级后为 Source 模型)是基于微软.NET 开发的软件包,是以不可视模型环境(The Invisible Modelling Environment（TIME）)为基础框架,以及 E2 为基础模拟系统的模型。不可视模型环境(TIME)是一个软件开发架构。TIME 包括各种各样的数据类型用于支持画图、管理和可视化,以及测试、集成和校准模拟模型。模型主要由三部分组成:①前端界面(Windows 图形用户界面);②模拟系统(代表用户模型);③应用服务层(数据管理和模型配置)。

IQQM 模型主要基于一系列水文、水质、气象、用水、土地利用等资料,以及水文学、水力学、水质、土壤、水库、面源污染等参数建立4种情景模型:河流系统模型,河流控制模型,流域模型和城市模型。

河流系统模型——允许用户评估水资源政策对系统存储、流量和水共享的长期影响,开发更好的针对河流系统管理的方法。

河流控制模型——协助水行政主管部门,优化日常运作,如优化水库下泄以满足灌溉需水和环境需水。

流域模型——模拟水量的产生、运移和转化及营养元素和污染物迁移转化过程,用于开发、测试和精细化管理战略,以改善河流水质,并减少受纳水体的污染负荷。

城市模型——允许城市供水系统的优化和水资源保护战略的制订和完善。

这4种模型的功能主要由一系列模型组件和模块共同组合来实现,包括需水订购模块、所有权系统、借用和偿还系统、水资源分配系统、水质模块、资源评估系统、灌溉决策模块和率定模块,前5个模型组件和模块广泛应用于4种情景的建模,资源评估系统和灌溉决策模块仅用于河流系统模型、河流控制模型和流域模型,而率定模块仅用于流域模型。IQQM模型架构示意图详见图3-3。

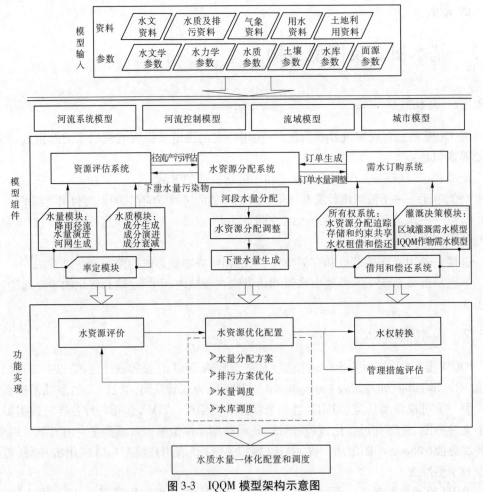

图3-3　IQQM模型架构示意图

　　模型的核心组件和模块为资源评估系统、需水订购模块及水资源分配系统。资源评估系统针对用水户的可用水资源进行系统评估,并进行水质成分的生成、演进和衰减模拟;需水订购模块以灌溉决策模块和所有权系统为基础,采用基于规则的需水订购方法及网络线性规划方法生成订单水量;如果存在水权交易,通过所有权系统及借用和偿还系统开展水权的租借和偿还,并对订单水量进行调整;最后通过水资源分配系统基于系统生成的订单水量对系统水资源进行统一配置。如果分配水量不能满足特定用水户的用水需求,例如为维持某河段水质目标的生态环境需水量得不到满足,将通过水资源分配系统反馈给需水订购模块及借用和偿还系统,重新进行水量分配。在此过程中,结合系统中的水库和其他存储单元开展水量调度,并以水质模块的需求和反馈为基础,进行排污方案的优化,实现水质水量一体化配置和调度。

3.4　模型主要组件

　　需水订购系统和水资源分配系统是模型计算的核心,也是本研究建模直接应用的两大系统,本节将对其做重点介绍;资源评估系统中的水质模块是本次模型改进的重点,3.5 "模型的改进"部分对其改进过程和其适用性进行了重点分析。

3.4.1　资源评估系统

　　许多可调节河流拥有复杂的水资源管理规则,被称为资源评估系统(RAS),共享一个特定层级下的所有用户的可用水资源。IQQM 模型中,资源评估系统用于模拟共享水资源的管理。资源评估系统是一组用水户和水源,它们在一个共享计划中进行共同管理。水源可能是一个含水层,一个或多个水库,一个或多个水库的可共享的一个或多个库容,授予资源评估系统的来源于一个系统(位于更高一级的一系列嵌套的资源评估系统中)账户中的平衡水量。

3.4.1.1　水资源评价模型

　　1. 主要特征

　　降雨径流模型可将水文气象时间序列输入(降雨,蒸发等)转换成径流。IQQM 模型的工具包包含以下要素:

　　IQQM 模型的一个重要特征是,每个汇水单元可以被详细划分成大量的独特的土地利用/气候要素单元(称为功能单元)来表示详细的流程,而无须详细的水文网格。通过 DEM 划定流域和分配网格的工具,具有 8 个降雨径流模型(AWBM,GR4J,IHACRES,Sacramento,SIMHYD,SIMHYD with routing ,SURM ,GWlag 模型)。

　　由于 IQQM 模型的软件架构,每个集水区可以设置不同的水文模型、不同的污染物输出模型,实际上框架内的任何的基本组成部分的众多选项是可以互换的。考虑到现有的数据,应该为每个输出(径流、污染物生成、衰减等)选择最好的过程模型,而不是一个基于有限过程的固定软件包,这是 IQQM 模型的基础。随着新知识的发展,新的技术也可以被纳入这个框架,而无须改变整个模型。

2. 径流产生过程

一般用降雨径流模型模拟径流产生过程,将降雨和蒸发数据输入模型可输出径流,通常由快速流和慢速流两部分组成。如果没有蒸发数据,一些模型允许将气温作为参数输入。降雨径流模型的复杂程度不一,GR4J 模型比较简单,只需要 4 个参数,而其他一些模型需要大量的概念存储和参数。每一个功能单元都可以选择一个降雨径流模型。此外,也可以用表达式来确定径流的产生过程。

3. 下渗截流过程

IQQM 模型采用下渗截流模型来模拟径流产生后的下渗和截流过程。例如河岸过滤带模型、人工湿地模型、田间水库模型等。

下渗截流模型用来模拟各功能单元成分的生成至抵达子流域节点链接上游之间发生的任何改变,成分生成模型和下渗截流模型都应用于各功能单元中,但 1 个子流域/功能单元的组合只能应用 1 个下渗截流模型。以下就田间水库模型作详细介绍。

田间水库模型作为一个过滤器的模型,根据田间水库的总库容,截流各功能单元一定比例的径流量。从各功能单元田间水库溢出的径流构成子流域的总径流量。该模型能够在流域尺度(高达数百平方千米的区域)评估田间水库对径流的影响。

当模型中的田间水库及其库容确定后,模型将通过模拟快速流和慢速流来计算流域的总径流量,此径流量是按照每个田间水库集水区的面积按比例进行折算的,见图 3-4。折算出的按比例的径流量作为田间水库模型的输入,然后进行每个田间水库的水平衡计算。田间水库的水平衡计算考虑了所在流域的入流、库区水面降雨及水面蒸发,以及田间水库的水量消耗(包括灌溉用水、生活用水和储备用水)。水平衡计算都在每一个时间步长的结束计算水库的库容和渗漏,溢出流重新按比例反馈给快速流和慢速流,快速流和慢速流之间的比例与之前田间水库模型的截流量和功能单元的总产流量有关。

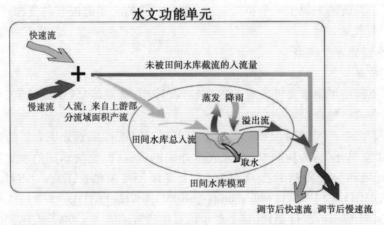

图 3-4　田间水库下渗截流模型

3.4.1.2　河网模型

IQQM 模型使用节点—链接结构简化河网水系。节点可用于特定的用途/需要,在对模型研究或知识的基础上通过插件可以引入新的元素。

1. 主要节点

模型节点可分为用于物理过程的节点(入流节点、水文站、水库、河损、分流节点和支流汇流点、供水节点、用水户和用于有压水流的水力链接)和用于管理过程的节点(分流控制节点、次序分配的汇流节点、用水户节点、最大需求限制节点、最小流量需求节点、超额分配节点、水库节点、水权转让和平行弧节点)。

2. 链接

影响河段水流运动的因素是横断面形状、河段长度、坡度和糙率,见图 3-5。此外,河段水面面积和水深分别影响河段净蒸发和地下水通量。河流断面可分为河槽和河漫滩,详见图 3-6。

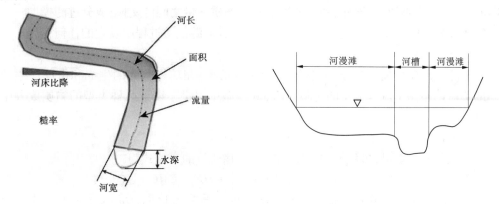

图 3-5   河段概化示意图   图 3-6   河段横断面示意图

IQQM 模型用链接来模拟一个河段的水流运动。这包括模拟河段水流的传输时间、衰减速率和河段过程(横向通量)。其过程包括河流水面净蒸发、地下水与地表水之间的交换量。模型提供了四种链接选项:

1)直通链接

模型中所有的链接分配默认为直通链接。直通链接中所有的水流进入和流出的时间是相同的,没有水流、污染物和所有权等相关参数可供配置。

2)滞后流链接

滞后流链接只考虑水流在河段的平均流动时间,不考虑流量的衰减,水流进入链接和流出链接的时间通常为时间步长的整数倍。滞后时间是一个正实数,表示水流沿该链接流动所花费的时间,初始存储量被视为该链接在第一个时间步长传播的水量。

3)存储链接

这是一个简化的动量方程,并假定扩散和动态变化可以忽略不计。该方法使用储存和质量平衡方程来表示水流指数通量。权重因子是用来调节入流和出流之间的偏差,从而允许流量的衰减。模型可选用多种水流演进方法,包括线性演进(马斯京根)、非线性马斯京根演进(使用幂函数)、可变参数马斯京根演进以及横向通量滞后演进。

4)湿地链接

此链接用于连接湿地中的存储单元或湿地与河流。这些链接使用水力学模型。模型中有多种不同类型的湿地链接以反映不同的水力学特征,如水流传输、堰、泵和管道。IQQM 模型链接中的流量演进可以通过更加复杂的河流演进工具,例如基于圣维南方程和重要参数整理成的"数据魔方"进行,在这里更详细的链接模型被参数化成重要元素。在这种方式下,利用当地的详细数据进行建模,可以开拓广阔的模型化策略。

3.4.1.3　水质模型

物质成分是指在流域内生成、传输和转化的影响水质的物质,常见的物质包括固体、营养物质和污染物,例如盐类和溶解性固体。IQQM 模型可以模拟这些成分的生成、传输和转化过程。这些模型分为:成分生成模型描述功能单元物质成分的生成及由此产生的浓度或负荷传递到子流域节点的过程;成分演进(保守成分)模型——描述物质成分沿河网的运动,包括洪泛区、湿地、灌区和地下水等物质通量之间的交换;成分过滤模型——代表物质成分从功能单元的生成到抵达子流域节点上游链接过程中发生的任何变化。

1. 成分生成

成分生成模型描述成分(如沉积物或营养元素)在功能单元的生成和由此产生的浓度或负荷传递到子流域节点的过程。IQQM 模型中提供了以下几种类型的物质成分生成模型:

1)EMC/DWC 模型

EMC/DWC 模型(事件平均浓度/旱季平均浓度)的表达式为:

$$C_{负荷} = SF \times DWC + QF \times EMC \tag{3-1}$$

式中:$C_{负荷}$ 为物质成分 C 的负荷;SF 为给定的径流慢流比例;QF 为给定的径流快流比例;DWC 为干旱天气期间测得的平均污染物浓度,mg/L;EMC 为暴雨天气测得的流量权重平均污染物浓度,mg/L。

2)输出速率模型

输出速率模型在每一个功能单元应用一个固定的成分生成速率来计算总的负荷,由于仅有 1 个参数,所有模型简单易用。

$$C_{负荷} = 输出速率 \times 功能单元面积 \tag{3-2}$$

3)指数函数模型

指数函数模型是一个成分生成模型,用标定的曲线来描述成分浓度(负荷)与流量在线性空间的关系。

$$C = A \times (FLOW)^B + C \tag{3-3}$$

式中:A 为系数,代表曲线的总斜率;B 为曲线的曲率,小于 1 表示曲线是凸的,大于 1 表示曲线是凹的,其取值范围通常为 1.1 ~ 1.5,最大值为 2;C 为低流量时的成分浓度。

2. 成分过滤

物质成分过滤模型代表成分生成后通过子流域节点到达河流系统的过程中发生的转化或储存过程。模型可用来模拟:①自然过程,如产生沟壑侵蚀后,围场泥沙的存储过程。②管理干预措施,如在泥沙和营养物质进入河流之前使用缓冲带进行拦截。IQQM 模型中提供了 6 种类型的物质成分过滤模型:①穿过(所有生成的成分被传递到子流域节点)。②去除百分比。③RPM(河岸颗粒模型)。④一阶动力学模型(K-C*)。⑤基于负荷的营养元素输送比。⑥基于负荷的泥沙输移比。

3. 成分演进

IQQM 模型中保守成分的演进可以使用标记演进法进行。在指定的位置加入代表物质成分的示踪剂,模拟其下游的运动过程,以确定模型各部分中的示踪剂浓度,并根据降雨、蒸发和支流流入和地下水系统对这些浓度进行调整。模型提供两种类型的物质成分演进模型。

1)集总演进

集总演进是一种最简单的方法,链接中的保守成分的演进是基于运动波理论。假设链接内物质充分混合的条件下,在一个时间步长内,物质成分的通量和浓度可简单地从一个链接的顶部移动到底部,其质量是守恒的。来自子流域和外部入流新增的物质成分及河损损失的物质成分,都有可能改变链接中物质成分的浓度。

2)标记演进

标记演进法是将保守成分当作微粒追踪其在链接中的移动,考虑水文演进时也可分为若干河段进行模拟。最初,该模型在每一个链接的河段末端开始标记,在每一个时间步长,各河段中每一种成分重新进行新的标记,两个标记之间的距离是由当前时间步长河段水流的流速驱动的。而流速在一个时间步长内认为是恒定的,河段槽蓄和断面面积的变化会导致河段流速变化。标记可以穿越河网,直到与相邻标记合并或离开河网(即通过取水、河段内衰减、蒸发、地下水交换和降雨)。

(1)泥沙沉积。

存储泥沙沉积将河道槽蓄作为沉积物处理系统,所以可以用泥沙输移比表示。流入的泥沙负荷被添加到已经存在的河段,并用一个节点表示,从河道槽蓄流出的泥沙负荷用泥沙输移比(SDR)来表示。SDR 即表示流入和流出泥沙负荷的比值,用下面的经验公式表示:

$$Q_{\text{IN}} \times C_{\text{OUT}} = \left(1 - \exp\left(-K \times \frac{Q_{\text{IN}}}{V_{\text{STORAGE}}}\right)\right) \times Q_{\text{IN}} \times C_{\text{IN}} \tag{3-4}$$

式中:Q_{IN} 为每天的入流;Q_{OUT} 为每天的出流;C_{IN} 为入流成分浓度;C_{OUT} 为流出成分浓度;V_{STORAGE} 为存储量;K 为一个校准参数,可以用来提供所需的长期的平均 SDR。

由式(3-4)可知:

$$SDR = 1 - \exp\left(-K \times \frac{Q_{\text{IN}}}{V_{\text{STORAGE}}}\right) \tag{3-5}$$

(2)粒子跟踪。

IQQM 模型需要模拟保守成分(如盐分)沿着河道网络运动的功能,包括漫滩、湿地、灌区和地下水之间的通量交换。

此功能是为满足墨累－达令流域立法要求而存在的,墨累－达令流域盐度管理战略(BSMS)需要流域、州政府和联邦政府共同致力于通过土地利用措施、盐分拦截计划等减小旱地和河流的盐度,要评估这些活动的影响,需要一个可靠的盐度模型。适用于模拟大多数河道内的保守成分,其本质上是稳定的,并且不会受到浓度和流量突变的影响。同时,模型将维持保守成分的物质平衡,即使在一个河段水流停止流动或槽蓄水量全部蒸发时,建模者也可以在该河段获取一个正常的小容量的存储水量进行建模。

3.4.2　需水订购系统

3.4.2.1　灌溉决策模型

灌溉决策模型是以作物需水模型(Crop Model 2 Demand model)为基础的过程管理模型,允许模拟农民的决策,如在不同季节和不同蒸散发条件下种植不同的作物,可以基于维持土壤目标含水量水平生成灌溉需水量,也可以通过设置洼地特征和回归流模拟水稻灌溉。

IQQM 灌溉决策模型的假设与约束:

(1)只有可供水量和前期条件影响作物种植面积,忽略其他经济条件的驱动。

(2)作物不会枯死。在作物的生长期内,如果土壤水分在较长的时间内达到 0,开始进行灌溉,土壤含水量将超过目标含水量并且发生蒸散发作用。

(3)当土壤含水量下降超过其最大含水量的 20% 时,蒸散发作用将停止。

(4)灌溉决策模型设计为代表一群农场和假设一群农场的灌溉行为。

(5)模型假定不论在任何阶段所有土壤水分都可供作物使用。

(6)多年生作物和常绿植物必须生长在主要季节,并且作物的种植面积受主要作物种植决策的影响。

(7)模拟过程中,作物混合系数每年都保持不变。

(8)模拟过程中,作物每年的种植日期相同。

灌溉决策模型是以彭曼—蒙特斯公式为基础,综合考虑灌区的灌溉制度和土壤特性等因素来计算灌区的需水量,其需水量的计算主要基于以下原理:

1. 气候

土壤中的水量损失主要为土壤表面的水分蒸发和作物的蒸腾,统称为蒸散发。区域灌溉需水模型中,并不直接使用作物的蒸散发量,而是使用作物系数(K_c)来表示作物的蒸散发速率(ET_c)与参考作物的蒸散发速率(ET_0)的关系。

模型采用联合国粮农组织(FAO)彭曼—蒙特斯公式来计算参考作物的蒸散发速率(ET_0)。该方程需要实测气候数据来计算某种植物的蒸散发量,如辐射、气温、空气湿度、风速等。彭曼—蒙特斯公式所需的气象数据不一定都能获得,但一般都能获得蒸发量数据。蒸发皿的实测蒸发量包含了水面的太阳辐射、风速、温度、湿度等因素。参考作物的蒸散发速率(ET_0)也可以通过蒸发皿系数乘以实测蒸发量来估算:

$$ET_0 = K_p \cdot E_{pan} \tag{3-6}$$

式中:K_p 为蒸发皿系数;E_{pan} 为蒸发皿的实测蒸发量,mm/d。

2. 灌溉制度

作物需水模型使用作物系数(K_c)来表示作物的蒸散发速率(ET_c)与参考作物的蒸散发速率(ET_0)的关系。由此可计算作物在标准条件下的需水量:

$$ET_c = K_c \cdot ET_0 \quad (\text{mm/d}) \tag{3-7}$$

3. 土壤特性

土壤含水量阈值。土壤含水量小于其阈值的下限时才需要灌溉,不同作物类型的土壤含水量阈值不同,并与作物的种植条件和灌溉制度有关。一般灌区的土壤含水量阈值大多为 30 ~ 60 mm。

土壤排水。不同灌区同一种作物的灌溉需水量可能不同,这主要是因为灌区的土壤排水特征和是否接近地下水等有所差别,IQQM 模型中采用土壤排水系数来实现此功能。一般的土壤排水系数为 0.8 ~ 1.2,这个是用来率定区域灌溉需水模型的关键。当土壤排水系数为 1 时,通常用来模拟土壤无深层渗漏至地下水或地下径流的情况,一般默认为此情况。

3.4.2.2 基于规则的需水订购

基于规则的需水订购是一个模拟需水订单的产生过程,允许建模者明确指定规则以确定满足需水订单的供水水源和路径,可以模拟河流的操作者如何选择代表个别灌溉用水户和其他用水户的大宗需水订单的过程。需水订购系统代表河流的操作者,汇流节点和最大需水订单约束节点的规则代表河流操作者的决定。

IQQM 模型基于规则的需水订购方法与其他采用试探法的建模软件有以下区别:

(1)需水订单直接传递给需水订购系统,而不是一个特定的存储或供水水源。

(2)在模型的每个时间步长,河网的一个额外通道预先完成,确定每一个供水路径的传输限制。以此,可使需水订单获得最佳的供水路径。

基于规则的需水订购方法应用于整个河流系统代表一个建模情景。这种类型的需水订购系统在多个时间步长同时进行,因为它依赖于对未来入流、损失和需水的预测。需水订单的追踪发生在建模场景中的每一个节点和链接,每个时间步长都统计需水订单数量。

1. 供水路径约束

一个有管制的河流系统通常具有一些管理规则,这些规则用于维持系统流量在一定的范围内变化,以确保有效地给下游提供供水水源。这个流量范围用最小流量需求和最大流量约束进行界定,IQQM 模型中使用基于规则的需水订购方案的河流网络,每个节点都有一个与它相关联的所需流量范围,参见图 3-7。

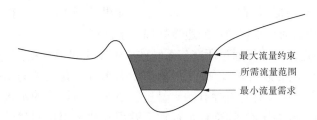

图 3-7 河道横断面显示最大流量约束、最小流量需求和所需的流量范围

IQQM 模型中的管理规则的模拟是使用最小流量要求节点、存储节点、调节分流节点和最大流量约束节点进行的。由于规则、流量条件的变化,以及出水口或河道达到了其最大过水能力,所需的流量在一定范围内随时间变化。

基于规则的需水订购需要估计从需水订购至供水到达每个需水节点的时间,以便于正确选择合适的供水路径和准确估计存储单元的泄水时间,这被称为"需水订购时间"。

2. 需水订购时间和时期

需水订购时间是基于水流在供水点和需水点之间河段的平均流动时间进行估算的。当一个需水节点上游存在多个链接至水库的供水路径时,此节点可能会有多个需水订购时间。在这种情况下,该节点的供水可能会在一定时间范围内进行,这个时间范围可以用最小和最大的时间范围来界定,这被称为"需水订购时期"。在基于规则的需水订购的情景方案开始运行时,模拟河网的每一个节点和链接的最小和最大需水订购时间范围已经确定(在运行过程中不发生变化)。

3. 供水管理

在有多个串联水库或多个可能的供水路径的情景方案中,为确保水流在合适的时间到达下游节点,制订了泄水计划,该计划要满足管理规则并使系统有效运行。

为确保存储单元中有足够的水量满足下游需水,模型估计了整个需水订购时期的存储水量。位于水库上游的需水订单,用来填补存储单元的预测水量和其目标值之间的差额。在这个过程中,需预测存储单元的入流和净蒸发量。

有多个供水路径的情况下,每个供水路径所需的时间很可能是不同的。基于规则的需水订购在汇流节点做了部分调整,以应对这个问题:

当其中一个分支的需水订单要在未来某一时间步长内交付,但另一分支的需水订单在此时间步长已经满足,前一分支的需水订单将根据后一分支的供水时间进行调整。当上游支流具有不同的最小需水订购时期时,就会发生这种情况。

当其中一个分支的需水订单就要由上游水库的下泄来满足而另一分支的需水订单不能满足时,考虑当前时间步长的下泄水量并预测后一分支的供水量。当上游支流具有不同的最大需水订购时期时,就会发生这种情况。

4. 考虑水权的需水订购

当模型考虑水权时,每一个需水订单都与水权所有者相关联并提供所需的水量。如果在任何位置没有足够的水量来满足某一水权所有者的需水订单,而另一个水权所有者的用水有富余,前一用户将从后一用户借用一定的水量以满足其用水需求。

IQQM 模型中,一个或更多的水权所有者来管理所有权系统的边界,该"边界"由河网中的水权转让节点和模拟河网上、下游末端标记。如果模型中有一个以上的水权转让系统,建模者可以选择如何在水权转让的边界处理需水订单。

建模者可以指定需水订单通过所有权系统的外部来满足(默认选项),在水权转让节点边界建模者指定了分配次序和比例,下游的初始需水订单在上游的水权所有者之间进行拆分,并通过上游水权所有者所拥有的水量进行供水。当订购的水量下泄并到达订购位置上游边界的所有权系统时,这部分水权在下游用水户之间按照建模者在水权转让节点边界所指定的比例进行拆分。在任一时间步长,水权转让系统边界需水订单的拆分有可能不匹配水流的比例。借用和偿还系统解决了这个问题,从而允许更有效地利用可用水量。

另外,建模者可以指定需水订单只能由需水订单节点所有权系统边界内的存储单元来满足。为了简单起见,目前模型在确定最长订购时间时不考虑所有权系统边界。模拟位置的最长订购时间一般为水流在该节点与上游水库节点之间的最长平均流动时间。

5. 订单追踪

在模拟情景的河网中,在整个订购时期内,基于规则的需水订购维护每一个模型元素(节点和链接)一系列的需水订单。在需水订购时期,这些订单列表在每一个时间步长都进行更新。当启用水权时,模型将为每一个水权所有者维护一个单独的订单列表。

在每一个时间步长,订单列表中都会为未来的时间步长留有一个通道,在这个时间步长下游的订购水量将达到这个通道。第一个通道是为应在最小订购时期内满足的需水订单存在,例如在最早的时间步长从上游水库下泄的水量可以达到的地点。另一个通道是为满足最长订购时期的需水订单,例如在最晚的时间步长从上游水库下泄的水量可以达到的地点。

一个时间步长中,模型在需水订购过程中对需水订单列表进行处理,在相关的需水订单水量进行调整后,该列表序列从模型的每一个元素传递到上游的下一个元素,以满足:

收益(支流流入、入流节点、汇流节点的无管制入流、链接的侧向流入、用水节点的回归流、降雨)。

损失(损失节点、分流节点无管制的出流、链接的侧向流出、蒸发损失)。

规则(存储节点的目标水位、存储/分流节点的出流限制、最小流量的要求、最大需水订单约束、汇流节点各分支优先级/比率)。

6. 约束列表

基于规则的需水订购系统在模拟情景河网的监管的供水路径上,通过应用一系列约束,试图在模型每一个元素节点将水流保持在期望的范围内。例如订单列表,在每一个时间步长,约束列表包含了在需水订购期间每一个未来时间步长的通道,此通道包含了期望的流量范围,通过最小流量和最大流量约束值来界定。该流量范围反映了对水流的所有约束,该水流为模拟节点位置与上游最近存储单元之间所有可能供水路径的水流。

在需水订购阶段的每一个时间步长,约束列表用于一个汇流节点。每一个汇入支流在未来一个时间步长的限制流量范围决定了在此时间步长分配给此支流/供水路径下游的订单水量。约束列表在"约束阶段"进行更新,这发生在需水订购阶段之前,所以在需水订购阶段可以参考此列表。

7. 约束因子列表

建模者指定的预测值和模型模拟值之间将会有所差别,再加上使用表达式来表示收益和损失,意味着用约束列表预测的流量范围不会完全准确。因此,约束列表中的最大值不是用来限制该节点的订单水量。而一个"约束因子"列表用于寻定供水水量小于订单水量的方案,其本质上代表了河流的管理者通知用水户,根据操作的限制将导致订单水量在某一天无法满足。

每个水权所有者在每个模型元素都有一个约束因子列表。在每一个模型时间步长,这个列表包含了一个从当前时间步长到最小订单时间的通道。约束因子代表已经在上游产生的订单水量的限制,需水模型使用约束因子来调整期望获得的水量,然后将生成新的需水订单或增加订单水量对模型进行校正。

每一个模型元素的订单水量和流量必须是已知的,以此来确定某时间步长的约束因素,所以这个计算在此时间步长的水流时期后执行,约束因子列表从上游至下游传播。

8. 单一供水路径

如果模型只有一个供水路径,其上游的节点不是一个存储单元,各节点间由需水订单和约束列表覆盖的未来时间长度的窗口并没有改变。在此情况下,在约束列表直接传递给邻近的模型元素(往下游传递给相邻的约束,往上游传递给相邻的订单)之前,其条目已进行了更新。链接加入此节点的平均传递时间将有效改变每一个约束列表条目的时间步长。

9. 多个供水路径

汇流节点上游有两个供水路径,上游每个支流/路径的订单周期可能不同,并且可能重叠。这意味着,对于每个水权所有者的需水订单,其约束列表和约束因子列表需要进行分解/合并:

上游每个供水路径的约束列表合并起来形成下游的约束列表。这个新的列表包括未来时间步长的各条目,这个时间步长涵盖了从上游各支流的最早的最小订购时间至最新的最长订单时间。约束因子列表从上游的支流起也进行了合并。下游的约束因子列表涵盖了上游各支流从当前时间步长至最早的最小订购时间的时期。

对下游订单列表拆分后,每个上游供水路径形成一个新的订单列表,上游每个订单列表涵盖了相应供水路径的订单周期。在相应的时间步长,下游的订单水量按比例分配给上游的供水路径,这个比例是由建模者综合考虑约束流量范围和规则后制定的。

3.4.2.3　所有权分析模块

IQQM 模型包括复杂的所有权系统,用于水资源管理模型中的不同所有者(如环境,州或国家)的水管理,允许水资源在不同所有者和共有系统之间分配、追踪、存储共享(包括内部泄露和减少)、约束共享、水权租借和偿还等。IQQM 模型最强大的功能之一,是与所有权的功能相结合,让决策者和管理者在单一的管辖权和跨境政策制定阶段洞察系统的可靠性和安全性。

3.4.2.4　借用和偿还模块

为了确保最大限度地利用可用的水资源,可以进行用水户之间的水权转换。在水资源配置系统中,用水户之间可进行水权交易。只要任何节点有水量损失或收益都可以进行水量借用,在此过程中导致借用水的水权发生转换。水权一旦发生转换,即表明当一个用水户进行了水量借用,他就需要偿还给借水的水权所有者。这就是所谓的偿还,水量先借给一个特定的用水户然后再偿还给原水权所有者。借水用户偿还水权可以通过几种途径:①转换他们的水权给其他用户;②偿还给特定的水库;③直接通过水资源评估系统进行偿还。

借用和偿还发生在存储的流出和流入,这构成了一部分所有权系统。借用和偿还是基于优先级的顺序,偿还优先级最高的借水户必须在另一个优先级的用水户偿还之前进行。同一优先级的偿还是成比例的,例如在一个特定优先级,借水户将偿还水量给另一个用户,偿还水量与其借用的水量是成比例的,这个比例即为借用水量与水权所有者所有外借水量的比值。

借用和偿还系统分为两类:

(1)一个单一的全局借用和偿还系统,包含一个或多个存储单元。偿还可以在水权系统覆盖的河网的任何地方进行,在这个系统中,每一位水权所有者都可以与其他所有者共享水源。

(2)零个或多个本地借用和偿还系统,每一个系统仅与一个单一的存储单元相关,既借用和偿还必须出现在相同的存储单元,该存储单元不能用于其他任何借用和偿还系统(包括全局借用和偿还系统)。

3.4.3 水资源分配系统

水资源分配系统通过河流网络进行水流下泄、水流演进和水资源分配。对于水流的传输来讲,有可能存在多个路径,例如发生在多支流的多路径传输。确定最佳的下泄和传输模式是非常复杂的,基于优化的水资源分配系统采用网络线性规划计算方法,可有效地帮助决策者在河流系统运行过程中进行决策。

3.4.3.1 模型原理

模型优化采用标准的线性规划,最大化目标函数表示为:

$$y = \max C'(x)$$

约束条件:

$$Ax = d \qquad l < x < u \tag{3-8}$$

式中:x 代表待定的向量变量;C' 是一个 n 向量的成本或处罚;d 是一个 m 向量在已知节点入流或出流量(系数);l 和 u 分别为在 x 的下界和上界;A 为一个 (m, n) 节点关联矩阵,其中第 (i, j) 个元素已定义:

$$\begin{cases} -1, & \text{如果 } arc_j \text{ 直接指向节点 } i \\ 0, & \text{否则} \\ +1, & \text{如果 } arc_j \text{ 直接远离节点 } i \end{cases} \tag{3-9}$$

约束条件 $Ax = d$ 确保网络中每一个节点实现质量守恒,这是线性规划求解的最高优先级。

3.4.3.2 优化算法

IQQM 模型目前支持以下优化算法:

(1)有边界条件的 PPRN;

(2)无边界条件的 PPRN;

(3)有网络复制的 PPRN;

(4)RELAX Ⅳ;

(5)有网络复制的 RELAX Ⅳ。

PPRN 使用实数运算,是一个真正的线性规划算法。RELAX Ⅳ 使用整数运算,更恰当地说是一个整数规划算法。

边界条件是自动实现的,通过翻译模型框架中节点和链接之间的需求集,传递参数并强加在弧—节点模型,然后进行求解。边界条件可以强制要求,也可以通过消除选项使之快速收敛。

网络线性规划的详细操作大部分对用户隐藏,IQQM 模型在每个场景的节点—链接网络和弧—节点网络之间执行翻译功能,其中节点—链接网络在模型概略图中是可见的,弧—节点网络是模型在每一个时间步长使用网络线性规划方法创建的。模型同时管理每一个时间步长所需的迭代次数。IQQM 模型与网络线性规划的相互作用流程见图3-8。

在每一个时间步长,网络线性规划(NetLP)需要求解一个弧—节点网络,为一组给定

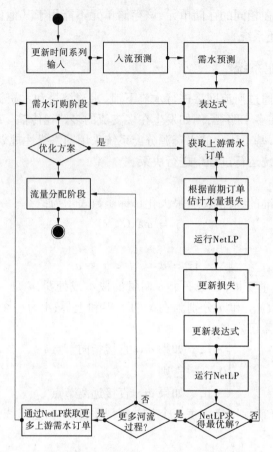

图 3-8 IQQM 模型与网络线性规划的相互作用流程

的需水订单和约束确定一组下泄水量数据。

其中,根据不同的预测水流,供水能力和用水需求也会有所变化,NetLP 需要通过迭代得到解决方案。当连续两个迭代之间的差异达到指定的限值时,我们认为已经得到一个优化的解决方案。此方案给流量分配阶段提供当前时间步长的需水订单信息,包括最好满足需水订单的供水方式和水流在系统中的传输方式。

在流量分配阶段,实测的水流通常大于或等于需水定制水流,除非水流损失大于估计值,或者实际入流小于预测值。

3.4.3.3 模型优化的实现

模型优化通过一系列的弧—节点模型实现,每个弧链接两个节点。模型产生的弧—节点模型中最小流量限制为 0。弧是单向的,并指向水流的方向。另外,零值的弧既没有激励作用也没有抑制作用。而正值的弧起抑制作用,其值越大,水流流过该弧的阻力越大。相反,负值的弧起激励作用,其绝对值越大,水流流过该弧的阻力越小。模型通过弧值函数(cost function)来确定弧值的大小,弧值函数可以决定水库蓄水相对于下游用水的相对优先级,也可以决定一个水库相对其他水库优先蓄水的相对优先级。

1. 分流节点

一个分流节点(控制或自然系统)强制进行用水比例的分配,并使分配水流沿其通道流出,与干流的下泄水量进行平衡。下泄水量分配的比例在分流节点(或控制的分流节点)使用分段线性编辑进行设置,见图 3-9。

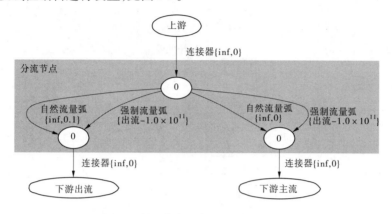

图 3-9　弧—节点示意图——分流节点

2. 最小流量要求节点

一个最小流量要求节点是通过建立两个弧实现的,要求有一个高激励弧仅用于值的约束,任何超出最小流量要求的水量将通过零成本通道流动,约束条件在相应的最小流量要求节点设置,见图 3-10。

3. 最大需水订单约束节点

一个最大订单约束也是通过建立两个弧实现的,其约束有一个零成本弧限于值的约束,任何超出最小流量要求的水量将通过隐藏的通道流动,该通道对水流具有很高的抑制作用。实际上,任何高于最大需水订单约束的水流都相当于一次洪水。约束条件在相应的最大需水订单约束节点设置,见图 3-11。

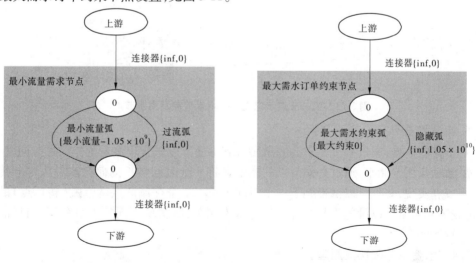

图 3-10　弧—节点示意图——最小流量要求节点

图 3-11　弧—节点示意图——最大需水订单约束节点

4. 损失节点

水量损失强制系统损失一定比例的水量通过一个高激励弧流入平衡节点,水量损失比例在相应的损失节点使用分段线性编辑器设置,见图3-12。

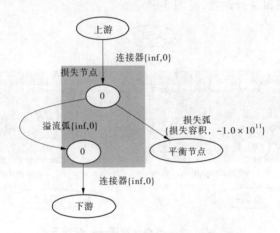

图3-12　弧—节点示意图——损失节点

5. 供水节点

用水需求节点通过一个供水节点取水,用水需求通过 IQQM 模型中各种不同的用水需求节点创建。如果有足够的水来满足给定的系统用水需求,超出用水需求的水量重新回到平衡节点;如果没有足够的水来满足系统用水需求,任何需水缺口都可能通过在平衡节点和取水节点之间运行的缺口弧来满足,并根据取水节点的优先级进行,见图3-13。

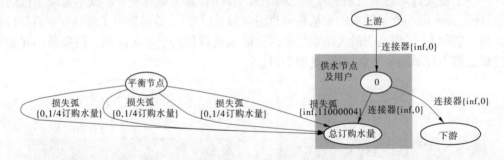

图3-13　弧—节点示意图——供水节点及用水节点

6. 存储节点

对于存储节点,通过一个非常高的激励弧到平衡节点来实现蒸发优先满足。同时,也有一个激励弧用于储水,通过存储节点的携带弧将一个时间步长的储存水量大部分传递给平衡节点实现,并且可以携带到下一个时间步长。一个存储节点携带弧(转折点)的数量、优先级和水量可以设置为与系统中其他水库相关,以实现不同的下泄和运营目标,参见图3-14 和图3-15。

3.4.3.4　水资源分配决策原理

IQQM 模型决策原理是通过一个类似的决策树(IQQM Decision Tree ,IDT),将所有的准则联系起来形成一个决策网络流程,在每个决策过程会调用决策网络实施决策判断,依据规则和实现路径选择。决策节点包括入流节点、河道取水、灌溉取水节点、最小流量节点、环境流量节点等五类。通过以上五类 IDT 的决策树运行,可以实现决策者:从河道内

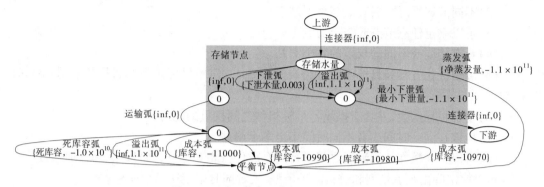

图 3-14　弧—节点示意图——存储节点

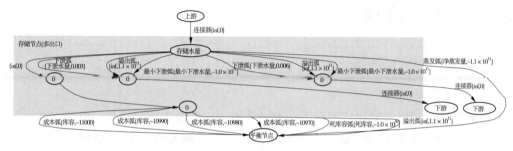

图 3-15　弧—节点示意图——存储节点（多出口）

的取水量、水库的下泄水量及在河流的任一断面保持特定的流量控制等。IQQM 决策树决策流程示意图见图 3-16。

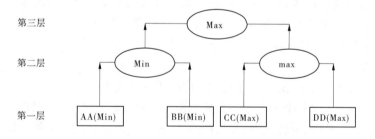

图 3-16　IQQM 模型决策树示意图

图 3-16 是一个具有三层决策的决策树结构。图中第三层是最终决策层，由第二层两个可行路径，依据决策规则选取数值较大的决策路径。而第二决策层则是由第一决策层两两决策形成决策的两个分支，左支是两个求最小的决策，选择较小的一支；右支则是求最大的决策，选择较大的一支。

3.4.4　率定模块

IQQM 模型提供了一个率定模型参数的率定模块，可以实现对降雨径流、水量演进和物质迁移转化等模型主要参数的率定，主要应用于不规则的系统。率定模块有很大的灵活性，可实现自动率定，并支持以下功能：

（1）率定一个或多个测站。

（2）不同流域平行或嵌套的多个测站。

（3）可以率定任意节点或链接的流量。

（4）具有相同或不同的权重的各个测站。

（5）应用优化方案和目标函数进行自动率定，或使用目标函数和目视检查进行手动校准。

（6）复合目标函数，并具有操纵各目标组件之间权重的能力。

（7）可以在同一时间或者不同时间率定多个测站。

（8）可以将参数在不同流域之间进行组合或保持相互独立，并可以选择任何参数。

可以率定降雨径流模型和链接演进模型，或者同时率定这两个模型。

3.5　模型的改进

3.5.1　水质模型的改进

3.5.1.1　存在的问题

IQQM 模型可以模拟物质组分在流域内的生成、运输和转化过程。常见的物质，如盐、溶解性固体沉淀物、营养物和污染物等。其中，物质组分的生成、过滤和演进都采用多种模型进行模拟，用户可结合需求的流域特点进行选择。IQQM 模型系统中用于模拟污染物质迁移转化的模型为 QUAL2E 模型和半衰期模型，半衰期模型较为简单，不能很好地对黄河的水质参数进行模拟。QUAL2E 模型属于综合水质模型，使用有限差分法求解的一维平流—弥散物质输送和反应方程来模拟树枝状河系中的多种水质成分，既可研究点源污水负荷对受纳河流水质的影响，亦可研究非点源问题；既可模拟定常状态，亦可模拟非定常状态；既能用于单一河道，亦能用于树枝状河系及沿程流量变化等；既可用于多条支流和多个排污口、取水口，并允许入流量有缓慢变化的情况，亦可用于计算满足预定溶解氧水平需增加的稀释流量。但在黄河上应用仍有其局限性：

（1）模型可以模拟 15 种物质，这 15 种物质是：BOD、DO、温度、叶绿素 a、有机氮、氨氮、亚硝氮、硝氮、有机磷、溶解磷、大肠杆菌、一种非守恒性物质和 3 种守恒性物质。模型可按用户所希望的任意组合方式模拟这 15 种物质，但是不能模拟黄河的特征污染物 COD。

（2）模型将研究河段分成一系列等长的水体计算单元，在每个水体计算单元内污染物是均匀混合的，并且各水体计算单元的水力几何特征，如河床糙率、断面面积、BOD 降解率、底泥耗氧速率等各段均相同。而本研究需根据水文和水质站点分布及河段特性将研究河段划分成若干河段，并且各个河段的水力特征都不相同，QUAL2E 模型基于自身的局限性并不能对此边界进行很好的定义。

（3）模型假定污染物沿水流纵向迁移，对流、扩散等作用也均沿纵向，流量和旁侧入流不随时间变化。研究河段天然径流量少，且无大的支流汇入，但区间的取水口较多，区间总取水量可占黄河干流天然径流量的 1/3 左右，如果不考虑取水导致的流量和污染物总量的变化，那么水质模型必定不能取得满意的模拟效果。

综上所述,限于 IQQM 模型系统中模拟污染物质迁移转化的原水质模型的局限性,有必要对其进行改进,使其适用于黄河的水力特性和边界条件,并能对黄河的特征污染物和污染物的迁移转化特性进行有效模拟。

3.5.1.2　改进原理及方法

1.一维水质模型的适用性分析

污染物进入水域后,随着水体的水力、水文、物理、化学、生物化学、地理、地质及气象、气候等因素综合作用,发生物理、化学和生物化学等演化,使污染物在水体中产生对流、扩散、吸附、沉降、再悬浮和挥发、析解等现象,从而改变污染物浓度。如果污染物进入水域后,在一定范围内经过平流输移、纵向离散和横向混合后达到充分混合,假定污染物在排污口断面瞬时完成均匀混合,即假定水体内在某一断面处或某一区域之外实现均匀混合,则可按一维问题概化计算条件。

黄河兰州—河口镇河段全长 1 342.9 km,多年平均流量条件下平均河宽 300～400 m,平均水深 2～3 m,属宽浅型河流,可适用于一维水质模型的建模。另外,由于本次研究的重点为水质水量方案的一体化模拟和配置,水质模拟可以满足水环境承载能力和污染物总量计算即可,基于月时间步长和周时间步长的模拟条件下,并不能实现对全断面水质进行精确模拟和预测。所以,一维水质模型适用于本次研究。

2.改进方法

考虑 IQQM 模型的灵活性和黄河的实际情况,基于以上介绍的模型改进方法,本研究开发了一个改进的一维水质模型——黄河水质模型插件,用于模拟污染物的迁移转化。模型将污染物质在河流的变化过程拆分为如下 2 个子过程:①对流扩散过程;②源汇变化过程。其中,源汇变化过程是水质模型研究的重点,它描述了水质组分之间复杂的相互作用。河流水质模型是用数学模型的方法来描述污染物质进入天然河流后所产生的稀释、扩散、自净的规律。对于河道较长、横、垂皆平均的河流可以简化为纵向一维水流,污染物进入河流水体后发生复杂的物理、化学、生物过程,可用如下的对流扩散反应(ADR)方程来描述:

$$\frac{\partial C}{\partial t} + u\frac{\partial C}{\partial x} = E\frac{\partial^2 C}{\partial x^2} + S_1 + S_2 \tag{3-10}$$

$$S_1 = K \times C$$

$$K = K_0 \times K_{温度} \times K_{初始浓度} + K_{水力特征} + K_{泥沙}$$

式中:C 为控制断面污染物平均浓度,mg/L;u 为断面平均流速,m/s;E 为纵向分散系数,$\mathrm{m^2/s}$;t 为污染物流经某一河段的时间,s;x 为污染物流经某一河段的距离,m;S_1 为内部反应与相互作用项,诸如生物化学中的生长与降解变化等,在模型中主要考虑河流水体中氨氮的硝化反应及 COD 的氧化衰减作用;S_2 为外部源汇项,在模型中考虑点源和面源污染物的入河量;K 为污染物综合自净系数,1/s;K_0 为初始衰减系数;$K_{温度}$ 为温度系数;$K_{初始浓度}$ 为初始浓度系数;$K_{水力特征}$ 为水力特征附加系数;$K_{泥沙}$ 为泥沙附加系数。

模型中 S_1 主要污染物氨氮和 COD 内部反应与相互作用过程见图 3-17 和图 3-18。

黄河为多泥沙河流,在模型计算中还需要考虑泥沙对污染物的吸附及泥沙运移过程中的解析作用。

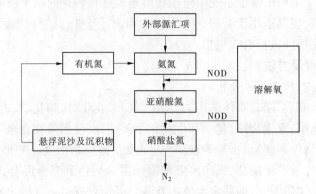

图 3-17　模型模拟氨氮的转化流程

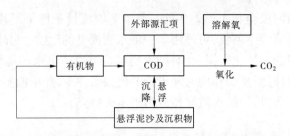

图 3-18　模型模拟 COD 的转化流程

　　入流中的污染物质进入河流系统后即完全分散到整个系统,其中各水团是完全混合均匀的,各水团水相中的污染物与悬浮相中污染物处于相对动态平衡,水体中污染物与河床底质中污染物的交换也处于相对动态平衡。模型采用有限差分法求解,首先要进行模型概化,即将河流分段,用管道—节点系统来代表,在段的中心节点的水质数值即为该段水体水质的平均值,连接两个节点和管道被认为是均匀和长方形河道。为简化计算将黄河兰州—河口镇河段细分的每一河段看作是一个完全混合反应器,污染物迁移过程见图 3-19。

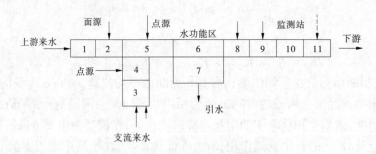

图 3-19　一维水质概念模型示意图

　　图 3-19 是水质模型的概念示意图,模型的输入包括各河段的基本信息和初始浓度、上游来水流量和进水水质、点源污染和面源的污染负荷、支流来水及水质、引水量,以及水功能区、监测站等水文水环境。水体的主要上游来水由河段 1 汇入,另外还有一条支流由河段 4 汇入,两处进水的流量和进水水质由历史资料获得。在河段 2 和 5 输入相应的

面源和点源污染负荷,支流来水包含 4 的点源污染和 3 的面源污染物,区域的主要污染物质种类有 COD、氨氮、石油类、挥发酚、碳生化需氧量等。其中,河段 5 和河段 4 处的工业排放点源的污染负荷较大。水功能区 6 中包含河段对于水质的控制目标要求,以满足用户水质要求。监测站 14 具有长系列的水质监测数据,可用于模型水质的率定和验证。

水质模型方程的离散数值解法:将式(3-10)河段分成水质模型方程采用改进的欧拉差分格式离散。设当前时间为 t_0,时间变量为 Δt,有 $t_j = j\Delta t$;空间变量为 x_0,空间变量为 Δx,有 $x_i = i\Delta x$;x_i 处 t_j 时间的污染物质浓度为 $C(x_i, t_j) = C_{j,i}$,可以推导以下关系:污染物浓度随时间的变化

$$\frac{\partial C}{\partial t} = \frac{C_i^{j+1} - C_i^j}{\Delta t} \tag{3-11}$$

污染物浓度的空间变化

$$\frac{\partial C}{\partial x} = \frac{C_i^j - C_{i-1}^j}{\Delta x} \tag{3-12}$$

$$\frac{\partial^2 C}{\partial x^2} = \frac{(C_i^j - C_{i-1}^j) - (C_{i-1}^j - C_{i-2}^j)}{\Delta x^2} \tag{3-13}$$

将污染物浓度变化关系代入式(3-10)可得:

$$\frac{C_i^{j+1} - C_i^j}{\Delta t} + u\frac{C_i^j - C_{i-1}^j}{\Delta x} = E\frac{(C_i^j - C_{i-1}^j) - (C_{i-1}^j - C_{i-2}^j)}{\Delta x^2} + S_{1t}^j + S_{2t}^j \tag{3-14}$$

针对水质模型离散方程式(3-14),将 $S_1 = KC$ 代入式(3-14)中,求解水质模型:

$$\frac{C_i^{j+1} - C_i^j}{\Delta t} + u\frac{C_i^j - C_{i-1}^j}{\Delta x} = E\frac{(C_i^j - C_{i-1}^j) - (C_{i-1}^j - C_{i-2}^j)}{\Delta x^2} + KC_{t-1}^j + S_{2t}^j \tag{3-15}$$

水质浓度为:

$$C_i^{j+1} = \Delta t\frac{E}{\Delta x^2} + C_{i-2}^j\left(\frac{u\Delta t}{\Delta x} - 2\frac{E\Delta t}{\Delta x^2} - K\Delta t\right) + C_i^j\left(1 - \frac{u\Delta t}{\Delta x} + \frac{E\Delta t}{\Delta x^2}\right) + S_i^j\Delta t \tag{3-16}$$

式(3-16)中:

$$\alpha = \frac{E}{\Delta x^2}$$

$$\beta = \frac{u\Delta t}{\Delta x} - 2\frac{E\Delta t}{\Delta x^2} - K\Delta t$$

$$\gamma = 1 - \frac{u\Delta t}{\Delta x} + \frac{E\Delta t}{\Delta x^2}$$

对一个均匀河段 E、K 及 α、β、γ 为常数,则污染物浓度可以采用线性关系表达,式(3-16)可以改写为:

$$C_i^{j+1} = \alpha\Delta t + \beta C_{i-2}^j + \gamma C_i^j + S_i^j\Delta t \tag{3-17}$$

利用式(3-17)可以逐时段、逐河段地求解河流中的污染物的浓度。

3. 影响污染物衰减的因素

污染物综合自净系数 K 反映了污染物在水体作用下降解速度的快慢,与河流的水文、水力条件,如流量、流速、河宽、水深、泥沙含量等因素有关,还与河道的污染程度有关。本研究分析了水体温度、初始浓度梯度、水力特征和悬浮固体对衰减系数造成的影响,并

初步确定了影响衰减的经验公式。

1）水体温度

污染物在水体中发生的生物化学反应经常受到温度的影响,水环境的温度对污染物的反应是一个很重要的影响因素,实验室证明在相同的初始浓度下,随着水温的升高自净降解速率加快,反之则减慢。由于黄河兰州—下河沿河段全年温差较大,因此需要考虑温度对综合衰减系数的影响。水体温度对污染物反应的影响是一个复杂的问题,在一定温度范围内,污染物衰减系数 K 与温度的关系可根据 Arrhenius 经验公式导出:

$$K = K_{20}\theta^{(T-20)} \tag{3-18}$$

式中:K 为温度是 T 时的综合衰减系数;K_{20} 为温度是 20 ℃时的综合衰减系数;θ 为温度系数。

2）初始浓度梯度

水体中污染物由于组成成分不同,其自净快慢程度也是不相同的,并且同一种污染物进入水体的浓度梯度不同,其自净的快慢程度也不尽相同。一般说来,在一定阈值范围内,若浓度梯度较大,即污染物在水体中的浓度较高,污染物就较易于同水体发生作用,其物理、化学、生化作用速度较快,那么其自净速度相对也较快,反之低浓度污染物的自净速度就相对较慢;超出一定阈值时,随本底浓度增大污染物降解系数变化趋势不明显。同时,污染物在其自净过程中,自净降解的速度是呈动态变化的,污染物进入水体的初期,自净速度较快,随着自净程度的提高,污染物浓度的下降,其自净速度也是越来越慢的,最终达到一定的平衡。研究表明,衰减系数 K 和污染物初始浓度 C_0 可建立如下关系:

$$K = aC_0^b \tag{3-19}$$

式中:K 为污染物衰减系数;C_0 为污染物初始浓度;a 和 b 为常数,可通过实测观测确定。

3）水力特征

研究发现,实验室测定的衰减系数与实际河流的衰减系数在同样温度下存在很大的差别。Bosko 对比研究了实验室和河水实际的污染物衰减系数间的差别,河流中污染物的衰减与河流水流速率、河流比降和水深等水力指标有关,Bosko 建立的河水实际的污染物衰减系数的修正关系如下:

$$K = K_0 + \frac{\eta u}{h} \tag{3-20}$$

式中:u 为平均流速,m/s;h 为平均水深,m;η 为坡度系数,一般取 0～0.6。

4）悬浮固体

悬浮固体可以吸附、携带污染物,影响阳光在水中的穿透能力,既在污染物的迁移转化过程中起着媒介和载体的作用,又在化学、生物反应中起着催化作用。因此,悬浮固体影响着污染物的水解过程、生物氧化过程及光解反应。黄河兰州—河口镇河段河流含沙量的近 10 年平均为 3～4 kg/m³,汛期含沙量高于非汛期,泥沙对排入河道的某些污染物具有强烈的"吸附自净"或"吸附载体"作用,因此河流水质预测模型中衰减系数的确定应充分考虑泥沙的影响。

由于缺少相关试验资料,研究近似地按照比例系数确定污染物在泥沙颗粒上的降解速率,则污染物综合衰减系数可表达为:

$$K = K_w + K_s = K_w + k_{sand} \times S \tag{3-21}$$

式中:K_s、K_w分别为颗粒相和水相衰减系数;k_{sand} 为泥沙影响因子;S 为水体含沙量,kg/m³。

3.5.1.3　水质模型插件开发

IQQM 模型基于.Net 环境构架,采用 C#语言开发,它的开发基于 TIME(不可视模型环境集)。TIME 是在.NET 建构下,进行环境模拟模型的建立、测试和输出的软件开发环境,它包含了应用和模型开发所需的类库和组件。

IQQM 模型支持的模型插件开发类型主要包括:①降雨汇流模型;②污染物生成模型;③污染物过滤模型;④节点模型;⑤配水模型;⑥链接模型(常规);⑦链接模型(演进模型)。

黄河水质模型主要用于河道的污染物演进,属于链接模型中的演进模型。在 IQQM 建模过程中,在每一个河段需要选择一个对应水质模型进行计算,所以系统改进的模型只针对单个河段进行计算,最后由 TIME 模型框架实现数据结果的传递。它继承于 IQQM 模型中 RiverSystem.SourceSinkModel 基类,类结构如图 3-20 所示。

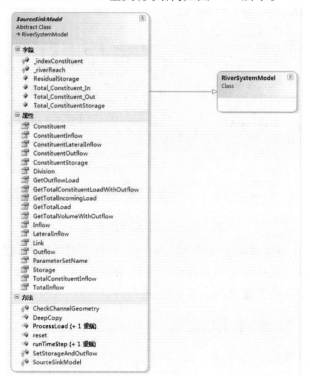

图 3-20　类结构

水质模型在 SourceSinkModel 基类的基础上增加了温度系数、初始浓度系数、泥沙附加系数和水力特征附加系数 4 个输入参数,作为模型的输入,在程序中除了增加参数本身变量外,还需要为每个变量增加取值范围、单位及默认值等信息,命令如下:

〔Parameter, Minimum(0), CalculationUnits(CommonUnits.tonPerHaPerYear), Summary("Export rate(Tons/ha/year)")〕

public double ExportRate｛get; set;｝

［Parameter, Minimum(0), CalculationUnits(CommonUnits. none), Summary("温度(C)")］

public double Temperature｛get; set;｝

［Parameter, Minimum(0), CalculationUnits(CommonUnits. none), Summary("泥沙附加系数")］

public double Sandness｛get; set;｝

［Parameter, Minimum(0), CalculationUnits(CommonUnits. none), Summary("水力特征附加系数")］

public double Hydraulics｛get; set;｝

模型从系统中获取入流流量、入口污染物量等信息,传递给计算模块。黄河水质模型通过重载 runTimeStep 函数,调用编写的黄河水质模型方程计算模块,实现黄河水质模型计算。

代码编制完成后,生成模型插件,在使用之前需要进行专门的测试。IQQM 模型提供插件测试工具进行测试,见图 3-21、图 3-22。

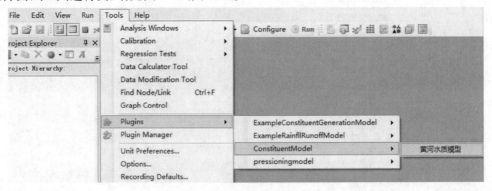

图 3-21　选择黄河水质模型

将测试完成后生成的黄河水质模型插件,通过插件管理器加入到系统,可以供建模过程中选择使用,插件的选择和使用界面见图 3-23 和图 3-24。对于每个河段,需要选择该模型,并根据河段情况设置相应的计算参数,进行计算。

3.5.2　灌溉决策模型的本土化应用

3.5.2.1　灌溉决策过程

1.决策过程

土壤—作物—大气连续体是一个开放系统,其降水和蒸散发等因子的随机变化时刻影响着土壤水分的运动和作物的生长发育,这给田间作物水分管理和灌溉决策带来了一定的难度,根据土壤水分平衡模型,根据当地当年或多年的气象资料、作物根系发育、土壤特征等,动态模拟不同时期土壤含水量的变化,在此基础上进行灌溉决策,是比较科学的。IQQM 灌溉决策模型是一个过程模型,模型基于维持土壤目标含水量水平生成灌溉需水

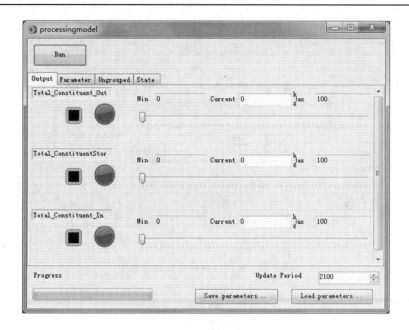

图 3-22　进行模型测试

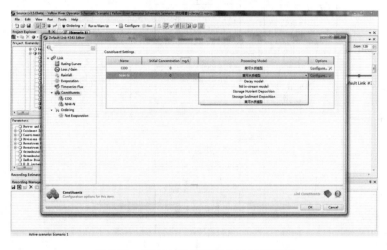

图 3-23　黄河水质模型插件选择界面图

量,并可以模拟农民的决策,例如在不同季节和不同蒸散发条件时种植不同的作物。其基本功能包括参考作物蒸发蒸腾量、作物需水量的计算及作物灌溉计划的制订。其基本的决策过程见图 3-25。

灌溉决策模型根据灌区休耕地和灌溉地面积确定需水量,根据用水户水权确定可供水量,考虑田间损失、径流损失、回归水量等进行水量平衡计算,最终可得出灌区总用水量和净用水量,详见图 3-26。

2. 风险函数

IQQM 灌溉决策模型中的作物种植面积可以是固定的,也可以在主要和次要灌溉季节开始前通过风险函数来确定,并且是在用户定义的决策日期就确定种植面积。在模型

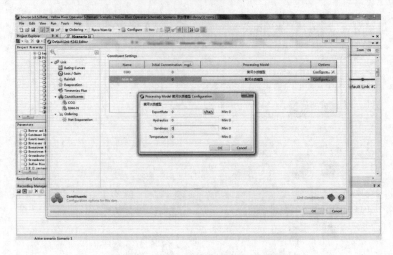

图 3-24 黄河水质模型参数设置图

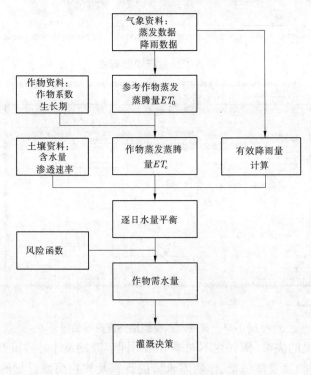

图 3-25 灌溉决策模型决策过程示意图

中,风险函数可以通过面积法和水量法两种方法来模拟。

(1)面积法是基于农民的可供水资源量乘以转化率得到种植面积,农民的可供水资源量由用户存储的水量和任何可用的账户余额构成。该风险受到风险线斜率的影响,斜率由作物的实际需水量确定。例如,棉花种植需要 8 ML/hm² 的水量,但斜率只有 6 ML/hm²,农民就要承担决策后剩余的水量是否变为可用的风险。此方法可应用于调节系统和非调节系统。

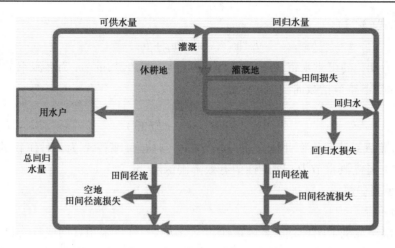

图 3-26　灌区供水系统的假设和约束概念示意图

（2）水量法是用风险函数来计算灌溉季节期望的水资源量。基于模型计算的作物在生长季节的需水和预期的降雨,预期的可供水资源量转化为种植面积。此方法适合有水库调节的河流并且具有水资源配置系统,它假设在灌溉季节可以增加水量配置,因此可允许额外入流在灌溉季节进入水库并成为可供水量。

对于这两种类型的风险函数,其取值取决于前期气象条件。例如,在丰水年,农民认为水量增加是一个高概率事件,那么他可能承担更大的风险。建模者可以定义枯水、平水和丰水条件下的风险函数。最终采用的风险函数是基于当前前期气象条件下不同风险函数之间的插值,水量法风险函数的前提条件是由 6 个月的平均来水确定的(详见图 3-27),面积法风险函数的前提条件取决于灌溉决策日期前一天的土壤水分。

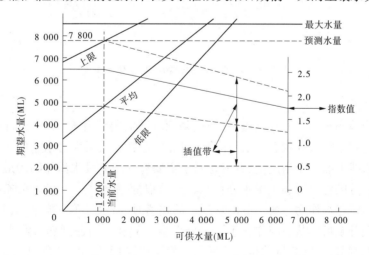

图 3-27　水量法风险函数示意图

作物种植面积由以下几个方面决定:①用户定义的风险函数,基于当前可供水资源量计算期望的可供水资源量;②前期气象条件指数,由用户指定的径流系列决定;③模型计算的一个灌溉季节的作物平均需水总量;④灌溉季节的期望有效降雨。其计算过程见式(3-22)和式(3-23)。

$$EAW = AW \cdot m_i + b_i \tag{3-22}$$

式中:EAW 为期望的可供水资源量,m^3;AW 为可供水资源量,m^3;m_i 为灌溉季节指数曲线 i 的斜率;b_i 为灌溉季节指数曲线 i 的截距。

$$AP = \frac{EAW}{CWR_{tot}(s) - EP(s)} \tag{3-23}$$

式中:AP 为灌溉季节的作物种植面积,m^2;$CWR_{tot}(s)$ 是灌溉季节为 s 时作物的总需水深度,m;$EP(s)$ 是灌溉季节为 s 时的期望有效降雨深度,m。

3.5.2.2　重要参数

1. 作物系数

IQQM 模型提供了两种方法来确定作物系数 K_c,一种是采用日均或月均自定义值,另一种是 FAO56 法,即将作物分为 4 个生长阶段:初始阶段、生长阶段、中期阶段和晚期阶段,详见图 3-28。作物系数是决定作物需水量的重要参数,只有正确进行定义才能计算出准确的作物需水量,如果具有详细的实测资料,一般建议采用日均值进行定义。

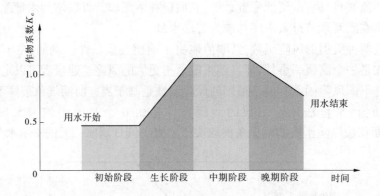

图 3-28　典型作物的作物系数变化示意图

2. 土壤参数

土壤水分消耗于蒸散发和下渗,并通过降雨和灌溉得到补充。灌溉的目的是为了维持土壤水分达到一个目标状态,此目标状态可能固定在土壤最大含水量的一半,可以是土壤水分目标曲线上的一个指定值,或者是对于需要有一定淹没水深作物的最小淹没水深。作物对土壤水分的忍耐力和土壤水分目标状态可以随意制订。在调节系统中,当土壤含水量低于目标状态与作物土壤水分的忍耐力的差值时,需水订单才能生成,其目的是为了将土壤水分提升至目标状态与作物土壤水分忍耐力的和。当遇到随机需水时,不管是调节系统还是无调节系统,其目的也是一样的。模型中采用的土壤参数见表 3-1,灌溉时间与采用的土壤水分目标曲线的关系详见图 3-29。

表 3-1　模型中采用的土壤参数一览

参数	单位	意义
土壤最大含水量	mm	土壤可供给作物的最大含水量深度（田间持水量），土壤含水量为 0 代表凋萎系数，缺省设置为田间持水量的 1/2
休耕地上层土壤含水量	mm	休耕地上层土壤含水量深度，下层土壤含水量深度等于土壤最大含水量深度减去上层土壤含水量深度，上层土壤含水量深度不能大于土壤最大含水量深度，上层土壤含水量主要消耗于蒸发和由渗透速率决定的下层存储，水分可以以一定的渗透速率从上层存储到下层存储移动
休耕地上层土壤到下层土壤的渗透速率	mm/d	休耕地上层土壤存储到下层土壤存储的最大渗透速率，实际渗透速率是上层土壤含水量到最大含水量之间的渗透速率
渗透速率	mm/d	当休耕地没有灌溉时，下层土壤含水量存储的最大渗透速率，实际土壤含水量到最大含水量之间的土壤含水量存储将以此速率消耗
休耕系数	%	闲置土地的作物系数，在模拟期间使用 1 个固定值，这个系数用于确定休耕地上层土壤的蒸发速率

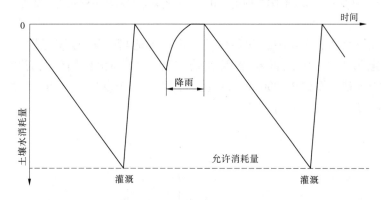

图 3-29　灌溉时间与采用的土壤水分目标曲线示意图

3.5.2.3　模型本土化应用

　　鄂尔多斯黄河南岸灌区位于黄河干流内蒙古南岸，杭锦旗与达拉特旗境内。南岸灌区西起三盛公枢纽右岸，东至黄河支流呼斯太河，东西长约 398 km；北以黄河防洪堤为界，南到库布齐沙漠及鄂尔多斯台地边界，南北宽 5～40 km。南岸灌区现状灌溉规模为 93 080 hm²。其中引黄自流灌溉 21 333 hm²，扬水灌溉 41 533 hm²，井灌区 30 214 hm²。灌区现状以种植业为主，灌域粮、经、草比例为 65∶25∶10，主要作物为小麦、玉米、杂粮、葵花、甜菜、牧草等。灌区多年平均降水量 265.2 mm，主要集中在 6～8 月，多年平均蒸发量 1 513.4 mm（E601 型）。

　　将 IQQM 灌溉决策模型应用于黄河南岸灌区，计算 2001～2012 年灌区年均需水量，与灌区的实际净灌溉定额对比，以证明模型的适用性。

1. 参数设置

1) 气象参数

本次模型计算气象资料采用 2001～2012 年 12 年系列值,期间鄂尔多斯市年均降雨量 275.3 mm,年均蒸发量 1 575.4 mm(E601 型),与黄河南岸灌区的多年平均气象条件差别不大,可认为此系列具有代表性,详见图 3-30。

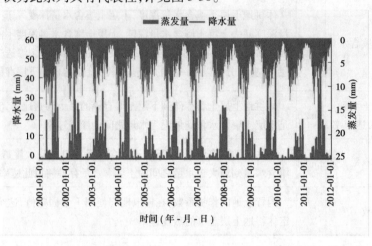

图 3-30　鄂尔多斯市 2001～2012 年年均降水量和蒸发量对比示意图

2) 作物系数

本次研究将灌区的作物种类和种植结构进行了适当简化,以满足模型模拟的需要:①作物种类定为 4 种:小麦、玉米、经济作物和牧草;②种植比例分别为 35∶30∶25∶10;③灌区总面积为现状面积 93 080 hm²,且认为各年度均未发生变化,并且没有休耕地。4种作物采用的作物系数详见图 3-31。

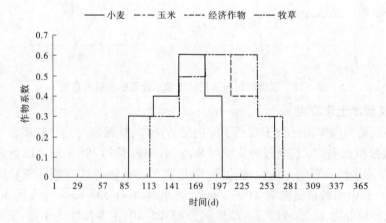

图 3-31　黄河南岸灌区作物系数示意图

3) 土壤参数

模型中土壤参数中的土壤最大含水量即为我们通常说的田间持水量,其取值一般在 100～300 mm,本次研究参考内蒙古自治区的相关研究成果,取 150 mm;本研究假设灌区没有休耕,休耕系数取 0;其他参数参考模型手册,并经过大量试算后确定。土壤参数设置一览见表 3-2。

表 3-2 土壤参数设置一览

参数	单位	取值
土壤最大含水量	mm	150
休耕地上层土壤含水量	mm	100
休耕地上层土壤到下层土壤的渗透速率	mm/d	5
渗透速率	mm/d	4
休耕系数	%	0

2. 计算结果

根据建立的黄河南岸灌区的灌溉决策模型,计算得出灌区作物种植面积、日需水过程、需水量和供水量,详见图 3-32 ~ 图 3-34。

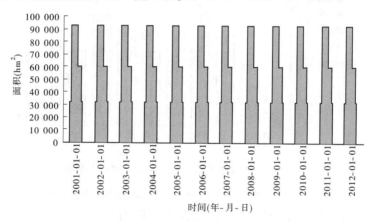

图 3-32 作物种植面积年内分布及年际变化示意图

由图 3-32 可知,灌区 2001 ~ 2012 年作物种植面积 92 472 hm², 小于灌区面积 93 080 hm², 这是由于灌溉决策模型中计算的可供水量不能满足灌区最大种植面积的需水量,在灌溉决策时减少了作物种植面积。

由图 3-33 可知,灌区日需水过程年内、年际波动明显,由于考虑了土壤水的利用,与传统的灌溉决策模型相比,其日需水过程与蒸发和降雨过程对应并有一定滞后,并且需水过程更趋平缓合理。

由图 3-34 可知,灌区 2001 ~ 2012 年年均需水量 28 270 万 m³, 年均供水量 28 093 万 m³, 年均缺水量 177 万 m³; 年均最大需水量为 38 288 万 m³, 为 2005 年;年均最小需水量为 15 818 万 m³, 为 2002 年;年需水量的波动与降水的丰枯变化对应。模型模拟灌区作物的平均净灌溉定额为 202 m³/亩,低于《黄河流域水资源综合规划》中黄河南岸灌区采用的净灌溉定额 226 m³/亩。

综上,IQQM 灌溉决策模型基于长系列日值气象资料,考虑灌区的土壤含水量的蒸

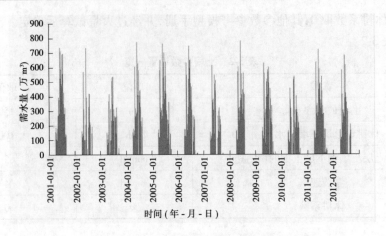

图 3-33　灌区日需水过程变化示意图

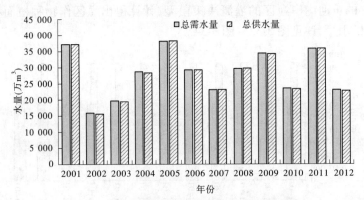

图 3-34　灌区年需水量及供水量年际变化示意图

发、下渗及降水和灌溉对其的补充,精确分析了灌区灌溉时间到日的灌溉决策,得出在最合适的时间灌溉最适宜的水量,相对于传统灌溉决策,可有效减少灌溉用水量,该模型可为黄河流域水量调度中灌区用水需求的精确预测提供技术支撑。

3.5.3　模型界面的本土化改进

对模型界面进行了本土化的改进,提升了 IQQM 模型的应用灵活性,为模型推广提供基础,模型改进的内容包括:对 IQQM 模型界面、菜单、命令等进行汉化,以增加汉字识别能力,采用了中国标准计量单位等内容。在汉化的同时,力求相关专业术语定义及参变量的一致性。

3.5.3.1　改进方法

模型界面的本土化方法有多种,最常用的有以下三种:

(1)根据模型源代码对相应界面或者字串的源语言进行翻译,并写到相应代码段中,然后重新进行编译,形成完全汉化的中文版本。这种方法修改安全、简单,汉化效果突出,但需要能够获取软件源代码。

(2)根据模型的开放组件进行模型的重新开发构建,开发独立自主的用户界面,进行打包发布。该方法开发工作量大,对模型的组件开放性要求高,但形成的系统自主性高,输入输出和流程能够按照要求进行设计。

（3）采用反编译的方式，对模型进行解析，提取相应需要修改的字符串信息进行汉化修改，并重新编译。该方法汉化有很大的局限性，只能修改部分内容，但是对模型本身开放性要求不高，不需要提供资料和代码。

在与澳方的后续沟通和洽谈中，因为软件版权和涉密问题，澳方无法提供模型全部源代码，而且模型还在不断完善中，并没有系统的开发文档，对于模型的组件架构能提供的资料也很少，能够进行二次开发的功能有限，仅提供模型插件的开发，不能建立独立的基于系统组件的自主系统。通过比较和论证，在与澳方的交流和商量后，选择第二种方案。

3.5.3.2　IQQM 模型的界面本土化改进

1. 改进方案流程

IQQM 模型采用微软. NET 平台构架开发，对于该系统，采用比较通用的方法：先进行反编译，之后对编译提取的 IL 文件和资源文件进行汉化和修改，然后进行重新编译测试，最终完成模型汉化过程，见图 3-35。

2. 反编译

通用的反编译工具很多，针对 IQQM 模型的开发环境和特点，采用微软 Visual studio 2010 开发系统中的 Microsoft Windows SDK Tools \ IL 反汇编程序进行模型的反编译工作，详见图 3-36。

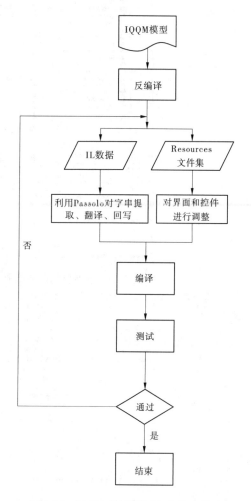

图 3-35　IQQM 模型界面本土化改进流程

3. IL 文件和资源文件的汉化

对提取的 IL 文件进行分析，共解析出 4 512 个字符串（见图 3-37），汉化的重点工作主要针对这些字符串进行。由于 IQQM 模型采用了代码定义与界面同步显示的方法，字串中涉及变量或者常量的内容，必须保持原来的数据，否则将造成系统崩溃，所以翻译过程中，采用翻译、编译、测试、再翻译的循环过程进行，保证翻译后系统的稳定性。

4. 界面的修改和调整

对于汉化后的界面，因为中英文显示的不同，界面可能出现一些跨行，或者占压的情况，还有一些界面的布局不太符合国内的习惯，也需要进行调整。调整主要采用相应工具针对界面控件的坐标、宽度和长度进行调整，详见图 3-38。

图 3-36　模型反编译并提取 IL 文件和资源文件

1	778	Subcatchment model assignment	Subcatchment model assignment
2	902	grpBoxModelAssignment	grpBoxModelAssignment
3	921	Model assignment	Model assignment
4	936	catchmentModelsAssignment	catchmentModelsAssignment
5	966	scenarioElementsControl	scenarioElementsControl
6	1014	grpBoxSubcatchments	grpBoxSubcatchments
7	1033	Sub-catchments	Sub-catchments
8	1052	CatchmentModelsDefinition	CatchmentModelsDefinition
9	1288	This raster looks as if it contains continous data	This raster looks as if it contains continous data
10	1314	SC #	SC #
11	2052	Delete selected elements	Delete selected elements
12	2154	Undo elements deletion	Undo elements deletion
13	2532	Delete selected elements	Delete selected elements
14	2811	Node on catchment	Node on catchment
15	2846	Node on catchment	Node on catchment
16	2913	Outlet Node	Outlet Node
17	2960	link for catchment	link for catchment
18	3416	Draw Network	Draw Network
19	3425	From a raster of the sub-catchments, this method a	From a raster of the sub-catchments, this method a
20	3474	Use Load Subcatchment	Use Load Subcatchment

图 3-37　IL 文件中提取的字串

5. 编译与测试

将汉化后的文件进行重新编译,生成可执行程序,并进行系统测试,保证汉化后的模型系统运行准确和稳定。

测试工作在该系统目前实际运行环境中进行,测试方法主要采用"黑盒测试",以手工测试为主进行。测试准则为:测试系统应符合原系统所包含功能,模型计算结果前后应一致。

3.5.3.3　改进的成果

通过对菜单、窗体、用户对话框的改进,初步完成了 IQQM 模型的汉化工作,实现了界

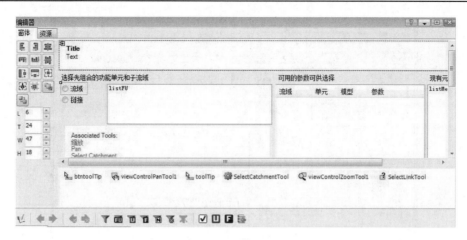

图 3-38   界面的修改和调整

面的本土化改进,支持汉字操作,增加了汉化界面。图 3-39 主要展示了主界面菜单和界面中控制按钮的汉化,把原来菜单中的英文命令和控件英文提示改为中文,这项工作使建模人员的操作更加清晰,各项功能的选择更加方便。图 3-40 表现了河流模型建模过程的操作,注重对控制按钮的提示信息进行修改,使绘图工具的使用更加简单。图 3-41 表现了流域模型的建模向导中通过遥感信息匹配下垫面条件的过程,其中可以选择不同类型的文件进行匹配,通过汉化后,可以直观地了解进行匹配需要不同的源文件选项。

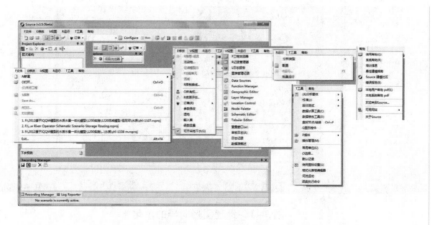

图 3-39   主界面菜单和界面中控制按钮的汉化

3.5.4   黄河水量调度管理系统集成方案

黄河水量调度管理系统项目是个综合性、多领域交叉、复杂的系统工程。覆盖水调数据采集、传输、处理、存储、应用、决策支持和发布等各个环节。基本组成包括信息采集系统、基础设施、水调决策支持系统。其中,信息采集系统包括水文信息采集系统、水质信息采集系统、需水信息采集系统和引退水信息采集系统;基础设施建设包括通信和计算机网络系统、数据存储体系,以及低水测验、调度环境建设等;决策支持系统则包括各水量调度业务应用系统、水量调度业务应用服务及水量调度数据。

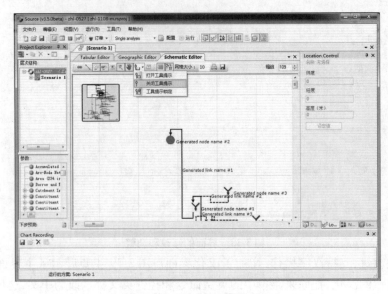

图 3-40　节点绘制界面汉化

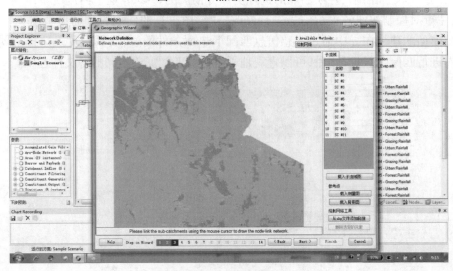

图 3-41　地理图形向导的汉化

　　本研究项目的主要成果是构建了基于 IQQM 模型的黄河兰州—河口镇河段水质水量一体化配置和调度模型,可以建立该河段的水质水量一体化调度方案,为黄河水量调度服务。而正在建设的黄河水量调度管理系统主要进行全河水量的调度和配置,不将水质过程纳入水量调度中。将两个项目有机地结合起来,能提高整个水量调度系统的一体化调控能力。

　　为保证 IQQM 模型研究成果能直接服务于正在开展的黄河水量调度管理系统,项目开展模型系统与黄河水调系统软件的集成工作,实现模型系统与水调系统的耦合。

3.5.4.1　集成方法

　　根据集成所在不同的层次不同深度,应用系统间的集成模式可以划分为面向用户界面的集成、面向信息的集成、面向过程的集成和面向服务的集成。面向用户界面的集成使系统具有单一入口和统一界面;面向信息的集成使应用子系统之间能够共享、交换数据;面向过程的集成使应用系统和人员能够触发和处理各类事件,参与多个应用系统和协同的业务过程之中;面向服务的集成为系统逻辑部件提供服务,实现应用逻辑的共享。

(1)面向用户界面的集成是一个面向用户操作界面的整合,是将原先系统的各个部分通过使用一个标准的界面联系起来,有代表性的例子是使用 Web 界面。一般来说,原先的系统应用可以通过一个标准界面的图形链接与其对应起来。

(2)面向信息的集成模式聚焦于接口层次的应用和系统间的数据转化和传输,它给了大多数企业一种风险较低的切入企业应用集成的方式,其主要优势是较低的成本,在大多数情况下不需要修改应用程序。信息集成模式将集成视为一种数据流系统,数据可以在文件、数据库及其他信息库之间流动,可以在应用间通过 API 流动,也可以在通信中介间流动。因此,实现对数据库、应用程序及相关服务的接口就成为面向信息集成模式的关键问题。

(3)面向过程的集成方法将一个抽象和集中的管理过程置于多个子过程之上,而这些子过程是由应用程序或人工来执行的。面向过程的集成方法按照一定的顺序实现过程间的协调并实现数据在过程间的传输,其目标是通过实现相关业务过程的协调和协作实现业务活动的价值最大化。除此以外,面向过程的集成方法还可以减少错误,并且可以通过自动化以往由手工完成的业务过程来加速业务结果在过程中的传递。

(4)面向服务的集成受到人们越来越多的重视,Web 服务的概念促使人们重新观察面向服务的集成方法。Web 服务通过标准 Web 协议可编程访问 Web 组件。作为一种依赖于 Internet,为用户或其他 Web 服务提供单一服务功能的组件,这种新兴技术将成为软件未来的存在形态。Web 服务的价值在于利用 Internet 实现软件部件的实时组装。

3.5.4.2　集成的技术路线

根据模型系统和水量调度管理系统的建设框架和技术方案,选择面向信息的集成模式,减少系统的调用关系,采用数据层面的集成方法,实现模型与水调系统的耦合。在分析黄河水量调度管理系统的数据和功能需求的基础上,通过建设数据服务接口读取水量调度系统的实时和历史监测数据,生成模型能够识别的数据格式,为模型提供准确的方案和实测数据,调用模型系统进行方案计算和分析,再通过结果数据服务接口将模型结果写入到水量调度数据库中,在水调系统中进行查询和显示,实现模型系统与水调系统的集成。

3.5.4.3　主要工作内容

(1)监测数据接口建设开发。根据数据需求和调研,在水文局监测数据 WebService 服务接口的基础上,开发实测水文数据读取接口,定时或者实时从监测数据中抓取模型运算过程中需要的各节点、断面的水情数据以及研究区的雨情以及水库调度数据等信息。水质数据从水质监测数据库中通过建设数据读取接口同步水质监测数据,并根据模型系统的数据要求,将水文和水质数据进行整编,形成模型系统能够识别的文件格式,作为模型系统运行的基础数据。

(2)嵌入黄河水调系统中。在水调系统中开发调用模型系统的控制菜单或者按钮,并嵌入模型系统,通过水调系统的调用,实现模型功能,对黄河水量水质一体化配置调度方案进行模拟计算,增强系统中水量水质的协同效应。

(3)模型结果接口开发。分析水量调度系统数据库,开发数据结果提交接口,调用水调数据库中数据提交相关的数据储存过程,将模型计算结果,通过接口写入方案数据库,实现结果数据传递,使模型形成的断面、取水口水量水质配置数据直接运用到水量调度实践中。

第 4 章　黄河兰州—河口镇河段 水质水量一体化模型建立

研究 IQQM 模型系统的功能和原理,以黄河兰州—河口镇河段水力联系和物理原型为基础,通过概化建立黄河兰州—河口镇区间的水质水量一体化网络模型框架,来研究水质水量一体化控制流程和求解方法。

4.1　河段模型基本原理

IQQM(升级为 Source 系统)水质水量一体化模型是包括河流水量演进、水量配置与调度、水质模拟等多功能于一体的数值模拟模型,是根据水流算法特点可选择相应水质数值模式及参数嵌入水量模型建立的水量水质耦合模型。

模型的水动力学采用圣维南(Saint Venant)方程组。圣维南方程组是描述水道和其他具有自由表面的浅水体中渐变不恒定水流运动规律的偏微分方程组,由反映质量守恒定律的连续方程和反映动量守恒定律的运动方程组成。

$$
\begin{cases}
\dfrac{\partial Q}{\partial x} + B \dfrac{\partial Z}{\partial t} = q \\
\dfrac{\partial Q}{\partial t} + \dfrac{2Q}{A} \dfrac{\partial Q}{\partial x} + \left[gA - B\left(\dfrac{Q}{A}\right)^2 \right] \dfrac{\partial Z}{\partial x} = \left(\dfrac{Q}{A}\right)^2 \dfrac{\partial A}{\partial x} - gA \dfrac{Q^2}{K^2}
\end{cases}
\tag{4-1}
$$

式中: Q、A、B、Z 分别为河道断面平均流量、过水断面面积、河道宽度、水位; q 为单位河长均匀旁侧入流; g 为重力加速度; K 为流量模数。

式(4-1)上式为连续方程,反映了水道中的水量平衡,即沿程流量的变化率应等于蓄量的变化率。式(4-1)下式为运动方程。

圣维南方程组属于一阶拟线性双曲型偏微分方程,在一般情况下,无法求出其普遍的解析解,需根据水流的初始条件和边界条件来求解,求出水位 Z(或水深 h)和流量 Q(或流速)随时间和流程的变化关系。模型采用直接差分法求解,将方程中的偏微商代替,把原方程离散为差分方程求近似解。

水资源网络节点图是建立系统供、用、排关系的依据,是进行污染物总量控制与实现水体目标水质的基础。IQQM 模型假定计算单元均匀、各向同性,以各类水利工程为供水节点,分区计算单元为需水节点,河流、渠道及长距离输水管线的交汇点或分水点、行政分区断面、水资源分区断面、水汇为输水节点。根据系统网络的基本概念,用有向弧线将节点(断面)连接,绘制能反映流域水量水质动态变化特点、最大程度满足不同需水部门对水量需求及控制断面对水质要求的系统网络图,作为模型水力联系和基本的输入。

4.2　河段概化

4.2.1　概化的原则

计算单元是系统模拟的中心环节,水资源供、用、耗、排的分析都是在计算单元内部完成的。为了配合水功能区的纳污能力计算,采用水资源分区嵌套行政区作为计算单元。由于各地区经济发展水平、城镇人口、生产结构和水资源开发利用目标不同,对河段水资源利用的影响也不同,因此每个分区又分为若干个子区,将所有子区用沿河布置的节点表示。节点就成为模型中反映物理现象和人为活动的基本单位,所有影响流域水资源配置的活动,如生活、工业和农业用水、水库蓄水和放水、自然入流和支流汇流、流域外引水、地下水的抽取等都发生在节点上,节点通过连线相互连接形成河流的网络系统。

IQQM 模型系统河段概化和节点划分的原则如下:

(1)反映河段的产流、产污的特性。

(2)反映水力关系传输及水源运动转化过程。

(3)反映用水、排水的需求特性。

(4)反映河段的工程条件。

(5)反映河段对水质和水量的要求。

根据以上节点划分的原则,IQQM 模型系统节点划分主要包括以下 10 种类型:

(1)电站节点,具有发电功能和需求的节点。

(2)水库节点,具有水量调节功能的节点。

(3)支流汇流,具有产水和汇流,为河流补充水源、输送物质。

(4)城镇用水节点,具有固定用水需求的节点,向河道排放污染物质。

(5)农业灌溉节点,主要是农业灌区,用水季节性强,排放面源污染物。

(6)径流控制节点,反映河段对于径流控制的要求,包括最大、最小流量限制等。

(7)湿地节点,具有生态环境用水要求,需要河段进行补充水量。

(8)汇流节点,是河流径流交汇点,描述河流径流交汇对径流演进的影响。

(9)水文站节点,具有水量观测的数据,便于开展河段径流模拟数据的监测验证。

(10)水质监测站节点,具有水质监测的数据,便于开展水质模拟数据的监测验证。

以上 10 类节点是构成 IQQM 模型系统的基本节点类型。

4.2.2　河段网络体系建立

4.2.2.1　网络连线

网络初始化就是对网络模型中定义的连线参数赋值,即给定网络中每条连线的容量、下限、费用的数值,同时将连线可行流置零。连线的设置是应用 IQQM 系统水质水量模型进行模拟构建网络的关键。通常涉及的概念连线有 9 种类型。模型计算时,每个时段都必须进行网络初始化,下面对每种连线分别说明:

(1)入流连线。表示某节点上所有可利用的水量,包括节点产流和区间入流,该类连线连接"源"节点到节点图上几乎全部节点。

（2）生活及工业用水连线。是从节点图上各节点到"汇"节点的概念连线，表示节点上的生活和工业用水。

（3）农业用水连线。是从节点图上各节点到"汇"节点的概念连线，表示节点上的农业用水。

（4）生态环境用水连线。是从节点图上各节点到"汇"节点的概念连线，通常表示河流需要的生态环境水量或流量。

（5）水库蓄水连线。是从节点图上每一个水库到"汇"节点的概念连线，表示时段末水库蓄水。水库蓄水连线的容量为水库本时段最大允许蓄水库容，下限为死库容，费用为水库蓄水优先序。

（6）排水连线。表示某节点上取水利用之后的排出水量，通常是具有一定的物质含量，该类连线连接"源"节点到节点图上几乎全部节点。

（7）地下水连线。表示地下水的补给和抽取，通常根据地下水的补给能力设定抽取的能力，地下水的利用一般限制在本区范围。

（8）水文站连线。表示水量调度过程中的水量控制断面，断面具有长系列的水文观测资料，对水量调度有特定的流量限制。

（9）水质监测站连线。表示水质调度过程中的水功能区水质控制点，通常设定有水质标准。

这样，通过"源""汇"节点及概念连线的设置，将流域节点图转化为标准网络，以便用IQQM系统水质水量模型模拟计算。

4.2.2.2　网络中的连线信息

网络中的每条连线包括下述4种信息：

（1）连线容量。连线上可以通过的最大流量，通常代表水资源供需分析中的上限约束，如河道、引水节点的最大抽水能力，渠道过流能力，最大需水量，断面（水功能区）的环境容量等。

（2）连线下限。连线上的最小允许流量，代表水资源供需分析中的下限约束及河道最小流量要求等。

（3）连线费用。在实际连线上指其输水费用，对于概念连线表示其供水优先序，以便于流量在各连线间进行分配。

（4）连线可行流。网络的求解结果，指在满足最小费用最大流量条件下所求得的每条连线上的流量。

上述4种连线信息，前3种是求解条件，第4种是求解结果。通过连线编号与网络连线信息的设置，将实际的水资源信息转化为网络信息，这样就可以进行网络求解了。

4.2.3　河段概化节点图

河流水资源系统在物理上是由各种元素如河段、供水水源、用水户、水库工程及它们之间的输水连线等组成的，建立水质水量一体化调配模型的目的就是要用计算机算法来表示原型系统的物理功能及其经济效果，因此模型建立的第一步需要把实际的流域系统概化为由节点和连线组成的网络系统,该系统应该能够反映实际系统的主要特征及各组成部分之间的相互联系,又便于使用数学语言对系统中各种变量、参数之间的关系进行表述。

节点包含用水节点、工程节点和控制节点 3 类。用水节点是指有用水需求的用水户,包括城镇生活、农村生活、工业用水、农业灌溉、河道外生态环境等,用水节点不仅有用水需求,而且在用水之后也存在一定的废污水的排放,因此一般也是排水节点。工程节点是指在系统图上单列的蓄引提工程,这类工程在模拟计算中单独参与计算,它可以对受水单元或者其他工程供水,同时也可以按照工程运行目标对发电航运、生态环境等河道内用水需求进行水量调控。控制节点是指有水量或水质控制要求的河道或渠道断面,具有与工程节点相同的各种水力关系,但一般不具备调蓄能力。将计算单元、主要工程节点、控制节点及供、用、耗排水等系统元素,采用概化的"点""线"元素表达,绘制描述流域水量关系的水资源系统网络节点图,以反映流域水循环与水资源供、用、耗排的过程,并以此作为模拟计算的基础,流域节点概化示意见图4-1。

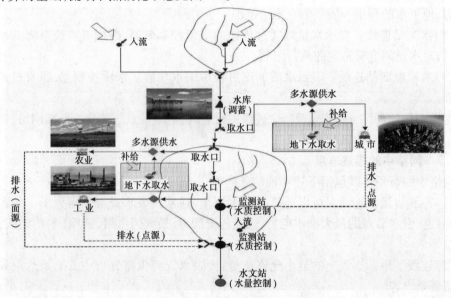

图 4-1　IQQM 模型节点概化示意图

在对兰州—河口镇水资源系统深入分析的基础上,根据黄河上游 DEM 地貌信息,按照水力联系,将黄河兰州—河口镇区间概化为具有物理意义的节点构建,物化的水资源系统网络图,形成水源与用水户之间的逻辑关系,作为系统的输入基础。黄河兰州—河口镇河段水质水量一体化配置模型概化节点简图见附图4。

每个节点在某时段的水量包括 5 部分:节点自然入流、区间径流、节点用水、节点排水及节点出流。IQQM 模型系统所需基本数据通过节点文件的形式输入,计算结果也以节点形式输出或在节点基础上处理成其他形式成果。另外,在 IQQM 模型用户可以根据社会发展及调控需要增加或减少节点,但是节点数目的增加意味着所需资料数量的增加,计算时间也将增多。

4.3　河段水量模型建立

河流水量数学模型建立的方法可以分为两类：一类是基于水文学方法的河流水量数学模型；另一类是基于水动力学方法的河流水量数学模型。基于水文学方法的河流水量数学模型主要可以分为两类：①经验统计模型；②物理概念模型。物理概念模型是在一维非恒定流圣维南方程组简化的基础上，依据河段的水量平衡原理与蓄泄关系把河段上游断面入流过程演算为下游断面出流量过程的方法，是将河道概化为若干渠道和水库的组合，以此反映水流在河道中的推移和坦化，实质上是通过河槽调蓄作用的计算来反映河道水流运动的变化规律。这类模型主要包括马斯京根法、特征河长法、扩散波模拟法、滞时演进法以及线性动力波法等。

IQQM 模型中的水量模型建立采用物理概念模型方法，具有使用简便、对资料要求不高、适用性强等特点。IQQM 的水量模型是一个以河段节点图为基础，以网络技术为核心，采用数据驱动的通用的水量分析模型。水量模型是基于河流水资源评价、河道的水流演进，模拟在一定系统输入情况下（包括基本数据、边界条件、运行规则及水量政策等）的河流水量系统响应。模型考虑了地表水、地下水的联合运用，串、并联水库群联合调节，灌区实时灌溉需水、城镇固定需水及其他消耗性用水需求和生态环境用水等因素，并具有经济分析等功能。系统运行规则及分水政策用用户用水的优先序表示，通过系统优化算法和理论进行区域和行业间的水量分配。

4.3.1　模型建立的目标

黄河流域地域广阔，各地区自然地理、社会经济发展差异很大，协调河道内外用水需求，协调各部门之间、各地区之间的用水矛盾，是一个典型的多维、多目标的复杂大系统。从水量模型构建的角度审视河段水量优化的目标满足河段各种用水需求，满足河段的下泄水量要求，概括为河段缺水最小和维持河流生态环境需水量。

水资源利用目标，追求缺水量最小，并且分布合理，重点解决地区间的水量合理分配，及不同需水部门的水量分配问题。在干旱年份，供水量不能满足需水要求时，通过合理调度，优化径流时空分布过程，使河段缺水量最小，且分布合理。根据水资源合理配置和区域的特点研究需求，水资源合理配置目标可以考虑以供水量最大或缺水损失最小等为目标函数，增加系统的供水量。系统缺水总量最小的目标函数表示为：

$$\text{Min}(\omega) = \sum_{i=1}^{M} \sum_{j=1}^{N} \sum_{k=1}^{L} (QP(i,j,k) - QS(i,j,k)) \tag{4-2}$$

式中：$QP(i,j,k)$、$QS(i,j,k)$ 分别为第 i 时段第 j 个省（区）第 k 用水单元的需水量和供水量。

河流生态环境良性维持目标：当特枯时段流域水质性缺水比较严重时，为维系黄河干流及主要支流河道生态良性循环，以黄河干流及主要支流生态环境需水量满足度系数 E 表征黄河流域水资源合理配置生态环境目标。

$$E = \text{Max}\left\{ \sum_{x=1}^{M} \sum_{y=1}^{N} \left(\phi_x \left(\prod_{t=1}^{12} \frac{S_e(x,t)}{D_e(x,t)} \right) \right) \right\} \tag{4-3}$$

式中：E 为河道生态环境满足度系数，其值越大，表明河道生态需水满足程度越高；$S_e(x,t)$、$D_e(x,t)$ 分别为第 t 时段第 x 河段的河道生态环境供水量和河道生态环境需水量；x 和 y 分别为河段数和计算系列的长度（年）；ϕ 为权重系数。

4.3.2　模型水量平衡及水流连续性方程

IQQM 模型系统的河段水量模型可以模拟不同时间步长的水量平衡，在模型中考虑河道径流传播时间，考虑河道槽蓄影响，考虑日流量的变化对可引水量的影响。IQQM 模型系统建立的河段水量模型主要包括河段水量平衡、水库水量平衡、河段水量控制模块、河段配水模块等。

4.3.2.1　河段水量平衡

对一维单元和联系单元采用相应的线性化处理后，结合节点水量平衡条件，构成节点水量方程组，采用迭代法求解，然后逐河道回代求出任意断面的水力状态变量。

河段水量平衡是汇总各分区、各支流及节点水量平衡的基本数据，是模型水量模拟分析的基础。在每一个节点的水量平衡计算中，考虑了节点来水、区间入流、回归水、调入调出水量、生活及工业用水、农业用水、水库蓄水变化、水库损失水量及节点泄流等因素。河段节点水量平衡示意见图 4-2。

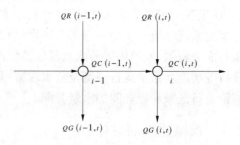

图 4-2　河段节点水量平衡示意图

1. 不考虑水量传播因素

第 i 节点出流应等于上一节点 $i-1$ 出流与区间来水之和，扣除区间实际供水及区间损失，再加上区间退水。水量平衡计算采用：

$$QC(i,t) = QC(i-1,t) + QR(i,t) - QG(i,t) - QL(i,t) + QT(i-1,t) \tag{4-4}$$

式中：$QC(i,t)$、$QR(i,t)$、$QG(i,t)$ 分别为河段第 i 节点、t 时刻的出流量、区间入流、供水量；$QC(i-1,t)$、$QT(i-1,t)$ 分别为河段第 $i-1$ 节点、t 时刻的出流量、退水量。

黄河流域地表取水一部分被消耗，另一部分以退水形式回归河道，黄河退水量计算采用供水量与退水量的差值，长期的监测表明黄河用水与退水间存在一定关系：

$$QT(i,t) = Kr(i,t)QG(i,t) \tag{4-5}$$

式中：$Kr(i,t)$ 为河段用水的退水系数，黄河流域已通过长期监测掌握了退水系数的变化规律。

2. 考虑水量传播因素

在比较长的河段，必须要考虑水流的传播时间，也即水流的时间滞后效应，考虑传播的滞后系数。

$$QC(i,t) = QY(i,t) + \kappa r\alpha(i)QR(i,t-1) + (1 - \kappa r\alpha(i))QR(i,t) - \\ \kappa p\alpha(i)QG(i,t-1) - (1 - \kappa p\alpha(i))QG(i,t) + \kappa t\alpha(i)QT(i,t-1) +$$

$$(1 - \kappa t\alpha(i))QT(i,t) - QL(i,t) \tag{4-6}$$

式中：κr、κp、κt 分别为区间来水、区间供水、区间退水项水量传播折扣系数；$QY(i,t)$ 为满足节点间水流连续性约束；$\alpha(i)$ 为第 i 节点的水量传播滞后系数；$QL(i,t)$ 为第 i 节点在 t 时刻的河损。

4.3.2.2　水库水量衡

水库时段末的蓄水量为上一时段水库蓄水量加本时段入库水量扣除出库水量及库区的水量损失后的水量盈余。

$$V(m,t+1) = V(m,t) + (QRu(m,t) - QRc(m,t)) \times \Delta T(t) - LW(m,t) \tag{4-7}$$

式中：$V(m,t+1)$、$V(m,t)$ 分别为 t 时段初、时段末水库的蓄水量；$QRu(m,t)$ 和 $QRc(m,t)$ 为 t 时段的入库和出库的流量；$\Delta T(t)$ 为时间长度；$LW(m,t)$ 为水库的水量损失。

（1）保证水库的运行安全，水库蓄水量必须满足安全的运行区间。

$$V\min(m,t) \leqslant V(m,t) \leqslant V\max(m,t) \tag{4-8}$$

式中：$V\min(m,t)$ 为死库容；$V\max(m,t)$ 为正常蓄水位或汛期限制水位对应的蓄水库容。

（2）考虑水库综合运用的要求，水库的出库流量必须满足时段允许的最大和最小的流量约束

$$QRc\min(m,t) \leqslant QRc(m,t) \leqslant QRc\max(m,t) \tag{4-9}$$

式中，$QRc\min(m,t)$ 的确定与为满足各省（区）用水水库最小需供水量 $QBu(m,t)$、防凌要求的 $QF\min(m,t)$ 及生态要求的 $QS\min(t)$ 有关。$QRc\max(m,t)$ 与最大过机流量 $QD\max(n,t)$、防凌要求的 $QF\max(m,t)$ 有关。

（3）对于刘家峡水库必须满足宁蒙河段凌汛期（11 月～翌年 3 月）防凌的流量限制要求，即刘家峡水库出库流量满足：

$$QF\min(m,t) \leqslant QRc(m,t) \leqslant QF\max(m,t) \tag{4-10}$$

防总国汛〔1989〕22 号文《黄河刘家峡水库凌期水量调度暂行办法》颁布以后，凌汛期刘家峡水库下泄水量采用月计划、旬安排的调度方式，提前 5 d 下达次月的调度计划及次旬的水量调度指令，下泄流量按旬平均流量严格控制，各日出库流量避免忽大忽小，日平均流量变幅不能超过旬平均流量的 10%。本次进行凌汛期刘家峡水库出库流量拟定时，考虑以 1989～2010 年实测月平均流量作为控制条件，见表 4-1。

表 4-1　刘家峡水库出库断面防凌约束　　　　　（单位：m³/s）

断面	12 月	1 月	2 月	3 月
刘家峡	498	451	407	424

（4）水库出力应满足电力系统的低限要求

$$N\min(n,t) \leqslant N(n,t) \leqslant N\max(n,t) \tag{4-11}$$

一般 $N\min(n,t)$ 为机组技术最小出力，$N\max(n,t)$ 为装机容量。

4.3.2.3　节点间水流连续性

考虑水量传播具有一定的时间滞后，滞后时长通常与河段流量、流速等因素有关。河段 i 节点 t 时刻的水量为上一节点（$i-1$ 节点）（$t-1$）时刻下泄水量与 t 时刻下泄水量的

组合函数,并满足下式:

$$\begin{cases} QY(i,t) = \alpha(i)QC(i-1,t-1) + (1-\alpha(i))QC(i-1,t) \\ \alpha(i) = K(i)/\tau(i) \end{cases} \quad (4\text{-}12)$$

4.3.3 河段配水模型

4.3.3.1 水库补水模型

水库调节的任务是通过运行方式的优化,调节河道径流量尽可能满足各部门各类用水的需求。水库通过水量调节功能为下游节点补给水量。

在河道,第 m 个水库与第 $m+1$ 个水库之间各河段区间缺水之和为上游第 m 个水库需要上游水库的补水量 $Qbu(m,t)$。

不考虑水量传播时间:

$$Qbu(m,t) = \sum_{t=k(m)+1}^{k(m)+l(m)} QQ(i,t) \quad (4\text{-}13)$$

考虑水量传播时间:

$$Qbu(m,t) = \sum_{i=k(m)+1}^{k(m)+l(m)} \left[(1-\alpha(i))QQ(i,t) + \alpha(i)QQ(i,t+1) \right] \quad (4\text{-}14)$$

式中,$k(m)$ 为 m 水库的节点编号;$l(m)$ 为 m 水库直接供水的河段数。

其中

$$QQ(i,t) = \Delta Q(i,t) + QS(i,t) \quad (4\text{-}15)$$

当 $QQ(i,t) \leqslant 0$ 时计入式(4-13),并有

$$\Delta Q(i+1,t) = QC(i,t) \quad (4\text{-}16)$$

当 $QQ(i,t) > 0$ 时不计入式(4-13),并有

$$\Delta Q(i+1,t) = QQ(i,t) + QC(i,t)$$

$$\Delta Q(k(m)+1,t) = 0 \quad (4\text{-}17)$$

出库流量约束

$$QRc\min(m,t) \leqslant QRc(m,t) \leqslant QRc\max(m,t) \quad (4\text{-}18)$$

$QRc\min(m,t)$ 的确定与为满足各省(区)用水水库最小需供水量 $QBu(m,t)$、防凌要求的 $QF\min(m,t)$ 及生态要求的 $QS\min(t)$ 有关。$QRc\max(m,t)$ 与最大过机流量 $QD\max(n,t)$、防凌要求的 $QF\max(m,t)$ 有关。

黄河上游控制性工程包括 2 个调节水库、6 个径流式电站。各工程主要任务不同,功能各异。上游龙羊峡—青铜峡梯级同属西北电网,在电力上互相补偿,主要以发电为主,兼顾防洪、防凌、供水,工程的调度实施由电力部门负责。同时,考虑目前的实际调度管理状况和各调控目标要求,确定模型运行的基本原则如下:

(1)实行全河统一调度、上下游补偿调节。

(2)在保证生态和环境用水前提下,优先满足生活、工业用水,尽量保证农业用水。

(3)时段供水量实行断面控制,并以省际配水为主。

(4)龙羊峡、刘家峡水库放水次序原则。龙羊峡、刘家峡水库负责满足黄河上中游河段的用水、防凌及上游梯级电力要求。根据水库单位能量水头损失最小原理,任何梯级水电站水库的蓄放水次序安排中,一般以单位水深库容小的水库先蓄后放,而单位水深库容

大的后蓄先放。黄河上游梯级水电站群中,龙羊峡水库每米的库容为 2.0 亿 ~ 3.7 亿 m^3,而刘家峡水库每米的库容为 0.8 亿 ~ 1.2 亿 m^3,所以根据一般的规律来说,刘家峡水库应该先蓄后放。但是,由于黄河上游的综合利用任务繁重,刘家峡水库难以独立承担,如果按以上原则进行调度,不仅刘家峡水库能量指标增加不大,而且影响梯级电站指标和开发任务的完成。另外,目前梯级电站补偿、被补偿的效益计算尚未建立和健全,运行调度涉及各省(区)电业部门的效益,鉴于这些原因,龙羊峡、刘家峡水库的蓄放水次序除遵循上述原则外,研究中结合用水任务和实际调度经验进行了合理安排,主要体现在以下的龙羊峡、刘家峡联合运行中。

(5)龙羊峡、刘家峡两库的联合运行问题。龙羊峡、刘家峡调度首先满足刘家峡—三门峡区间的防凌和供水要求,并对上游径流式电站进行电力补偿,满足梯级保证出力。按照上述放水次序原则,在宁蒙河段灌溉用水高峰期,当天然径流满足不了用水要求时,由于刘家峡水库库容小,并且离供水区较近,所以首先由刘家峡水库补水,加大下泄流量,使刘家峡、盐锅峡、八盘峡、大峡、青铜峡电站在系统基荷运行,多发电量,而龙羊峡、李家峡电站则担任调峰和备用任务,尽可能使龙羊峡水库多蓄少补,避免刘家峡水库后期弃水。在凌汛前期,刘家峡水库应先放,保持必要的防凌库容,充分蓄龙羊峡发电泄放水量。在凌汛期,刘家峡水库出库受到限制,此时需由龙羊峡、李家峡电站进行出力补偿。在发电控制运用期,为了提高水量利用率,并增加刘家峡水库发电量,把龙羊峡水库作为出力补偿水库,其泄水存于刘家峡水库,以提高用水高峰期的补水量,并抬高发电水头。另外,为满足下游工农业用水和保证生态环境用水,龙羊峡、刘家峡水库调度时应保证河口镇断面一定的补水流量。

4.3.3.2 节点水量平衡模型

河段配水采用网络优先序与节点供水费用来实现对不同类型用户供水的控制。

用水优先序可体现分水政策,优先序高的用户需水可优先得到满足,能够通过改变优先序来反映不同的分水政策。代表工农业需水节点及水库蓄水层以供水优先序赋值,在模型中水库运行规则模拟是将水库库容划分为若干个蓄水层,将各层蓄水按需水对待,分别给定各层蓄水的优先序,并与水库供水范围内各用户供水的优先序组合在一起,指导水库的蓄泄。水库蓄水连线的容量为水库本时段最大允许蓄水库容,下限为死库容,费用为水库蓄水优先序。

供水费用是加载在连线上的费用,是表征用户节点的用水费用,在系统优化过程中,用水节点优先序相同时,按照系统费用最小的原则,费用小的连线将优先通过流量,节点供水费用小的用户用水需求优先得到满足。

节点水量的供需平衡分析见图 4-3。

对于 $i-1$ 节点和 i 节点组成的河段,若区间来水 $QR(i,t)$ 不能满足区间用水计划 $QP(i,t)$ 时,其差值 $QS(i,t)$ 为区间缺水。

$$QS(i,t) = QR(i,t) - QP(i,t) - QL(i,t) \tag{4-19}$$

当 $QS(i,t) \geq 0$ 时,有缺水,需要由 $i-1$ 节点的来水 $QC(i-1,t)$ 进行补偿;当 $QS(i,t) < 0$ 时,有余水进入下一节点。

4.3.3.3 河段配水的约束条件

1. 断面水量约束

满足一定流量和水量是保证河流功能的基本要求,因此河段配水应首先满足河段的基本水量需求:

$$QR(i,t) \geqslant Q_{\min}(i,t) \qquad (4\text{-}20)$$

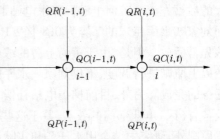

图 4-3 节点水量平衡示意图

式中:$QR(i,t)$ 为 i 河段 t 时刻实际下泄的流量(水量);$Q_{\min}(i,t)$ 为 i 河段 t 时刻需要下泄的最小流量(水量),一般要综合河段用水、生态环境等各项需求。

2. 工程约束

工程的时段供水量不超过工程的供水能力:

$$QP(m,u) \leqslant QP_{\max}(u) \qquad (4\text{-}21)$$

式中:$QP(m,u)$ 为第 u 计算单元第 m 时段引提水量;$QP_{\max}(u)$ 为第 u 计算单元的最大引提水能力。

黄河上游梯级水库承担电力系统的出力任务,因此具有发电要求的水库电站应满足电力系统的出力要求:

$$N\min(n,t) \leqslant N(n,t) \leqslant N\max(n,t) \qquad (4\text{-}22)$$

一般 $N\min(n,t)$ 为机组最小出力,$N\max(n,t)$ 为装机容量。

3. 水资源承载能力约束

区域耗水总量小于区域水资源可利用量(或区域分水指标):

$$\sum_{t=1}^{12} Qcon(n,t) \leqslant QY(n) \qquad (4\text{-}23)$$

式中:$Qcon(n,t)$ 为区域每一个时段可消耗水资源量;$QY(n)$ 为区域可消耗的水资源量(水资源可利用量)。

地下水可持续利用要求,地下水开采量不能超过区域评价地下水可开采量,时段上不超过地下水的出水能力。

$$GW(n,t) \leqslant GP\max(n) \qquad (4\text{-}24)$$

$$\sum_{t=1}^{12} GW(n,t) \leqslant GW\max(n) \qquad (4\text{-}25)$$

式中:$GW(n,t)$ 为第 t 时段第 n 计算单元的地下水开采量;$GW\max(n)$ 为第 n 计算单元的时段地下水开采能力;$GP\max(n)$ 为第 n 计算单元的年允许地下水开采量上限。

控制地下水的埋深,维持区域地下水的均衡,是区域生态环境良性维持的关键:

$$GL\min(n,t) \leqslant GL(n,t) \leqslant GL\max(n,t) \qquad (4\text{-}26)$$

式中:$GL\min(n,t)$ 为第 t 时段第 n 单元的最浅地下水埋深;$GL(n,t)$ 为第 t 时段第 n 单元的地下水埋深;$GL\max(n,t)$ 为第 t 时段第 n 单元的最深地下水埋深。

4. 河湖最小生态需水约束

$$QE\min(n,t) \leqslant QE(n,t) \qquad (4\text{-}27)$$

式中:$QE(n,t)$,$QE\min(n,t)$ 分别为河道实际流量和最小需求流量,最小需求流量可根据水质、生态、航运等要求综合分析确定。

4.3.3.4　水量模型求解

根据黄河流域水资源调配原则及目标,水量模拟步骤如下:

(1)确定仿真计算参数,包括下河沿、石嘴山、头道拐等重要断面生态需水量、各控制断面的补水量、最小生态流量约束。

(2)根据各支流来水和用水,对支流用水节点进行水量平衡,计算水库节点的供需情况。如果支流在满足用水外还有多余水量,则汇入相应干流节点。按照式(4-2)计算干流各节点缺水量。

(3)根据干流来水信息、用水计划及支流汇入情况,考虑水量传播和水量损失,用式(4-13)和式(4-14)分别求出龙羊峡、刘家峡水库的补水下限。模型设定水库的初始调度线。

(4)据水库运行,采用式(4-6)分析断面水量是否满足式(4-20)设定流量控制目标,时段的出力是否满足式(4-11)的控制要求,并反馈系统进行修改初始参数迭代模拟计算,直至满意。

图4-4为水量模型求解流程图。

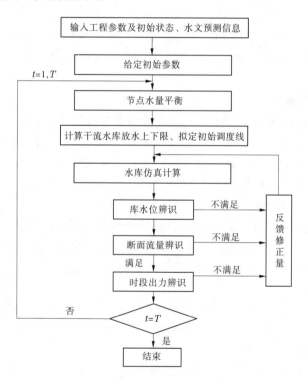

图4-4　水量模型求解流程图

4.4　河段水质模型的建立

4.4.1　河段水质控制模型

建立水质模型的目的主要是为河段污染总量控制提供基础工具,提高管理的科学性。研究以 IQQM 系统为基础平台,改进系统自带的水质模型,建立符合黄河流域污染物排放特征和总量控制要求的水质模型。

建立的水质模型主要考虑以下特点:①适用性,水质模型能够很好地预测和模拟河段污染物迁移、转化规律。②灵活性,水质模型使用和更新比较方便,易于嵌入 IQQM 模型系统中,便于开展后续研究。模型可实现河流沿程有多个污染源、取水口和支流汇入,还可以模拟河道中水工建筑物对河流水质的影响。

模型建立目标是达到水体功能,满足河段水功能区水质目标,实现全河段水质指标控制与目标水质指标偏差的最小,建立目标函数:

$$\min F(G, C_{ob}, \theta) = \min \sum_{j=1}^{n} \sum_{t=1}^{12} \theta_j \left(\varphi(G_{jt}) - C_{ob} \right)^2 \tag{4-28}$$

式中:θ 为河段水质的权重系数;C_{ob} 为水功能区目标水质控制指标;G_{jt} 为河段时刻的分水量;$\varphi(G_{jt})$ 为水量分配后、断面一定水流下的水质指标函数,是水质模型的内生变量,由水质模型确定。

4.4.1.1　离散方程推导

模型的水质模拟和水动力学模拟的基本原理都是质量守恒原理。质量守恒原理要求将所研究的任一水质组分的质量以一种或多种方式加以说明。水质模型可模拟每一水质组分从输入点到最终输出点的时空变化。一维模型采用完全混合模式,不考虑对流和弥散引起污染物变化量,对于水质模型的推导采用均衡域中物质质量守恒的方式进行推导,引出模型方程的离散方程格式。

(1)污染物在河道中的转化,生物化学反应降解的污染物质量。

如果考虑溶质的降解、合成的影响,假设溶质的降解和合成都可以用一阶速率和零阶速率来考虑。模型采用一维衰减模式计算,污染物的衰减过程可采用一级动力方程式描述。

$$u \frac{dc}{dx} = -Kc \tag{4-29}$$

式中:K 为污染物的衰减系数

设上断面进入的污染物浓度为 C_{0i}、流量为 Q_0,则考虑水流的流速及传播时间等因素,污染物河段发生的生化反应、转化后,在距离为 X 的下一断面污染物质的量为:

$$m_0 = C_{0i} Q_0 \exp\left(\frac{-K_i X}{u}\right) \tag{4-30}$$

(2)侧向入流带入的污染物质量如果考虑均衡域的侧向溶质输入量,假设侧向入流的流量为 Q_0,入流浓度为 C_{0i},则进入均衡域的侧向污染物的质量为:

$$m_{1i} = \sum_{j=1}^{n} C_{ji}Q_j \tag{4-31}$$

式中：m_{1i} 为侧向入流带入的污染物质量；Q_j 为第 j 个侧向入流点的流入水量；C_{ji} 为第 j 个侧向入流点的入流污染物质的浓度。

（3）河段引水造成的均衡体污染物质减少。引出污染物质的量与引水量及引出污染物的浓度相关,污染物质的减少可采用下式计算：

$$m_{2i} = C_{ki}G_k \tag{4-32}$$

式中：m_{2i} 为引水引出的污染物质量；G_k 为第 k 个引水口的引水量,C_{ki} 为第 k 个引水口引水的污染物质浓度。

（4）泥沙对污染物的吸附及泥沙运移过程中的解析作用。污染物迁移转化及反应一般清水河流的污染物质的规律,黄河属多泥沙河流,因此泥沙对于污染物质的吸附及解析作用也要考虑在模型中。根据相关研究成果,泥沙对污染物的吸附作用可综合于污染物的衰减系数中,并与河流水体的含沙量有关。

（5）对流和弥散引起污染物变化量。考虑兰州—河口镇河段长,河流情势复杂,分析模型中忽略影响相对较小的离散作用。

模型的基本假定包括以下内容：

（1）将研究河段分成一系列不等长的水体计算单元,在每个水体计算单元内污染物是均匀混合的。

（2）将计算河段内的多个排污口概化为一个集中的排污口,概化排污口位于河段的上断面,假设排污后即能与上断面来水进行充分混合。

（3）污染物沿水流纵向迁移,对流、扩散等作用也均沿纵向,流量和旁侧入流可随时间变化,而在河流的横向与垂向上水质组分是完全均匀混合的。

（4）将区间的面源简化为点源进行集中排放。

（5）将计算河段内的多个取水口概化为一个集中的取水口,概化取水口位于河段的上断面,假设区间的排水口在断面完成混合后进行取水,然后再进行衰减计算。

河段关系概化见图 4-5,上断面来水量为 Q_0、污染物浓度为 C_{0i},在下断面取水,上下断面距离为 L,区间在 X_j 处集中点源的排放量为 Q_j,引水口在河段的某段。

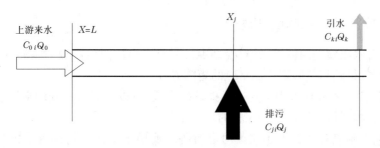

图 4-5　河段均衡域离散方程示意图

在单一河段中,考虑污染物的降解、沿河的污染物排放及取水等,按照物质平衡原理建立河流一维稳态地表水水质模型离散：

$$\varphi(G_{jt}) = C_{0i}Q_0\exp(\frac{-K_iX}{u}) + \sum_{j=1}^{n}C_{ji}Q_j\exp(\frac{-K_iX_j}{u}) - C_{ki}G_k \qquad (4\text{-}33)$$

式中：$\varphi(G_{jt})$ 为水量分配后、断面一定水流下的水质指标函数；C_{0i} 为上断面污染物浓度，mg/L；Q_0 为上断面流量，m^3/s；K_i 为污染物 i 的降解系数，d^{-1}；X 为上下断面的河段长度，km；u 为河段的流速，m/s，一般河流流速通常与流量之间存在非线性的关系；C_{ji} 为 j 节点的污染物排放浓度，mg/L；X_j 为排污口到下断面的距离，km；C_{ki} 为引水的污染物浓度，mg/L；G_k 为引水量，m^3。

4.4.1.2　边界条件处理

（1）边界入流。模型涉及的入流主要包括三种类型：第一类是支流的入流，其入流水量和污染物浓度具有长期监测数据；第二类是主要入河排污口排放的污水，其排水量和排放浓度可根据长期监测的浓度拟定；第三类是区间直接进入到河流的面流，其汇入水量由分布式水文模型模拟，污染物浓度则按照面源污染模拟。

（2）边界出流。主要是区间引水量，河段引水点相对较多，在模型中概化为具有空间坐标的引水节点，引水的污染物浓度则根据水质模型进行演算推求；对于地表水与地下水转换的水量变化相对于本河段水量而言，相对较少，对水质影响也相对较少。

（3）河流水文气象。鉴于兰州—河口镇河段空间跨度大，年内温度相差较大，模型中考虑不同时间和空间的温度、降水条件对污染物转化的影响。温度的边界确定考虑按照兰州—下河沿、下河沿—石嘴山、石嘴山—河口镇大河段采用相同温度和降水量，年内不同月份的温度和降水量采用统计均值。

（4）河流水力特征。河口镇以上年均来沙量约 1.2 亿 t，自上游干流修建了刘家峡、龙羊峡水利枢纽后，受来水来沙条件变化和干流水库调节的共同影响，宁蒙河道冲淤发生了明显变化。1961～1986 年 10 月龙羊峡水库投入运用前，宁蒙河道一般发生冲刷或微淤。龙羊峡建成生效后，水库调节改变了径流汛期非汛期分配过程，宁蒙河段淤积量增加，1986～1991 年内蒙古河段年均泥沙淤积达 0.65 亿 t，年均主槽淤积 0.44 亿 t，占全断面淤积量的 63%。1991～2004 年巴彦高勒—蒲滩拐（头道拐下 18 km）年均淤积量为 0.65 亿 t，87% 的淤积量集中在主槽。泥沙含量采用各断面泥沙监测的多年平均值数据。河流含沙量按照年均水量 257.16 亿 m^3、沙量 1.65 亿 t，汛期含沙量高，非汛期相对较低。

4.4.2　河段污染物控制的实现

根据综合水质模型的特点，针对模型中每一个方程按照均衡域内物质守恒原理方法进行离散，可以得到相应形如式（4-33）的矩阵方程。

（1）对河段矩阵方程采用上述边界处理的方式，可以得到边界处的求解表达式，从而对于每一个方程都可以形成一个完整的求解矩阵。

（2）环境控制初始指标。预测黄河上游各主要用水户污染物排放系数和入河系数，核算污染物排放量；利用黄河上游栅格量化水源和污染源，计算断面污染物入河量。

（3）污染物迁移转化模拟。根据黄河上游（兰州—河口镇）河段河道断面形态和水文特征，在污染物预测及断面水量分析的基础上，调用建立的一维水动力学水质模型，开展断面水质的定量演算和评价，研究污染物（COD 和氨氮）在水体中的稀释、消解规律，模拟河流水体中污染物的迁移转化过程。

　　(4)结合不同断面的动态水质目标值,选取控制性污染指标,分析综合降解系数,并进行参数率定和模型验证工作,以水功能区水质目标为基础,对黄河上游河段水功能区水质进行核算和辨识;以水功能区水质为控制目标,在不能实现水功能区水质的情况下修改环境控制指标或反馈调整流量控制。详细求解步骤与过程见图4-6。

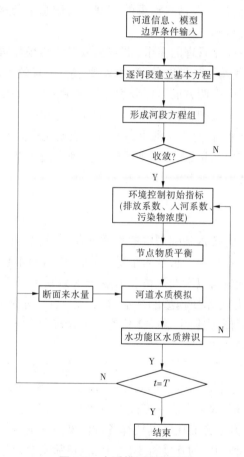

图 4-6　水质模型求解流程

　　通过水质模型实现水功能区水质目标的途径主要包括以下两方面:一是通过模型的内部反馈机制,辨识水功能区水质的结果并反馈修正水环境的初始指标(包括排放系数、入河系数及污染物的排放浓度),实现水功能区水质改善的目标。二是通过模型间的信息传递,将水功能区水质辨识结果传递到水量控制模型,调整水量下泄达到改善水功能区水质的目标。

4.5　水质水量一体化模型的耦合与控制

　　水质和水量是水资源的二重属性,二者相互影响不可分割,从污染控制的角度考虑,水资源开发利用影响水循环,进而影响到水污染的治理;从水资源开发利用的角度,水功能区环境质量又影响用水户的取用水,因此污染控制应和水资源开发利用统一考虑才能实现流域水环境质量的根本改善、水资源的合理利用。通过水质水量联合模拟,实现对区域水量和水质的联合调控,达到流域水资源利用与环境保护的双重目标是水质水量一体化模型要实现的总体目标。水质水量联合调控包括水量调控和水质控制两方面。水量调控主要是对水源供水和用户用水的控制,同时满足河道系统的生态用水。水质控制是对污染源排放、污染负荷传输过程及污水治理的控制。通过水量与水质的双控方案实现流域的水量分配和水质环境目标。

根据河段水质水量一体化管理的需求,水质水量一体化模型模拟与调控的目标包括两方面:①控制断面的取用水,满足断面下泄水量要求。②有效控制入河污染物,满足主要断面和水功能区水质目标。两方面目标分别通过水量模型控制断面流量和水质模型控制河流断面的污染物浓度来实现,两个模型通过参数传递和约束反馈实现控制与耦合。

研究 IQQM 模型系统平台,分析黄河上游水量水质变化之间的互动关系,以断面径流和最小环境流量控制河道取水量、以河段纳污能力控制断面污染物入河量,以交互方式实现黄河水量与水质的耦合。

4.5.1　耦合原理

水质水量一体化调控的技术基础是水量水质的联合模拟,通过数据的相互传递实现水质水量耦合双控目标。系统递阶将水质水量一体化配置与调度系统分解成水量子系统和水质子系统,分别建模求解,以断面流量和节点排水为联系纽带进行耦合,水量模型输出的断面流量、节点排水作为水质模型的基本输入,建立河段水质水量一体化配置与调度组合模型,通过协调寻求河段水质水量一体化配置与调度优化方案。水质水量一体化配置与调度模型的耦合流程见图 4-7。

调控方案的制订是一个互动反馈的过程。水量配置后的流量过程影响河流的自净能力,不同用户用水带来的污染负荷也不相同,所以需要通过调控模型的模拟和效果评价实现水量分配与污染控制的有效耦合。一方面通过水量配置确定控制断面的流量过程,为河流水质分析提供基础;另一方面在准确估算各种污染实际负荷的基础上,根据水功能区划的要求,通过调控目标和手段的互动将不同的污染负荷安全余量进行优化分配,并对目标的合理性进行反馈分析。经过反复协调最终确定一个合理的水量配置和污染控制方案。

IQQM 模型系统采用大系统分解协调方法建立水质水量一体化模型,构建干流工程水量调度、河段配水和水质模拟等的组合模型。应用系统递阶、长短嵌套、滚动修正的方法,有效地解决了水质水量一体化配置与调度的尺度和容量问题。首先从空间尺度上,进行系统分解和协调,将一体化模型系统分解为水质子系统和水量子系统,以断面流量和节点排水为联系纽带进行耦合,应用关联平衡方法,实现系统的整体寻优。再从时间尺度上,运用中长期的配置与短期实时的调度嵌套,以中长期配置结果作为短期实时调度的控制条件,利用新的信息,修正余留期调度方案,滚动更新面临时段的调度方案。模型具有水质水量一体化配置与调度功能,必须要解决不同时间尺度的转换问题,长短嵌套就是采取中长期配置与短期实时调度相结合,以长期调度结果作为中期调度的控制条件。

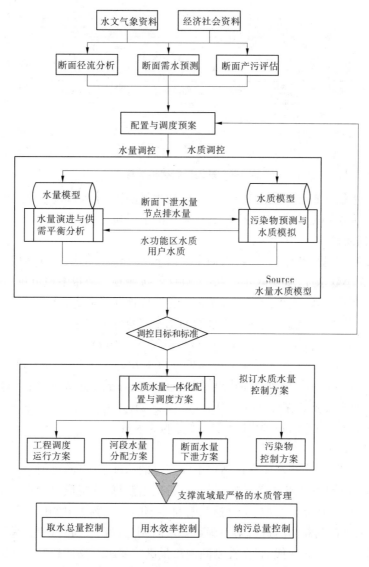

图 4-7　水质水量一体化配置与调度模型的耦合流程

IQQM 模型系统应用大系统分解协调、组合模型、决策支持系统等一系列先进的数学计算模型和决策支持手段,研究水资源预报和计划制订方法,开发水量调度和河段配水组合模型、水质模拟、反馈调整自适应控制、水量调度决策支持系统,提出河流水质水量一体化配置与调度的技术决策体系。

4.5.2　水质水量双控的模型实现

以河段流量演进和水质模拟为基础,以水库库水位控制、断面流量控制和水功能区水质控制为目标,通过水量自上而下的正向演算及自下而上的反向调控,进行水库及河段水量和污染物排放量的时空配置。水质水量一体化配置与调度模型系统双控实现的结构示意见图 4-8。

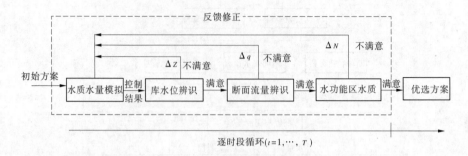

图 4-8　系统控制结构示意图

黄河水质水量配置与调度的基本方法,包括水量演进、水库调度、河段配水、水功能区水质模拟与评价和协调反馈、自适应控制。采用的手段包括:

4.5.2.1　正向演算

模型从系列初时段开始演算,根据刘家峡以下河段计划用水、区间河段加水及区间损失,初步确定龙羊峡水库、刘家峡水库初始调度线,按照预案流量下泄流量。在此条件下,模型运行正向演算模块,按正向演进方法进行逐时段逐河段演进,计算河段各个节点水量平衡,分析各个断面的流量。正向演算水库的调度库容推算采用:

$$V(t+1) = V(t) + R(t) - O(t)$$

$$V_{正}(t+1) = V_{正}(t) + I(t) - D_{正}(t) - L(t) - W_{正}(t) + Q_{正}(t) \tag{4-34}$$

式中: $V_{正}(t)$ 、 $V_{正}(t+1)$ 分别为正向演算第 t 、 $t+1$ 时段始末水库库容; $I(t)$ 、 $L(t)$ 分别为 t 时段水库天然入流量、损失水量; $D_{正}(t)$ 、 $W_{正}(t)$ 分别为正向演算河段需供水量、稀释污染物需下泄水量; $Q_{正}(t)$ 为河段可以接受的缺水量。

4.5.2.2　反向控制

在龙羊峡水库、刘家峡水库允许增加下泄流量的情况下,以满足河段用水需求和保证控制断面流量不低于生态流量为控制目标,进行反向演算,确定最小的水库下泄流量。以各河段用水计划、水功能区水质、主要控制断面(兰州、下河沿、石嘴山、头道拐等)流量要求为控制条件,当控制断面演进成果不满足要求时则自动改变龙羊峡水库和刘家峡水库下泄流量重新计算,如此迭代,直至控制断面流量满足要求。反向控制水库的调度库容推算采用:

$$V_{反}(t) = V_{反}(t+1) - I(t) + D_{反}(t) + L(t) + W_{反}(t) - Q_{反}(t) \tag{4-35}$$

式中: $V_{反}(t)$ 、 $V_{反}(t+1)$ 分别为反向控制第 t 、 $t+1$ 时段始末水库库容; $D_{反}(t)$ 、 $W_{反}(t)$ 分别为反向控制河段需供水量、稀释污染物需下泄水量; $Q_{反}(t)$ 为河段可以接受的缺水量;其他参数意义同前。

4.5.2.3　用水和排污调整

通过水功能区水质辨识、断面流量辨识、水库辨识不满意情况下首先是增加水库泄水,在无法增加龙羊峡水库、刘家峡水库下泄流量的条件下,若单一的流量不足问题则可通过适当压减邻近河段用水确保控制断面流量不低于生态流量;若水功能区水质和断面流量均不满足,可通过适当压减邻近河段用水与减少上游污染物入河的方法确保控制断面流量不低于生态流量、水功能区水质达标。

4.5.2.4　**滚动修正**

滚动修正就是逐时段更新水量预报、系统状态,并根据上时段水量结算、污染物控制情况,重新计算余留期调度方案,即对先前提出的方案进行修正,实施面临时段方案,以此滚动至调度期结束。

分析黄河上游水质水量变化之间的互动关系,以交互方式实现黄河上游的水质与水量的耦合,实现水资源配置与调度的双控目标,即以断面径流和最小环境流量控制河道取水量,以河段水功能区纳污能力控制断面纳污量。实现的模型功能如下:

(1)水库调度。根据黄河水库的功能,制订水库的运用规则,主要包括水库生态的补水调度、环境的释污调度及供水、防凌、发电等的综合调节运用方式。

(2)水资源配置与调度模拟。以断面水量和水质模型分析为基础,调用水质水量耦合模型,采用正向演算法在水量水质的总控框架内初始分配断面的水量及排污量,分析断面长系列水资源供需平衡情况及水功能区水质达标情况;对反馈的数据信息进行处理分析,采用反向修正法,调整断面水量和排污量的分配。

(3)水量水质分配。耦合水质演算和水量平衡计算成果,按照取水总量指标和水功能区水质目标,统筹提出水质水量一体化的分配方案,在此基础上提出主要城市、取水口和断面的引水量、引水过程及污染物排放过程控制方案作为调度依据。

4.5.3　一体化模型的求解

IQQM 系统水质水量一体化配置与调度模型求解采用最小费用最大流的方法,以最小费用最大流(MAXMIN 法)理论为基础,经改进后将其用于带下限的网络中进行求解,可用于各个节点的水量平衡、水质模拟计算,尤其是对于长系列多节点配置,可满足计算的快速精确性要求。最大流问题是在保证网络中每条弧线上的流量都小于其容量、每个中间点的流出量等于流入量的基础上,找出给定流网络的最大流,而最小费用最大流问题就是要求一个网络最大流,使流的费用取极小值。

传统的最小费用最大流问题网络连线下限为零,而在水质水量一体化配置与调度问题中所构成的网络均包含有下限不为零的连线,因此计算时必须将下限不为零的网络转化为下限为零的网络进行求解。水量分配通过用户的用水优先序及设在连线上的费用来执行决策者分水政策,当断面水量不足时,用水优先序高的用户、费用低的连线用水得到保证,而优先序低的用户和费用高的连线用水将受到限制。由于代表工农业需水及水库蓄水的概念连线上的费用是以供水优先序赋值,因此优先序高,即费用小的连线将优先通过流量。由此可以看出,网络模型求出的可行流不但满足水量平衡要求,而且能够通过改变优先序来反映不同的分水政策。在排污控制方面,主要通过设置排水连线的费用来实现污染物排放的控制,在断面水功能区水质不达标的情况下,排水费用高的连线排污首先受到限制,限制排污包括两种方法:一是从用户源头控制取水;二是从末端控制排污。

根据上述水质水量一体化配置与调度实现的控制目标,模型求解步骤如下:

(1)确定模型的计算参数。包括兰州断面防凌约束最大、最小值,主要断面的控制流量,水库、引水工程的主要参数,水功能区水质控制目标,上游梯级最小出力,作为模型基本输入。

（2）水量模型的水库正向计算。按照式（4-4）计算各节点缺水量。根据来水信息和用水计划，考虑水量传播和水量损失，用式（4-13）～式（4-18）分别求出龙羊峡、刘家峡水库的补水下限。

（3）采用式（4-33）模拟污染物质在河道内迁移转，计算不同断面区间的水功能区水质浓度，分析水功能区水质与目标水质的差别，按照水质模型的优化思路将信息反馈到水库调度模块。

（4）应用式（4-9），结合防凌、供水、水环境等计算龙羊峡、刘家峡水库的放水约束上、下限。

$$QRcmin(m,t) = \max\{Qbu(m,t), QFmin(m,t), QDmin(m,t)\}$$
$$QRcmax(m,t) = \min\{QFmax(m,t), QDmax(m,t)\} \tag{4-36}$$

式中：$QFmin(m,t)$、$QFmax(m,t)$ 分别为 m 水库 t 时段为满足防凌约束的最小、最大放水；$QDmin(m,t)$、$QDmax(m,t)$ 分别为发电的最小放水（按单机计算）和最大发电放水（按最大过机流量）。

（5）推求各水库初始调度线。

$$QRc(m,t) = \min\{QRcmin(m,t), QRcmax(m,t)\} \tag{4-37}$$

由上式计算得出的水库初始调度线能够满足供水和防凌目标。

（6）水库仿真计算。由上游水库到下游水库，计算各水库初始调度线对应的水库库容和出力，如下式所示：

$$V(m,t+1) = V(m,t) + \{QRc(m-1,t) + \sum_{k(m-1)+1}^{k(m)}[QR(i,t) - QG(i,t) - QL(i,t)] - QRc(m,t)\} \times \Delta t$$
$$N(n,t) = k(n) \times QD(n,t) \times H(n,t) \tag{4-38}$$
$$NSUM(t) = \sum_{n=1}^{7} N(n,t) \tag{4-39}$$

式中：$NSUM(t)$ 为上游梯级出力。

（7）在线辨识反馈。以水库调度为核心，水质水量模型中加入了三层辨识反馈结构，即库水位辨识（识别水库的水位是否在区间运行）、断面流量辨识（断面的流量是否满足）、出力辨识，如图4-9所示。每一层都包含一个辨识被测量和一个反馈量，通过对被测量仿真输出和期望输出的辨识，反馈相应的修正量，然后重新进行仿真，直到满足给定允许误差要求为止。

● 库水位辨识。判断水库水位是否满足约束式（4-36）。

如果水库水位大于最大值，则加大放水。

若刘家峡水库水位小于最低值，即 $Z(2,t) < Zmin(2,t)$，说明刘家峡水库下游补水量过大，此时段需要龙羊峡水库加大补水 $QRc(1,t) = QRc(1,t) + \Delta Q$，来满足刘家峡水库与河口镇之间的用水需求及河口镇断面下泄的水量。

若龙羊峡水库水位 $Z(1,t) < Zmin(1,t)$ 或龙羊峡水库加大补水后使刘家峡水库放水 $QRc(2,t) > QRcmax(2,t)$，说明用水不能满足下游用水，这时需要对供水进行打折。

● 断面流量辨识。如果河口镇断面流量小于设定的河口镇补水约束，那么需要上游水库放水来满足断面流量约束。

●水功能区水质辨识。如果水功能区水质浓度高于控制目标要求：$\varphi(G_{jt}) > C_{ob}$，那么模型自动反馈，由龙羊峡、刘家峡水库补水，在龙羊峡、刘家峡水库水位不能满足补水要求的时段，可通过控制上游断面用水或削减上游废污水排放的途径最终实现断面水质目标。

断面水质水量一体化模型控制流程见图4-9。

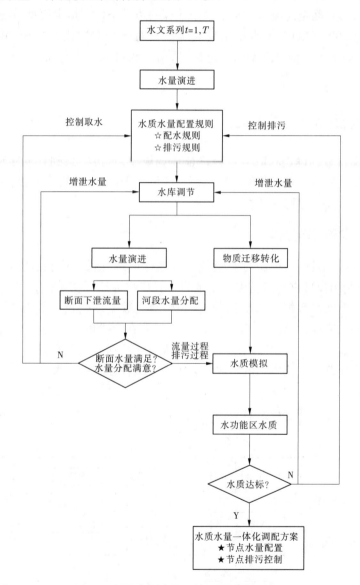

图4-9 断面水质水量一体化模型控制流程

第 5 章　模型参数率定和验证

在调查统计和室内分析的基础上,总结兰州—河口镇河段的取水、排水、点源排污、面源污染物入河规律,确定河段水质水量模型计算的边界条件。拟定模型系统的水质、水量模型参数,采用 2001~2007 年水质水量监测数据对模型参数进行率定,并利用 2008~2010 年实测水质水量数据对模型的稳定性、适用性和可靠性进行验证,结果表明模型模拟效果良好。

5.1　模型参数率定方法

IQQM 模型参数的确定和取值是否符合客观规律,直接关系到计算结果的准确性和合理性,反映建立的模型是否能够适用于研究区域。因此,参数的确定和取值是水量水质一体化模拟控制计算中最为关键的一步。

5.1.1　模型参数率定流程

模型参数率定的过程,也就是对模型参数进行识别、估值、检验、调整反复试验的过程,见图 5-1。利用模型进行模型参数率定的一般步骤为选择初始值,然后利用模型进行模拟,将模拟值与实测数据进行对比分析,如果两组数据差别较大则需要进行参数的调整,再进行模型的率定,直到获得满意的结果或误差在合理的范围为止,将获得的一组参数作为率定结果。对于参数校核,由于模型方程为一系列非线性方程,参数空间可能存在局部极小点,应用基于优化思想的经典参数识别方法往往难度较大,因此在参数校核过程中多使用试算法。

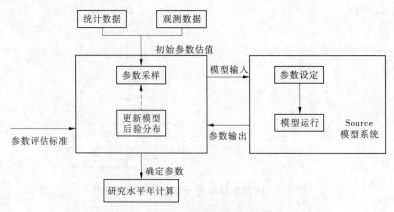

图 5-1　IQQM 系统模型参数率定流程

通过对 IQQM 水质水量模型手册资料、已有的相关研究及水质水量一体化模型理论专著等文献、资料的研究,确定模型参数的选取范围,即确定参数的先验分布信息。然后通过传统的参数选取方法,人工调整参数,使模型的模拟值达到一定的合理范围。模型的率定有多种方法,IQQM 模型内部参数率定具有自动率定和人工率定两种方式。自动率定是采用最小二乘法原理,按照优化思路求解参数;人工率定则主要依据模型调试人员的经验进行参数调整。

建立的黄河兰州—河口镇河段水质水量一体化模型参数率定由人工和计算机联合搜索,水量与水质参数分离率定,采用试算法进行模型参数优选。试算法具有简单可靠的优点,不足之处在于计算工作量大,但在可以承受的范围内。具体方法是:利用试估的方法,结合实际测定的参数初步估算,根据实测结果与模拟结果拟合情况进行粗调,缩小参数取值的范围;将其余各参数固定在初始值,对某一参数在其所有可能的变化范围内进行调算,得到满意解后,对其余各参数按照此法依次进行调算,所有参数求出后,然后利用最优化的方法再重复循环以进行微调,直到最终求得的参数值为最优或近似最优为止(使各指标计算值与实测值之间误差最小)。

5.1.2 模型参数率定效果评估

模型参数率定选取相关性系数 R^2、确定性效率 Nash – Sutcliffe 系数 Ens、相对误差 RE 三个指标评价率定效果。

(1)相关性系数 R^2:

$$R^2 = \frac{\left[\sum_i (Q_{sim,i} - \overline{Q}_{sim})(Q_{obs,i} - \overline{Q}_{obs}) \right]^2}{\sum_i (Q_{sim,i} - \overline{Q}_{sim})^2 \sum_i (Q_{obs,i} - \overline{Q}_{obs})^2} \tag{5-1}$$

式中:Q_{obs} 为实测值;Q_{sim} 为模拟值;$\overline{Q}_{obs}$ 为平均实测值;$\overline{Q}_{sim}$ 为平均模拟值;i 为模拟序列长度。

R^2 越接近于 1,说明模拟值越接近于实测值,通常取 $R^2 > 0.6$ 作为模拟值与实测值相关程度的评价标准。

(2)Nash – Sutcliffe 系数 Ens:

$$Ens = 1 - \frac{\sum_{i=1}^{n} (Q_{obs,i} - Q_{sim,i})^2}{\sum_{i=1}^{n} (Q_{obs,i} - \overline{Q}_{obs})^2} \tag{5-2}$$

当 $Q_{sim} = Q_{obs}$ 时,$Ens = 1$;如果 Ens 为负值,说明模型模拟平均值比直接使用实测平均值的可信度较低。Ens 的值越接近 1,说明模型模拟效果越好。

(3)相对误差 RE:

$$RE = \left(\frac{Q_{sim,i}}{Q_{obs,i}} - 1 \right) \times 100\% \tag{5-3}$$

在模型参数率定中可采用平均相对误差、最大相对误差、最小相对误差来对模型参数的率定效果进行评价。

IQQM 模型参数率定主要包括两类参数:第一类是水量模型参数,是指影响水流传播演进的基本参数;第二类是水质模型参数,是指影响污染物在河道的迁移、转化的基本参数。除这两类基本参数外,IQQM 模型还需要明确设定一些模拟计算的边界条件,主要有需水荷载设定(设定各节点的用水需求、取水能力)、供排关系设定(设定供水和排水之间的关系)、污染负荷设定(设定模拟水体的点源或非点源污染负荷)、初始条件设定(设定水体内各单元体的初始浓度等)、与时间相关的边界(设定与时间变化相关的函数,如温度等)。

模型参数率定:按照 IQQM 模型手册和参考已有的研究成果,以近 10 年(2001~2010年)兰州—河口镇区间统计的取水调查、排污调查、流速流量关系、主要断面的水利特征及水文气象作为模型的边界,用 2001~2007 年水量和水质数据代入模型进行模型参数的拟合,率定模型主要参数。为进一步验证模型的精度、适用性和可靠性,输入模型计算的边界,采用率定的模型参数,用 2008~2010 年黄河兰州—河口镇区间的实测数据对模型进行验证。模型参数率定校正的准则包括:①模拟值与实测值误差尽可能小;②Nash - Sutcliffe效率尽可能大;③模拟值与实测值的相关系数尽可能大。

5.2 河段规律分析

IQQM 系统边界流量设置可以选择不同的类型,设置起始断面位置,以输入日期、时间和流量数据,污染负荷设置可以进行河段污染物量的输入,可以设置排放方式为连续排放或间歇排放,同时还需要比例因子和转换因子。

5.2.1 河段取水规律

调查统计 2001~2010 年兰州—河口镇河段主要取水口的取用水情况,并分析变化特征和规律。据统计,2001~2010 年兰州—河口镇断面年均取用地表水量 152.80 亿 m³,其中生活取用地表水量 2.46 亿 m³,工业取用地表水量 8.86 亿 m³,农业取用地表水量139.93 亿 m³,生态环境取用地表水 1.55 亿 m³。

现场调查、收集黄河兰州—河口镇区间 23 个主要地表水取水口的取水资料,2001~2010 年取水总量为 131.39 亿 m³,占河段地表总取用水总量的 86%。兰州—河口镇断面主要取水口(年均取水量超过 1.0 亿 m³)情况见表 5-1。

表 5-1　兰州—河口镇断面主要取水口情况

取水口名称	所在河段	所属市级行政区	设计取水能力(m³/s)	现状供水能力(m³/s)	供水对象	2001~2010 年年均取水量(亿 m³)	2010 年取水许可批准年取水量(亿 m³)
景电二期提水工程	兰州—下河沿	景泰县	18		农田灌溉和生态	2.22	3.18
美利渠	兰州—下河沿	中卫市	65	45	中卫沙坡头灌区农田灌溉和人饮	4.61	4.50

续表 5-1

取水口名称	所在河段	所属市级行政区	设计取水能力（m³/s）	现状供水能力（m³/s）	供水对象	2001～2010年年均取水量（亿 m³）	2010 年取水许可批准年取水量（亿 m³）
跃进渠	下河沿—石嘴山	中卫市	23	15.7	跃进渠灌区农田灌溉和人饮	2.19	2.50
七星渠	下河沿—石嘴山	中卫市	61	58	卫宁灌区的河南灌区农田灌溉和人饮	6.64	8.50
固海扬水泉眼山泵站	下河沿—石嘴山	中卫市	20		宁夏固海灌区农田灌溉和人饮	2.27	2.95
东干渠	下河沿—石嘴山	银川市、石嘴山市、吴忠市	45		河东灌区农田灌溉和人饮	4.08	5.00
河东总干渠	下河沿—石嘴山	银川市、石嘴山市、吴忠市	115	100	河东灌区农田灌溉和人饮	7.75	8.00
河西总干渠	下河沿—石嘴山	银川市、石嘴山市、吴忠市	450		河西灌区农田灌溉和人饮，兼顾生态	30.54	42.00
南岸灌区进水闸	石嘴山—头道拐	鄂尔多斯市	75	45	农田灌溉	2.67	3.93
北总干渠进水闸	石嘴山—头道拐	巴彦淖尔市	565	510	农田灌溉和生态	52.29	43.20
沈乌干渠进水闸	石嘴山—头道拐	巴彦淖尔市	80	50	农田灌溉	5.34	4.50
包钢水源地取水口	石嘴山—头道拐	包头市	10.32		工业	1.06	1.20
镫口扬水站	石嘴山—头道拐	包头市	70		农田灌溉	1.98	2.60

兰州—河口镇区间主要取水口 2001～2010 年地表水取用水过程见图 5-2～图 5-14。

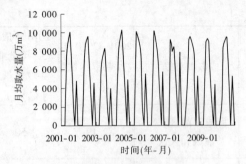

图 5-2　美利渠

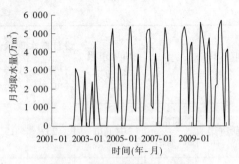

图 5-3　景电二期提水工程

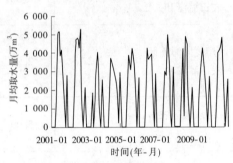

图 5-4　跃进渠

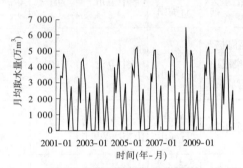

图 5-5　固海扬水泉眼山泵站

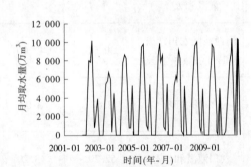

图 5-6　东干渠

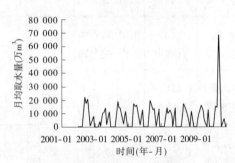

图 5-7　河东总干渠

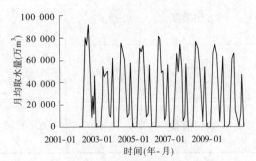

图 5-8　河西总干渠

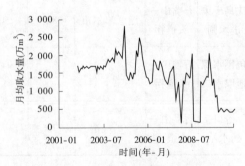

图 5-9　河心泵房、石嘴山供水公司

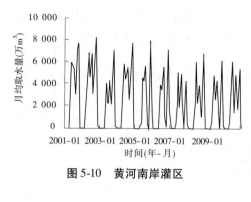

图 5-10　黄河南岸灌区

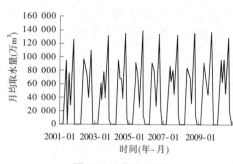

图 5-11　北总干渠

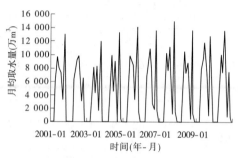

图 5-12　沈乌干渠

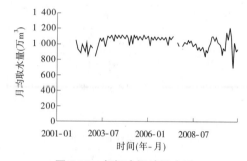

图 5-13　包钢水源地取水口

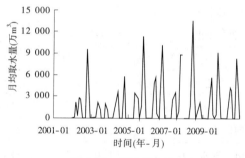

图 5-14　镫口扬水站

　　从图 5-2 ~ 图 5-14 分析河段取水规律,近 10 年兰州—河口镇河段年取用水总量相对稳定,基本维持在 150 亿 m³ 左右。从河段用水来看,河段取水以农业灌溉为主,占总取水量的 75% 以上,农业灌溉受降水、蒸发等气象因素及水量统一调度影响,年际波动幅度较大,近年来有减少态势;生活工业取用水量稳定、总用水量有增加趋势。从取水量的年内过程变化分析,工业、生活取水年内过程相对均匀,变化不大;农业取水受季节性的降水、蒸发等气象因素影响年内变化大,农业取水主要集中在每年的 5 ~ 8 月,占全年取水量的 70% 。

5.2.2　河段排水规律

　　调查统计 2001 ~ 2010 年的 10 年间兰州—河口镇河段主要取水口的取水量、退水量,绘制用水—排水关系曲线,建立工业用水量与排水量之间的关系,确定区域宏观排水系数,作为确定各控制单元系数的基础。兰州—河口镇断面主要取水口取水—排水量见表5-2。

表5-2　兰州—河口镇区间主要取水口取水量及排水量统计　　（单位:万 m³）

河段	取水工程名称	取水量	排水量	耗水量	排水系数	耗水系数
兰州— 下河沿	动力厂二水源	2 673	85	2 588	0.03	0.97
	虎头嘴取水口	4 951		4 951	0.00	1.00
	景电二期提水工程	26 045		26 045	0.00	1.00
	美利渠	43 807	15 825	27 982	0.36	0.64
	李井滩扬水灌溉工程	2 549		2 549	0.00	1.00
	河段小计	80 025	15 910	64 115	0.20	0.80
下河沿— 石嘴山	跃进渠	20 917	10 000	10 917	0.48	0.52
	七星渠	73 440	31 300	42 140	0.43	0.57
	扶贫泉眼山黄河泵站	21 919				
	固海扬水泉眼山泵站	22 566		22 566	0.00	1.00
	东干渠	43 101	50 375	73 083	0.41	0.59
	河东总干渠	80 357				
	河西总干渠	352 992	130 850	222 142	0.37	0.63
	石嘴山第一发电有限公司河心泵房	13 617	11 938	1 679	0.88	0.12
	石嘴山发电有限责任公司核心泵房	1 975		1 650	0.00	1.00
	石嘴山供排水公司泵房	1 460		1 460	0.00	1.00
	河段小计	632 344	234 463	375 637	0.37	0.63
石嘴山— 河口镇	鄂绒电厂取水泵房	1 076		1 076	0.00	1.00
	南岸干渠进水闸	22 412	3 828	18 584	0.17	0.83
	沈乌干渠进水闸	56 472	8 471	48 001	0.15	0.85
	北总干渠进水闸	545 844	18 540	360 804	0.03	0.97
	包钢水源地取水口	12 987	3 690	9 310	0.28	0.72
	包头—达拉特旗黄河取水工程	3 107	1 260	2 140	0.41	0.59
	镫口净水厂取水泵房	1 482	118	1 364	0.08	0.92
	画匠营子岸边取水泵房	6 976		6 976	0.00	1.00
	镫口电力扬水站	23 516		23 516	0.00	1.00
	河段小计	673 872	35 907	471 771	0.05	0.95

根据 2001~2010 年兰州—河口镇河段取水量及排水量统计分析,近 10 年河段取水量基本稳定,但随节水技术和废污水的处理再利用的推进,排水量呈减少趋势。从河段排水来看,兰州—下河沿区间排水系数为 0.2,下河沿至石嘴山区间排水系数为 0.37,石嘴山—河口镇区间排水系数为 0.05。从分行业的排水情况来看,兰州—河口镇河段工业排水系数一般为 0.3~0.5,其中新兴能源化工工业排水系数在 0.1 左右,传统加工工业的排水系数为 0.4~0.5;农业排水系数受引水和排水条件的限制,排水系数差别较大,分区间来看宁夏农业排水系数较高,为 0.40,内蒙古排水系数为 0.2,甘肃排水系数较低,为0.1。

5.2.3　河段点源排污规律

统计近 10 年工业用水量和排水量数据,绘制用水—排水关系曲线,建立工业用水量与排水量之间的线性关系,确定区域宏观排水系数,作为确定各控制单元系数的基础。考虑各典型工业行业污染物排放系数(单位物料投入的污染物排放)和清洁生产水平,估算工业污染源的排放系数。

2001~2010 年,黄河兰州—河口镇河段废污水年均排放量 7.7 亿 t(不包括火电直流冷却水),占黄河流域废污水排放量的 18.1%;COD 排放量 42.95 万 t,占黄河流域 COD排放量的 31.6%;氨氮排放量 3.14 万 t,占黄河流域氨氮排放量的 24.0%。因此,尽管兰州—河口镇河段废污水排放量占黄河流域废污水排放量比重不大,但 COD 及氨氮对黄河流域的污染物排放量贡献比较大。

通过对近 10 年黄河兰州—河口镇主要断面和排污口水质监测数据分析表明:各监测断面水质污染情况枯水期>平水期>丰水期;各河段主要污染物为 COD 和氨氮,综合各水期水质状况来看,兰州入境断面水质良好,符合Ⅱ类水质标准,下河沿、石嘴山、头道拐断面水质达到Ⅳ类,区间的主要支流清水河、苦水河、祖厉河、都思兔河、昆都仑河水质较差,多数时间为Ⅴ类水质。

调查统计 2003~2010 年黄河兰州—河口镇河段及主要支流的污染源总共 83 个,其中入河排污口 63 个,农灌退水沟 10 条,支流 10 条,各污染源情况见附表 1。根据水质模拟需要,利用上述部分污染源的分析,根据各点源污染源的排放位置及各个汇水区域的污染量进行分析,从而获得各主要河段的点源污染与非点源污染的入河量。黄河兰州—河口镇河段主要污染源情况见表 5-3。

(1)兰州油污干管是兰州石油冶炼厂的排污口,年均排污水流量为 1.20 m³/s,年废污水排放量为 3 784 万 t,主要污染物为 COD、氨氮和石油类,排污口主要污染物 COD 和氨氮排放均超标,见图 5-15。从近 10 年污染物排放浓度变化来看,COD 排放浓度有所下降。

(2)东大沟是白银市的排污口,主要为工业污水,年均排污水流量为 0.94 m³/s,年废污水排放量为 2 964 万 t,主要污染物为 COD、氨氮,主要污染物 COD 和氨氮排放均超标,见图 5-16。从近 10 年污染物排放浓度变化来看,COD 排放浓度有所下降。

表 5-3　黄河兰州—河口镇河段主要污染源情况

序号	排污口名称	入黄岸别		地理位置	排放类型		排放方式			污水性质					排入河段所属水功能区
		左岸	右岸	河段位置	常年	间断	暗管	明流	泵站	工业	生活	工业为主混合	生活为主混合	农灌退水	
1	油污干管		√	包兰桥上1 400 m	√		√			√					兰州排污控制区
2	东大沟	√		白银四龙乡四龙口	√							√			靖远渔业工业用水区
3	宛川河		√	甘肃省榆中县	√			√				√			兰州过渡区
4	祖厉河		√	甘肃省靖远县		√		√				√			靖远渔业工业用水区
5	中卫第一排水沟	√		宁夏中卫市胜金关北	√			√				√			青铜峡饮用农业用水区
6	金南干沟		√	宁夏灵武枣园乡	√			√					√		吴忠排污控制区
7	银新沟		√	宁夏贺兰县京星农场	√			√					√		陶乐农业用水区
8	第五排水沟	√		宁夏惠农区园艺镇				√					√		黄河宁蒙缓冲区
9	昆都仑河	√		包头市全巴图乡三艮才村				√					√		包头昆都仑排污控制区
10	西河槽	√		包头市九原区毛凤章营村	√			√					√	√	包头东河饮用工业用水区
11	东河槽	√		包头市河东乡河东村				√					√	√	
12	乌梁素海总排干	√			√			√					√		

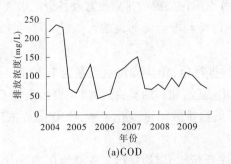

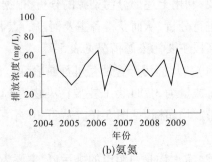

图 5-15　油污干管污染物排放量监测

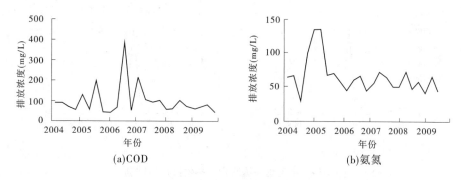

图 5-16　东大沟污染物排放量监测

（3）宛川河流经甘肃省榆中县，是黄河支流，属季节性河流，年径流量 7 802 万 m³。由于工业发展、生活用水增加及近年来降水量减少等因素影响，因此宛川河近年来径流量减少，河流水质恶化，氨氮排放浓度显著升高，见图 5-17。

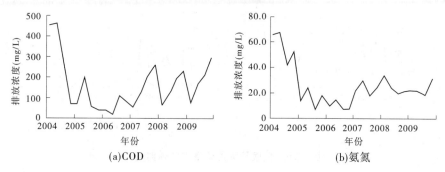

图 5-17　宛川河污染物排放量监测

（4）祖厉河是黄河兰州—河口镇河段的主要支流之一，流经甘肃省的定西和白银两市，污染源主要为城镇排污及流域的面源，水量主要集中于汛期，汛期水质相对较好，枯水期水量少。据近 10 年监测数据分析，祖厉河污染物浓度在增加，见图 5-18。

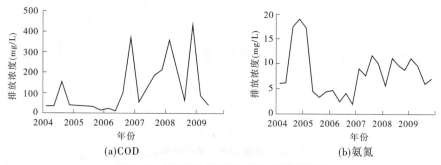

图 5-18　祖厉河（靖远）污染物排放量监测

（5）中卫第一排水沟是中卫市的主要点源排污口，排放的主要是工业污水，年均排污水流量 3.50 m³/s，年废污水排放量为 1.10 亿 t，主要污染物为 COD、氨氮，见图 5-19。

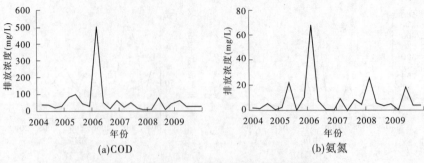

图 5-19　中卫第一排水沟污染物排放量监测

（6）金南干沟是吴忠市主要排污口，年均废污水排放流量 0.21 m³/s，年废污水排放量为 660 万 t，主要污染物为 COD、氨氮，见图 5-20。从 2001～2010 年废污水排放的监测来看，主要污染物 COD、氨氮排放均超标严重。

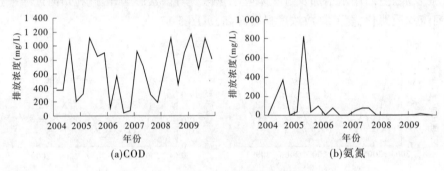

图 5-20　金南干沟污染物排放量监测

（7）银新沟是银川市主要的排污口之一，年均废污水排放流量 2.48 m³/s，年废污水排放量为 7 821 万 t。从 2001～2010 年废污水排放的监测来看，主要污染物 COD、氨氮排放均超标，见图 5-21。

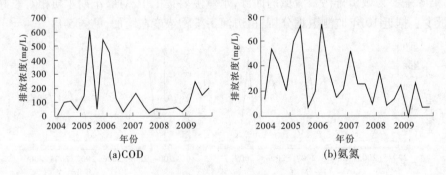

图 5-21　银新沟污染物排放量监测

（8）第五排水沟是银川市主要排污口，年均废污水排放流量 2.48 m³/s，年废污水排放量为 7 821 万 t。从 2001～2010 年废污水排放的监测来看，主要污染物 COD、氨氮排放均超标，见图 5-22。

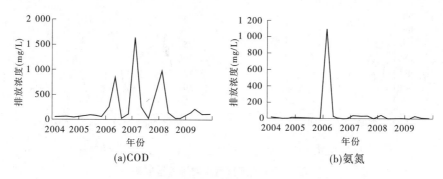

图 5-22　第五排水沟污染物排放量监测

（9）昆都仑河是包头市钢铁厂的主要排污口,年均废污水排放流量 1.16 m³/s,年废污水排放量为 3 658 万 t。从 2001~2010 年废污水排放的监测来看,主要污染物 COD 排放超标,见图 5-23。

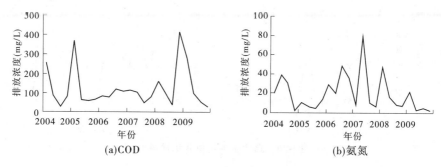

图 5-23　昆都仑河污染物排放量监测

（10）东、西河槽是包头市的主要排污口,排放的主要是工业废污水及农业灌溉的退水。东河槽年均废污水排放流量 0.58 m³/s,年废污水排放量为 1 829 万 t;西河槽年均废污水排放流量 0.86 m³/s,年废污水排放量为 2 712 万 t。从 2001~2010 年废污水排放的监测来看,东、西河槽主要污染物 COD、氨氮排放均超标,见图 5-24、图 5-25。

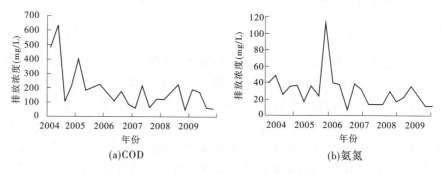

图 5-24　东河槽污染物排放量监测

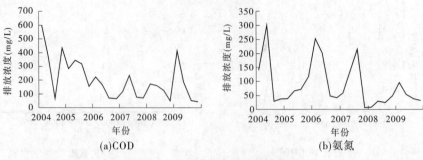

图 5-25　西河槽污染物排放量监测

（11）乌梁素海是内蒙古河套灌区的主要退水口，近年来成为巴彦淖尔市工业城市废污水的排污口，受农业排水影响年均废污水排放量变动较大，年均排水流量 5.0 m³/s，年废污水排放量为 1.58 亿 t（包括农业灌溉退水），主要污染物为 COD、氨氮，见图 5-26。

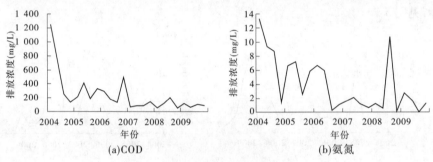

图 5-26　乌梁素海污染物排放量监测

根据 2001~2010 年调查的用水和排污监测数据，分析主要排污口的废污水排放规律。黄河兰州—河口镇河段主要排污口 2001~2010 年 10 年间的废污水排放量和排放浓度年内、年际均存在较大的波动性，从排放浓度来看，主要城市和工业园区污染物排放浓度偏高，未达到达标排放要求，COD 浓度多为 100~300 mg/L，氨氮的排放浓度在不同排污口变化明显。从污染物浓度变化来看，枯水时段污染物浓度高于丰水时段，近 3 年部分排污口污染物浓度有所下降。

5.2.4　面源污染物入河规律

面源污染是指污染物从非特定的地点，受降水（或融雪）冲刷作用及农业灌溉排水，随径流汇入受纳水体（包括河流、湖泊、水库等）并引起水体污染，主要分为城市和农业面源污染。城市面源污染指在降水条件下，城市大气、地面污染物随地面径流进入受纳水体而引起的环境问题；农业面源污染是农业生产过程中对农用化学物质不合理使用、畜牧业过度养殖和农村生活污水等引起受纳水体水质变化的环境问题。两类面源污染均在兰州—河口镇河段广泛存在，农业面源污染问题尤为突出。研究对面源污染物中具有代表性的 COD、氨氮进行分析。

5.2.4.1　农田排水

农田排水污染主要是由农田肥料和农药流失所引起的污染，其主要影响因素有降水强度、降水量、化肥及农药施用情况等。化肥的施用主要为氮肥、磷肥和复合肥,常见的氮肥有碳酸氢铵和尿素等,磷肥主要有过磷酸钙等,复合肥主要有磷二铵等。黄河上游地区化肥施用量按氮肥 30 kg/亩、磷肥 35 kg/亩、复合肥 35 kg/亩计。

COD 转化量按化肥流失量折算:

$$COD = 氮肥有效成分 \times 80\% \times 10\%$$

$$氨氮 = 氮肥有效成分 \times 20\% \times 10\%$$

化肥入河量按流失量的 50% 估算。

农药施用量按 0.3 kg/亩计,有机氯按农药施用量的 2.5%、有机磷按农药施用量的 2.8% 估算。农药流失量按农药有效成分的 20% 左右估算,入河量按流失量的 30% ~ 50% 计算。

根据调查统计,兰州—河口镇区间现状灌溉面积,氮肥、磷肥和复合肥的施用量分别为 200.71 万 t、234.15 万 t 和 234.15 万 t,农药施用 2.01 万 t,估算主要污染物 COD、氨氮的入河量分别为 23.91 万 t 和 1.81 万 t。农业排水主要污染物入河量见表 5-4。

表 5-4 农业排水主要污染物入河量　　　　　　　　　(单位:万 t)

区间	化肥施用量			污染物入河量	
	氮肥	磷肥	复合肥	COD	氨氮
兰州—下河沿	19.73	23.01	23.01	0.78	0.14
下河沿—石嘴山	54.23	63.26	63.26	16.35	1.16
石嘴山—河口镇	126.75	147.88	147.88	6.78	0.51
合计	200.71	234.15	234.15	23.91	1.81

5.2.4.2　农村生活

农村生活污水排放到村落沟渠中,污染物在沟渠中大量累积,同时村落地表累积大量固体废弃物,包括农作物秸秆和生活废弃物。在降水径流的冲刷作用下,这些污染物大多进入河流沟渠系统向受纳水体运移。

根据农村生活污水产生量和污水污染物中 COD、氨氮的排放浓度计算污染物的年产生量。考虑到兰州—河口镇区间属干旱缺水地区,农村人均用水量按 50 L/(人·d)计,按用水量的 60% 估算农村生活污水产生量,污水中污染物平均排放浓度按 COD 250 ~ 350 mg/L、氨氮 10 ~ 20 mg/L 估算;农村固体废弃物中农作物秸秆量估算是根据耕地面积、作物种植面积、各类作物种类等有关资料,在考虑农作物秸秆用途的前提下计算其产生量;农村固体废弃物中生活垃圾按 1.0 kg/(人·d)计,所含污染物比例按 COD 0.25%、氨氮 0.021% 估算。

由于兰州—河口镇河段地处西北地区,气候干燥、蒸发量大,河流水系相对较少,农村生活污染物质很难直接进入河流,仅少量污染物在降水时随径流入河,因此对于排水和排污按 0 估算。

5.2.4.3 分散式畜禽养殖

畜禽养殖业除集约化、规模化养殖场和养殖区外,还包括大量的分散式养殖。计算时,按《畜禽养殖业污染物排放标准》(GB 18596—2001)确定规模,规模以下的养殖为分散式养殖。按照产污对象,分散式畜禽养殖种类可分为大牲畜、小牲畜和家禽三大类。

根据典型调查资料,统计当地农村家庭畜禽养殖种类和数量,考虑畜禽污染物排泄系数和畜禽粪便处理利用状况,根据畜禽粪便中的污染物含量估算畜禽养殖污染物流失量。考虑当地下垫面条件和降水径流情况,畜禽粪便中的污染物入河量以流失量的3%估算。

5.2.4.4 支流径流污染物

降雨径流引起水土流失,其中所携带的大量吸附态污染物对水体产生污染。根据当地气候因素(包括年降水量、强降水频次、气温、蒸发量等)和下垫面条件(包括地面坡降、岩土类型、植被状况、水保措施等),在调查 2001～2010 年土地利用状况基础上,采用两种方法估算年污染物负荷量:①根据水土流失污染物负荷估算公式计算水土流失量及其所携带的污染物量;②根据河流实测的污染物浓度推算,公式为:

$$W_i = R \times C \tag{5-4}$$

式中:W_i 为污染物入河量,万 t;C 为天然径流的污染物浓度,mg/L。

根据各主要支流及断面径流水资源状况,统计分析河流径流携带的污染物入河量 COD 为 6.85 万 t、氨氮为 0.52 万 t,从区间分布来看主要在石嘴山—河口镇河段,入河污染物 COD 占区间总量的 72.6%、氨氮占 75.0%。兰州—河口镇区间河流携带污染物入河量见表 5-5。

表 5-5　兰州—河口镇区间支流污染物入河量

河段	天然径流量 (亿 m³)	天然径流污染物质浓度 (mg/L)		污染物入河量 (万 t)	
		COD	氨氮	COD	氨氮
兰州—下河沿	2.53	35	2.1	0.89	0.05
下河沿—石嘴山	2.21	45	3.5	0.99	0.08
石嘴山—河口镇	11.05	45	3.5	4.97	0.39
合计	15.79			6.85	0.52

5.2.5　河段水力特征

黄河兰州—河口镇河段,河流形态不断发生变化,黄河进入兰州之后河道渐宽,经白银进入黑山峡峡谷河段,出黑山峡进入下河沿,进入宁夏河套平原属宽浅型的平原河道。黄河兰州—河口镇河段河道基本特征见表 5-6,河段主要水文断面水力特征见表 5-7。

表 5-6 兰州—河口镇河段河道基本特征表

河段	河型	河长 （km）	平均河宽 （m）	主槽宽 （m）	比降 （‰）	弯曲率
兰州—南长滩	峡谷型	289.9	320	300	0.56	1.55
南长滩—下河沿	峡谷型	62.7	200	200	0.87	1.8
下河沿—白马	非稳定分汊型	82.6	915	520	0.80	1.16
青铜峡库区	库区	40.9	—			
青铜峡—石嘴山	游荡型	194.6	3 000	650	0.18	1.23
石嘴山—旧镫口	峡谷型	86.4	400	400	0.56	1.5
三盛公库区	过渡型	54.2	2 000	1 000	0.15	1.31
巴彦高勒—三湖河口	游荡型	221.1	3 500	750	0.17	1.28
三湖河口—昭君坟	过渡型	126.4	4 000	710	0.12	1.45
昭君坟—头道拐	弯曲型	184.1	上段 3 000 下段 2 000	600	0.10	1.42
合计	—	1 342.9	—	—	—	—

根据水力学连续方程可知，流量 Q 与流速 v 之间成非线性的正比关系，流速越大，流量也越大。在天然河道里，观测的流量与流速在总体上也能体现出上述关系，但由于受河道地形地貌、地质条件、河床比降及河床冲淤等方面的影响，同一断面同一流量流速可能不同，不同断面同一流量流速大小也可能不同，故表现出流量与流速不同的相关关系。总的来说，河床冲淤变化越小，形态越稳定的断面，流量与流速的相关性越好；河床冲淤变化大，形态越不稳定的断面，流量与流速的相关性越差。为建立兰州—河口镇河段流速与流量的关系，收集 2001～2010 年区间主要断面实测径流资料，研究表明黄河流域流速和流量之间存在如下关系：

$$v = b + aQ^c \tag{5-5}$$

式中：v 为河段的水流速度；Q 为断面流量；a、b、c 为流量—流速关系参数，不同断面具有不同的参数值。

表 5-7 兰州—河口镇河段主要水文断面水力特征

断面名称	平均流速（m³/s）	平均宽度（m）	平均水深（m）
兰州断面	1.80	199	2.45
包兰桥断面	1.98	211	2.08
水川吊桥断面	1.85	218	2.13
安宁度断面	1.91	169	2.63
下河沿断面	1.37	196	3.01

续表 5-7

断面名称	平均流速(m³/s)	平均宽度(m)	平均水深(m)
青铜峡断面	1.16	332	1.98
银川公路断面	1.09	340	1.95
陶乐渡口断面	1.02	368	1.68
石嘴山断面	1.29	243	2.12
三盛公断面	0.71	269	3.31
巴彦高勒断面	0.80	333	1.8
三湖河口断面	0.93	255	2.29
画匠营断面	0.71	300	2.45
镫口断面	0.68	326	2.14
头道拐断面	0.77	354	1.71

从黄河干流兰州—头道拐河段主要控制断面的流量与流速关系图上看,峡谷性河道的断面流量与流速相关性较好,如兰州断面(见图 5-27)、安宁渡断面(见图 5-28);平原性河道的断面流量与流速相关性较差,如巴彦高勒断面(见图 5-31)、三湖河口断面(见图 5-32)。由于受河道比降等因素的影响,同样流量下峡谷性河道断面的流速一般大于平原性河道断面的流速。流量为 1 500 m³/s 时,兰州断面和安宁渡断面的平均流速在 2.3 m/s 左右;而巴彦高勒断面、三湖河口断面的平均流速在 1.7 m/s 左右,明显小于兰州断面和安宁渡断面的流速。

对天然河道而言,随着河道流量的逐渐增大,流速也逐渐增大,但增大的幅度趋于减弱,当流量增大到一定级别时,流速可能趋于稳定。冲击性河道往往有复式的断面形态,有主槽有滩地,洪水满槽时(水位与滩面齐平)一般断面的平均流速达到最大,漫滩后由于过水面积急剧增大,断面平均流速几乎不增大,如三湖河口断面的流量与流速关系(见图 5-32)就表现出了这样一个特点。

黄河兰州—河口镇河段流量与平均流速之间的关系拟合曲线见图 5-27 ~ 图 5-34。

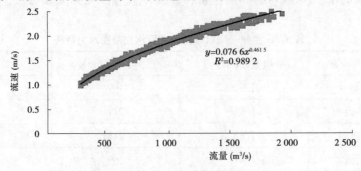

$$y = 0.076\,6x^{0.461\,5}$$
$$R^2 = 0.989\,2$$

图 5-27　兰州断面流量与平均流速关系

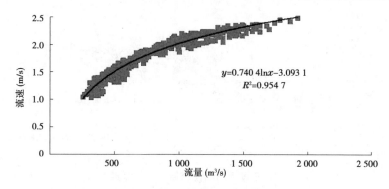

图 5-28 安宁渡断面流量与平均流速关系

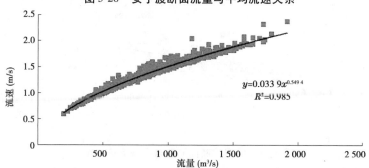

图 5-29 下河沿断面流量与平均流速关系

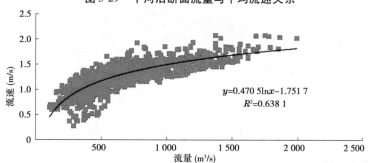

图 5-30 石嘴山断面流量与平均流速关系

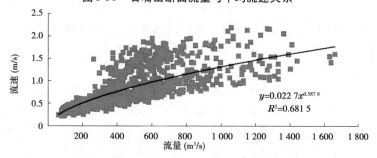

图 5-31 巴彦高勒断面流量与平均流速关系

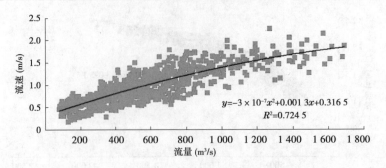

$$y=-3\times10^{-7}x^2+0.001\,3x+0.316\,5$$
$$R^2=0.724\,5$$

图 5-32　三湖河口断面流量与平均流速关系

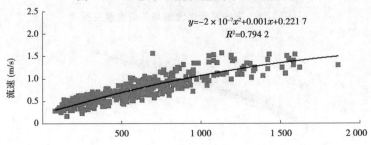

$$y=-2\times10^{-7}x^2+0.001x+0.221\,7$$
$$R^2=0.794\,2$$

图 5-33　昭君坟断面流量与平均流速关系

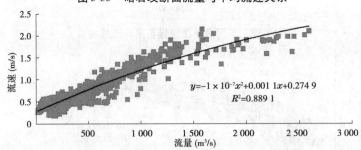

$$y=-1\times10^{-7}x^2+0.001\,1x+0.274\,9$$
$$R^2=0.889\,1$$

图 5-34　头道拐断面流量与平均流速关系

5.2.6　河段水文气象特征

根据河段气象、水文、水环境等特征将兰州—河口镇区间划分为 14 个河段,结合河段的不同水文、水环境等设置不同的参数。模型的水文气象边界设置是以近 10 年的统计数据作为基础输入,气温、降水、径流采用实测的月过程输入。

5.2.6.1　河段气温

河道的水温是影响污染物质在河道内发生反应、转化的主要因素之一。黄河兰州—河口镇区间,兰州、银川、包头等主要城市的 1951 ~ 2008 年气象观测数据统计分析表明,黄河兰州—河口镇区间过去 58 年间经历了一个显著升温过程,温度升高、温差增大。1951 ~ 2008 年兰州—河口镇区间主要城市年均气温变化见图 5-35。

根据 58 年间气温观测数据统计,兰州—河口镇河段最高气温在 7 月,最低气温在 1月,平均最大温差达到 40 ℃。兰州市平均气温 10.4 ℃,银川市平均气温 9.0 ℃,包头市平均气温 7.2 ℃,呼和浩特市平均气温 6.7 ℃。从系列水文统计来看,兰州、银川、包头和

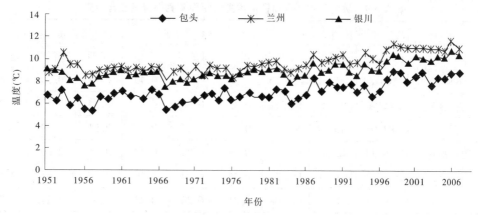

图 5-35　兰州—河口镇区间主要城市年均气温变化

呼和浩特的多年平均降水量分别为 317.86 mm、192.34 mm、306.78 mm 和 411.43 mm。兰州—河口镇区间主要城市的水文气象统计特征值见表 5-8。

表 5-8　兰州—河口镇区间主要城市的水文气象统计特征值

代表站	项目	1 月	2 月	3 月	4 月	5 月	6 月	7 月	8 月	9 月	10 月	11 月	12 月
兰州	平均气温(℃)	−5.8	−1.3	5.6	12.1	16.9	20.5	22.4	21.5	16.2	9.7	2.2	−4.2
	最低气温平均(℃)	−15.4	−12.4	−6.4	−0.8	4.6	9.0	12.0	10.9	5.6	−1.5	−8.1	−13.6
	降水量(mm)	1.6	2.1	8.4	17.8	36.9	41.4	62.0	76.5	43.8	23.5	3.0	0.8
银川	平均气温(℃)	−8.0	−3.7	3.5	11.3	17.4	21.7	23.6	21.7	16.3	9.4	1.3	−5.8
	最低气温平均(℃)	−19.9	−17.5	−10.7	−4.1	2.6	9.4	13.9	11.6	3.9	−4.0	−9.9	−17.3
	降水量(mm)	1.3	1.9	6.2	10.6	19.5	22.2	40.4	49.6	25.1	11.6	3.3	0.7
包头	平均气温(℃)	−11.4	−6.9	0.9	9.5	16.6	21.5	23.3	21.0	15.1	7.5	−1.9	−9.4
	最低气温平均(℃)	−24.2	−21.0	−14.2	−6.5	0.7	7.7	12.9	9.8	1.4	−6.0	−15.7	−22.3
	降水量(mm)	2.0	3.5	7.3	13.4	22.8	30.8	76.3	86.8	41.3	17.6	3.6	1.4
呼和浩特	平均气温(℃)	−11.9	−7.4	0.4	9.0	16.1	20.8	22.7	20.6	14.7	7.1	−2.2	−9.8
	最低气温平均(℃)	−23.7	−21.0	−14.2	−6.1	0.7	7.4	12.2	9.2	1.2	−5.7	−15.1	−21.9
	降水量(mm)	2.8	5.2	10.3	17.1	29.0	48.8	104.8	114.9	49.1	21.7	5.4	2.3

5.2.6.2　河段径流量及含沙量

兰州断面入流是河段的主要供水水源和纳污、释污水源,也是模型的重要边界条件。2001~2010 年平均兰州断面实测入流量 273.0 亿 m³,从实测径流的年内分布来看,由于受龙羊峡、刘家峡水库运行调节,径流汛期水量小于非汛期水量。下河沿、青铜峡、石嘴山、巴彦高勒、三湖河口及头道拐等大断面也呈现出类似的径流特征,河段来沙量主要在汛期,径流含沙量高。黄河兰州—河口镇河段主要断面实测径流量及含沙量见表 5-9。

表 5-9　黄河兰州—河口镇河段主要断面实测径流量及含沙量

断面	水量(亿 m³)			沙量(亿 t)			含沙量(kg/m³)		
	汛期	非汛期	全年	汛期	非汛期	全年	汛期	非汛期	全年
下河沿	103.89	135.32	239.20	0.30	0.10	0.40	2.91	0.73	1.67
青铜峡	82.56	99.35	181.91	0.45	0.06	0.51	5.44	0.59	2.79
石嘴山	93.05	113.92	206.97	0.36	0.23	0.59	3.91	1.99	2.86
巴彦高勒	56.38	92.58	148.97	0.25	0.24	0.49	4.44	2.60	3.29
三湖河口	61.13	96.13	157.26	0.26	0.24	0.50	4.25	2.51	3.19
头道拐	56.28	89.80	146.08	0.21	0.20	0.42	3.81	2.27	2.86

　　区间入流不但影响模型水量平衡而且会进一步影响水质模拟,因此是模型的边界条件之一。黄河兰州—河口镇区间流域面积为 16.36 万 km²,为干旱半干旱地区,降水量少,支流稀疏,地表产流量相对较少。根据 1956～2010 年系列水资源评价,兰州—河口镇区间平均降水量为 261.7 mm,区间地表水资源量为 17.68 亿 m³。2001～2010 年平均降水量为 235.8 mm,较 45 年系列减少 9.9%,而地表水资源量则相应减少为 15.79 亿 m³。兰州—河口镇区间地表水资源量变化过程见图 5-36。

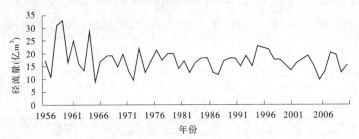

图 5-36　兰州—河口镇区间地表水资源量变化过程

5.3　水量模型参数率定

　　设置水量模型的初始参数,以 2001～2007 年兰州断面的实测径流作为模型的水量输入,并根据各节点用水量进行取水量过程分配,节点引水退水关系及水量流速关系按照模型边界条件设定。模型逐节点进行调算,比较主要断面水量测站的水量模拟值与实测值的偏差,比较修正、调整参数,率定模型。

5.3.1　参数估值

　　水量演进参数是 IQQM 系统水量模型的重要参数,模型可选用多种水流演进方法,包括线性演进(马斯京根)、非线性马斯京根演进(使用幂函数)、可变参数马斯京根演进及横向通量滞后演进。

　　带有时间滞后的非线性的水流演进主要考虑河段流量传播时间对河道水流的影响。

流量传播时间是水量演算最基本的物理量,一般采用相应流量法、相同流量法、洪峰流量法等多种方法,分析确定各河段不同流量级下的传播时间。在确定传播时间的基础上,水流演进规律研究可细化成不同流量级下的水流演进规律、不同时间尺度下的流量演算规律研究和复杂条件下的流量演进规律研究。

马斯京根模型是河道洪水演算中被广泛应用的方法,采用槽蓄方程代替复杂的水动力学方程,极大地简化了计算。考虑兰州—河口镇河段水流相对复杂,采用马斯京根演算法提出大流量演进规律,将槽蓄量看作由柱蓄和楔蓄组成,引入一个流量比重因子,用河段上、下两个断面的流量作参数,假定天然河道中的断面流量与相应的槽蓄量近似具有单值关系,建立蓄量方程:

$$S = K[xQ_t + (1 - x)Q_{t-1}] \tag{5-6}$$

式(5-6)为马斯京根槽蓄曲线方程,由式(5-6)可得马斯京根流量演算方程:

$$S = C_1 Q_t + C_2 Q_{t-1} \tag{5-7}$$

其中

$$C_1 = \frac{\frac{1}{2}\Delta t + Kx}{K - Kx + \frac{1}{2}\Delta t}, C_2 = \frac{K - \frac{1}{2}\Delta t - Kx}{K - Kx + \frac{1}{2}\Delta t} \tag{5-8}$$

式中:Q_t,Q_{t-1}分别为时段始、末的出流量;K,x分别为河段流量传播时间,流量比重因子;Δt为入流、出流的时段长度。马斯京根水量模型参数设置见表5-10,参数设置界面图见图5-37。

表 5-10 水量模型参数设置表

参数名称	单位	取值范围
初始流量	m³/s	>0
初始槽蓄量	亿 m³	>0
河段长度	km	>0
流量比重因子 C_1	无量纲	[0,1]
传播时间蓄水因子 C_2	无量纲	>0

马斯京根法是河段流量演算方程经简化后的线性有限解法,要求流量在计算时段 Δt 内和沿程变化呈直线分布。因此,演算时段 Δt 的确定大小要合适,太大则流量在 Δt 时段内不呈直线变化,太小则会导致流量沿程不符合直线分布要求,一般情况演算时段 Δt 应等于或接近 K 值。

求马斯京根法参数 K 和 x 值传统的方法是根据槽蓄量与示储流量成线性关系的假设试错确定。试错法不仅浪费大量时间,而且还很难找到参数的最优值,具有一定的盲目性和不确定性。本研究以演算流量与实测出流的拟合误差最小为判据,直接推求流量演进系数 C_1、C_2 的最优估计值,并可反算出 K、x 值。由于资料观测误差和模型本身的误差,推求的流量过程和实测流量过程存在一定的离差,因此可把离差平方和最小作为优选流量

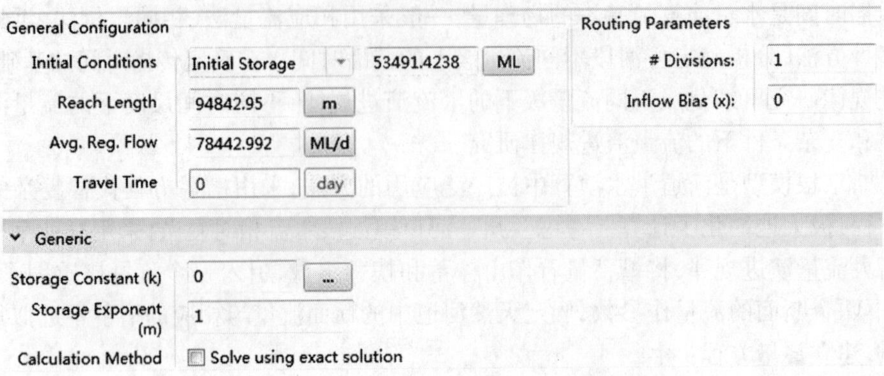

图 5-37 IQQM 系统水量传播参数设置界面

演进系数的判据。针对区间支流入流影响较大、引退水规律复杂且影响较大、防凌防断流任务突出等复杂条件下水流演进规律,采用两种方法组合的方式处理。水量参数估值考虑断面流量、断面水力特征等因素,黄河兰州—河口镇断面水量模型参数设置见表 5-11。

表 5-11 黄河兰州—河口镇断面水量模型参数估值

序号	河段	河段长度（km）	初始槽蓄量（亿 m³）	流量比重因子 C_1	传播时间蓄水因子 C_2
1	兰州—包兰桥	54	0.35	0.015	0.985
2	包兰桥—水川吊桥	54	0.31	0.012	0.988
3	水川吊桥—安宁渡	62	0.38	0.013	0.987
4	安宁渡—下河沿	192	1.17	0.054	0.946
5	下河沿—青铜峡	124	0.76	0.035	0.965
6	青铜峡—银川公路桥	100.4	0.61	0.029	0.971
7	银川公路桥—陶乐	31.7	0.19	0.009	0.991
8	陶乐—石嘴山	61.9	0.38	0.018	0.982
9	石嘴山—三盛公	84.8	0.52	0.031	0.969
10	三盛公—巴彦高勒	57.2	0.35	0.023	0.977
11	巴彦高勒—三湖河口	221	1.35	0.085	0.915
12	三湖河口—画匠营	50.3	0.31	0.025	0.975
13	画匠营—镫口	14.2	0.09	0.007	0.993
14	镫口—头道拐	235.4	1.43	0.098	0.902

5.3.2 主要断面水量拟合

水量模型参数率定是以兰州断面为基本的水量输入,兰州—河口镇区间河段长 1 362 km,区间无大型水库调节,因此主要为水量演进模拟。兰州—河口镇区间入流以实测径流作为汇流输入,主要支流包括祖厉河、清水河、苦水河、都思兔河、昆都仑河等,年均汇入水量 15.80 亿 m³。兰州—河口镇区间主要取水口有 30 余个,年均地表取水量 152.8 亿 m³,地表水消耗量 103.01 亿 m³。兰州断面来水加上区间汇流,扣除河道损耗、取水消耗后为下游断面的实测水量,下河沿断面平均实测径流量为 248.63 亿 m³,青铜峡断面平均实测径流量 187.94 亿 m³,石嘴山断面平均实测径流量 214.64 亿 m³,巴彦高勒断面平均实测径流量 153.92 亿 m³,三湖河口断面平均实测径流量 162.87 亿 m³,河口镇断面(头道拐水文站)平均实测径流量 151.87 亿 m³。兰州断面实测径流过程见图 5-38,各主要水文站径流特征见表 5-12。

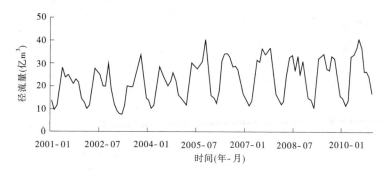

图 5-38　2001 ~ 2010 年兰州断面实测径流过程

表 5-12　2001 ~ 2010 年兰州—河口镇区间主要水文站的实测径流特征表

水文站	断面年径流量(亿 m³)			断面月平均流量(m³/s)	
	平均年径流量	最大年径流量	最小年径流量	最大月流量	最小月流量
兰州	273.00	314.11	219.75	1 530	285.6
下河沿	248.63	291.46	198.28	1 438	273
青铜峡	187.94	244.33	142.90	1 433	165
石嘴山	214.64	262.46	172.52	1 411	199
巴彦高勒	153.92	189.13	112.42	1 054	93
三湖河口	162.87	210.50	118.69	1 180	96
头道拐	151.87	191.17	113.28	1 120	70

拟定模型初始参数值,采用 IQQM 系统水量模型在设置的边界条件下,模拟计算兰州—河口镇区间主要水文站的径流,通过参数初设、调整、拟合、再调整、再拟合等步骤直至模型模拟数值收敛,比较模拟值与实测值,若符合模型率定标准即可标定模型参数。

采用模型率定的成果评价,下河沿断面的模拟平均流量为 779.57 m³/s,与实测平均流量 749.01 m³/s 的偏差为 4.08%,模拟的平均误差为 4.1%,模拟的最大误差为 15.6%;石嘴山断面模拟平均流量为 640.31 m³/s,与实测平均流量 641.22 m³/s 的偏差为 0.2%,模拟的平均误差为 8.3%,模拟的最大误差为 26.2%;河口镇断面模拟平均流量为 444.71 m³/s,与实测平均流量 450.64 m³/s 的偏差为 1.3%,模拟的平均误差为

16.6%,模拟的最大误差为41.9%。

模型模拟结果表明三个主要断面的模拟平均误差均小于20%,各断面水量模拟的 Nash - Sutcliffe 效率系数分别为0.98、0.97 和0.84,均接近于1,模拟的下河沿、石嘴山及河口镇三个主要断面的径流拟合的参数率定偏差和 Nash - Sutcliffe 效率系数均可满足模型率定标准。水量模型参数率定拟合的主要水文站径流成果见表5-13,图5-39 ~ 图5-41。

表 5-13　水量模型参数率定拟合的主要水文站径流成果

断面	流量特征值(m³/s)		率定误差(%)			Nash - Sutcliffe 效率系数
	实测平均流量	模拟平均流量	平均误差	最大误差	最小误差	
下河沿	749.01	779.57	4.1	15.6	0	0.98
石嘴山	641.22	640.31	8.3	26.2	0	0.97
河口镇	450.64	444.71	16.6	41.9	0.3	0.84

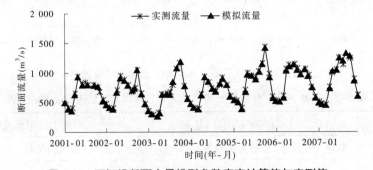

图 5-39　下河沿断面水量模型参数率定计算值与实测值

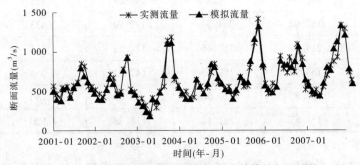

图 5-40　石嘴山断面水量模型参数率定计算值与实测值

5.3.3　模型验证

模型参数率定之后,需要验证模型的精度、适用性和可靠性。

模型的可靠性验证采用兰州 2008 ~ 2010 年的实测径流作为基本水量输入,以区间实测径流量作为水量汇入,比较主要水文站的模拟径流量与实测径流量的差别,分析误差及 Nash - Sutcliffe 效率系数,验证模型的可靠性和适用性。

通过 2008 ~ 2010 年 3 年数据的验证,下河沿断面的模拟平均流量为 901.77 m³/s,与

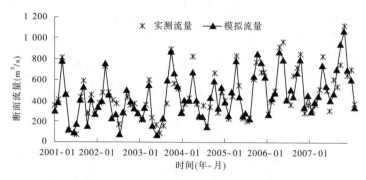

图 5-41　河口镇断面水量模型参数率定计算值与实测值

实测平均流量 874.18m³/s 的偏差为 3.1%,模拟的平均误差为 4.1%,模拟的最大误差为 10.3%;石嘴山断面模拟平均流量为 763.20 m³/s,与实测平均流量 769.03 m³/s 的偏差为 0.8%,模拟的平均误差为 9.8%,模拟的最大误差为 22.1%;河口镇断面模拟平均流量为 563.46 m³/s,与实测平均流量 555.11 m³/s 的偏差为 1.5%,模拟的平均误差为 18.2%,模拟的最大误差为 39.2%。

　　模型模拟结果表明三个主要断面的验证平均误差均小于 20%,各断面水量模拟的 Nash-Sutcliffe 效率系数分别为 0.98、0.97 和 0.84,均接近于 1,模拟下河沿、石嘴山及河口镇三个主要断面的径流拟合的参数率定偏差和 Nash-Sutcliffe 效率系数均可满足模型参数率定标准,表明水量模型精度符合标准,具有适用性和可靠性。模型可靠性验证结果见表 5-14,图 5-42~图 5-44。

表 5-14　水量模型参数验证拟合的主要水文站径流成果

断面	流量特征值(m³/s)		验证误差(%)			Nash-Sutcliffe 效率系数
	实测平均流量	模拟平均流量	平均误差	最大误差	最小误差	
下河沿	874.18	901.77	4.1	10.3	0.1	0.96
石嘴山	769.03	763.20	9.8	22.1	0.2	0.92
河口镇	555.11	563.46	18.2	39.2	0.5	0.79

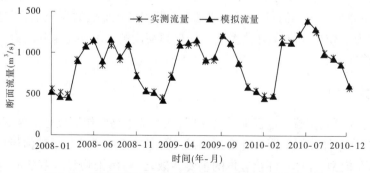

图 5-42　下河沿断面水量模型验证计算值与实测值对比

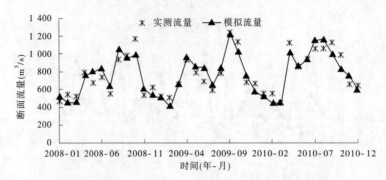

图 5-43　石嘴山断面水量模型验证计算值与实测值对比

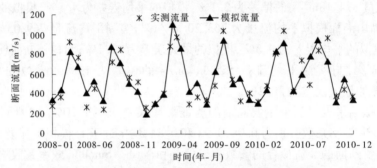

图 5-44　河口镇断面水量模型验证计算值与实测值

5.4　水质模型参数率定

利用水质模型进行研究区域水质模拟时,首先需要选择有代表性的污染物,筛选污染物主要考虑以下原则:①一致性。为了使研究更有效,水质模拟中选择的污染物应与现有监测资料相一致。②代表性。选择的污染参数能够反映河流当前的污染状况、工业发展和污染源变化趋势。

根据黄河流域污染源现状调查、评价结果,COD 和氨氮对黄河水体水质造成了严重影响,是兰州—河口镇河段的主要超标污染物,要使河段水环境根本好转,必须严格控制COD 和氨氮的排放量及入河量。COD 和氨氮在黄河流域监测数据充足、可进行长系列变化对比,因此确定 COD 和氨氮作为兰州—河口镇河段黄河水环境承载能力计算和污染物总量控制的首选因子。

5.4.1　参数估值

污染物进入河流在输移过程中通过物理、化学及生物的作用发生浓度衰减,衰减系数反映了污染物在水体作用下降解速度的快慢。污染物衰减系数是反映河流水质污染变化情况、建立水质模型、计算水环境容量的重要参数之一,污染物衰减系数的合理性直接影响到水环境容量及水质模型的可靠性。影响污染物衰减系数的因素很多,国内外很多研究人员对水质模型的参数取值在不同的区域做了大量研究,为本研究水质模型参数估值提供了参考。

水质模型参数率定首先根据相关研究的经验设置参数初始值,进行水质模拟,然后以主要水质断面监测值作为参照,评估拟合效果,调整参数直至拟合效果符合标准,标定模型参数。

5.4.1.1 灵敏度分析

灵敏度分析是指模型参数变动时造成的影响。首先变动一个参数,其余参数保持不变,然后检查目标函数的变化程度,如果变化不大,那就说明目标函数对这个参数不敏感,对这个参数的估计不要求准确。如果特别不敏感,说明这个参数是多余的,可以将其从模型中剔除。灵敏度(S_s)采用的计算公式为:

$$S_s = \frac{\Delta S/S}{\Delta E/E} \tag{5-9}$$

式中:ΔS 为污染指标变化量;S 为污染指标值;ΔE 为参数变化量;E 为参数值。

灵敏度检验的方法应首先变动一个参数,其余参数保持不变,然后检查目标函数的变化程度。被检参数变化幅度为 ±50%,其中温度系数变化幅度为 +10% 和 +20%,观察模型输出的变化,结果见表5-15。

表5-15　水质模型灵敏度分析成果表

参数	方案	灵敏度					
		下河沿		石嘴山		头道拐	
		COD	氨氮	COD	氨氮	COD	氨氮
衰减系数	+50%	−0.22	−0.82	−0.23	−0.30	−0.62	−0.78
	−50%	−0.25	−1.42	−0.28	−0.51	−1.00	−1.60
温度系数	+10%	0.87	8.16	0.99	2.80	3.88	7.95
	+20%	0.52	5.44	0.59	1.86	2.42	5.25
水力流速系数	+50%	−0.03	−0.03	−0.03	−0.01	−0.04	−0.02
	−50%	−0.04	−0.03	−0.03	−0.02	−0.04	−0.02
悬浮物影响系数	+50%	−0.003	−0.003	−0.004	−0.002	−0.010	−0.005
	−50%	0.005	0.005	0.006	0.003	0.015	0.007

由表5-15可知,温度系数最为灵敏,其次为衰减系数、水力流速系数、悬浮物影响系数。

5.4.1.2 影响因子设置

通过灵敏度分析结果,分析兰州—河口镇河段污染物衰减系数的影响因素,结合监测数据,将污染物浓度、水体温度、水力特征、悬浮物等水质参数影响因素作为水质模型中综合衰减系数的因子。结合国内外的研究经验,兰州—河口镇河段水质模型主要污染物衰减系数影响因子设置见表5-16。

表5-16　兰州—河口镇河段水质模型主要污染物衰减系数影响因子

参数名称	率定值	单位	符号
COD 温度系数	1.022	无量纲	ϑ_{COD}
硝化温度系数	1.026	无量纲	ϑ_{NH_3-N}
悬浮物影响系数	2.25×10^{-4}	无量纲	K_{Sand}
水力流速系数	0.1	无量纲	η

5.4.1.3　污染物综合衰减系数估值

污染物衰减系数是影响水质模型计算值的重要参数,其取值直接影响模型分析的精度。根据河段水力学特征,结合兰州—河口镇河段的主要水质监测站,将河段按照水质监测站划分为包兰桥、水川吊桥、安宁渡、下河沿、青铜峡、银川公路桥、陶乐、石嘴山、三盛公、巴彦高勒、三湖河口、画匠营、镫口、头道拐共 14 个河段。研究选用兰州—河口镇河段 2001 年 1 月至 2007 年 12 月 7 年的 COD 和氨氮沿程实测数据进行参数率定,初始参数主要参考其他模型的推荐值并结合现有研究成果,参照实测数据在适当区间内不断调整模型参数,主要率定参数包括 COD 综合衰减衰减系数、氨氮综合衰减系数。

在黄河主要河段的污染物衰减系数方面开展了大量的试验分析和验证工作,可为本次研究提供参考和借鉴。王有乐、云飞、杜宇红、吴纪宏等分别对黄河兰州段、宁夏段、包头段和头道拐段的 COD、氨氮衰减规律进行了试验分析和验证,结果表明:丰水期、平水期、枯水期污染物衰减系数存在一定的变化,丰水期相对较大,而且不同河段、不同温度条件下衰减系数也存在差别,COD 衰减系数变化范围为 $0.1 \sim 0.3 \ d^{-1}$,氨氮衰减系数变化范围为 $0.1 \sim 0.6 \ d^{-1}$。另外,相关学者也对我国其他主要江河的污染物衰减系数做了实测分析,COD 的衰减系数大多为 $0.1 \sim 0.25$,氨氮的衰减系数大多为 $0.1 \sim 0.3$,个别河流高达 $0.4 \sim 0.6$,详见表5-17。另外,《全国水环境容量核定技术指南》中指出,我国黄河、淮河和海河流域主要河流 COD 衰减系数变化范围为 $0.1 \sim 0.3 \ d^{-1}$,氨氮衰减系数变化范围为 $0.1 \sim 0.6 \ d^{-1}$。

表5-17　相关学者在黄河干流及其他河流主要污染物综合衰减系数的研究成果

序号	河段	研究人员	K_{COD} (d^{-1})	K_{NH_3-N} (d^{-1})	备注
1	黄河干流兰州段什川桥至青城桥	王有乐,孙苑菡,周智芳等	$0.185 \sim 0.24$	$0.097 \sim 0.105$	两点法现场实测,水温 8.2 ℃时 $K_{COD} = 0.185$、$K_{NH_3-N} = 0.097$,7 ~ 9 月 $K_{COD} = 0.24$、$K_{NH_3-N} = 0.105$
2	黄河干流宁夏段下河沿至石嘴山	云飞,李燕,杨建宁等	0.2	0.3	基于近 10 年来黄河宁夏段的实测资料,建议一维和二维水质模型模拟验证
		中国环境科学研究院石嘴山市环保局	0.3	0.6	实测统计结果

续表 5-17

序号	河段	研究人员	K_{COD} (d^{-1})	K_{NH_3-N} (d^{-1})	备注
3	黄河干流包头段镫口断面至土右旗将嵇断面	杜宇红	—	0.26	两点法现场实测,水温 16 ℃
4			—	0.33	实验室降解试验,水温 16 ℃
5			—	0.6	实验室降解试验,水温 20 ℃
6	黄河干流头道拐段镫口至头道拐	吴纪宏	0.11	0.07	采用实测水质资料计算时段为 11 日~次年 2 月
7	黄河潼关段	汪亮,张海鸥,解建仓等	0.26 ~ 0.32	0.12 ~ 0.22	2004 ~ 2006 年实测统计数据验证
8	汉江中下游	长江水资源保护科学研究所	0.2 ~ 0.4	—	实测统计结果
9	国内外 17 条河流统计	寇晓梅	0.1 ~ 0.35	—	实测统计结果

　　结合表 5-17 中相关河段衰减系数的研究成果,初步认为研究河段 COD 的衰减系数在 0.1 ~ 0.3 d^{-1} 区间,氨氮的衰减系数在 0.2 ~ 0.6 d^{-1} 区间。综合考虑兰州—河口镇区间不同河段的水力特征、泥沙特征及不同时段排污浓度、水体温度、水体的 pH 值的影响,拟定本次研究采用的污染物衰减系数,然后再通过模型率定和验证对参数进行调整,经过反复多次的参数调整、拟合,直至拟合偏差符合标准,标定主要模型参数。兰州—河口镇河段主要污染物综合衰减系数的参数估值见表 5-18。

表 5-18　兰州—河口镇河段主要污染物综合衰减系数的参数估值

序号	河段	河段长度 (km)	K_{COD} (d^{-1})	K_{NH_3-N} (d^{-1})	包含节点
1	兰州—包兰桥	54.0	0.16	0.45	兰州
2	包兰桥—水川吊桥	54.0	0.16	0.45	武威、庆阳、白银
3	水川吊桥—安宁渡	62.0	0.16	0.45	祖厉河、定西
4	安宁渡—下河沿	192.0	0.16	0.45	景电二期
5	下河沿—青铜峡	124.0	0.16	0.26	固原、清水河、中卫、东干渠
6	青铜峡—银川公路桥	100.4	0.16	0.26	吴忠、苦水河
7	银川公路桥—陶乐	31.7	0.16	0.26	银川
8	陶乐—石嘴山	61.9	0.16	0.26	石嘴山、阿拉善、乌斯太
9	石嘴山—三盛公	84.8	0.16	0.26	乌海、鄂尔多斯工业
10	三盛公—巴彦高勒	57.2	0.16	0.26	北总干渠、黄河南岸
11	巴彦高勒—三湖河口	221.0	0.16	0.26	临河、北总排水
12	三湖河口—画匠营	50.3	0.16	0.26	
13	画匠营—镫口	14.2	0.16	0.26	鄂尔多斯、包头、镫口
14	镫口—头道拐	235.4	0.16	0.26	乌兰察布、呼和浩特市

5.4.2　主要断面水质模拟拟合

水质参数率定以2001年1月~2007年12月兰州断面的水质输入为模型模拟的本底水质,兰州—河口镇河长1 362 km,区间主要取水口30余座,年取水量131.39亿 m³,排污口86个,根据统计的河段入河的污染源的量及入河过程进行时程分配,对兰州—河口镇河段各月污染物指标COD和氨氮进行模拟。初拟水质模型中COD衰减系数、氨氮衰减系数等水质参数及污染物衰减的影响因子参数,通过比较模拟值与实测值之间的差别,通过收敛判别不断调整参数,直至模拟效果符合模型收敛标准。

2001年1月~2007年12月,兰州断面入境水质相对较好,达到Ⅱ类水质(除个别月份COD主要污染物超过Ⅱ类水质标准)。经过区间的取水、用水、排水等人类活动影响及区间径流携带的污染物加入,黄河干流河段水质不断下降,到达下河沿断面平均水质已达到Ⅲ类,石嘴山断面水质平均为Ⅴ类,河口镇断面略有改善,平均水质为Ⅳ类。2001年1月~2007年12月兰州断面黄河入境水质主要污染物变化情况见图5-45、图5-46。

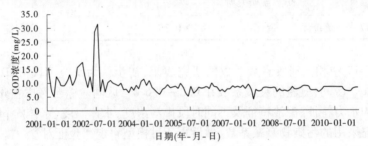

图5-45　兰州断面实测COD浓度

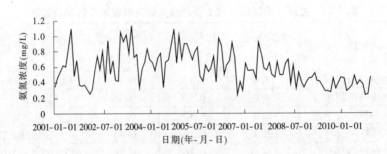

图5-46　兰州断面实测氨氮浓度

通过模型参数的初选、模拟效果分析、参数调整、模型收敛判断、最终确定模型参数等步骤,完成模型率定过程。

从模型参数的率定来看,主要断面水质类别及变化趋势与实测基本一致,见表5-19,图5-47~图5-52,模型参数率定符合收敛条件。

表 5-19　模型参数率定主要断面拟合效果

断面	指标	实测值（mg/L）		模拟值（mg/L）		模拟效果	
		平均值	最大值	平均值	最大值	相对误差	相关性系数
下河沿	COD	18.2	42.7	18.6	36.4	13.0%	0.82
	氨氮	0.33	1.11	0.37	1.33	28.1%	0.93
石嘴山	COD	33.8	68.6	33.5	60.8	12.7%	0.78
	氨氮	1.47	11.75	1.38	6.47	19.0%	0.70
头道拐	COD	26.5	66.5	27.5	66.7	19.6%	0.77
	氨氮	1.29	5.10	1.24	4.58	17.5%	0.79

　　模型参数率定效果分析：下河沿断面 COD 实测平均浓度为 18.2 mg/L、最大浓度为 42.7 mg/L，模拟平均浓度为 18.6 mg/L、最大浓度为 36.4 mg/L，模拟的平均相对误差为 13.0%，模拟值与实测值的相关性系数为 0.82；氨氮实测平均浓度为 0.33 mg/L、最大浓度为 1.11 mg/L，模拟平均浓度为 0.37 mg/L、最大浓度为 1.33 mg/L，模拟的平均相对误差为 28.1%，模拟值与实测值的相关性系数为 0.93。COD 参数率定相对误差小于 20% 的收敛标准，氨氮略高于收敛标准，主要由于随机性排放增大。模型模拟值与实测值的比较见图 5-47、图 5-48。

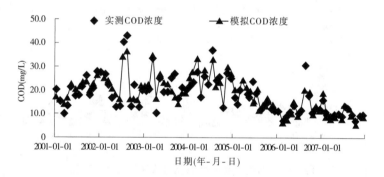

图 5-47　下河沿断面模拟 COD 浓度与实测值对比

　　石嘴山断面 COD 实测平均浓度为 33.8 mg/L、最大浓度为 68.6 mg/L，模拟平均浓度为 33.5 mg/L、最大浓度为 60.8 mg/L，模拟的平均相对误差为 12.7%，模拟值与实测值的相关性系数为 0.78；氨氮实测平均浓度为 1.47 mg/L、最大浓度为 11.75 mg/L，模拟平均浓度为 1.38 mg/L、最大浓度为 6.47 mg/L，模拟的平均相对误差为 19.0%，模拟值与实测值的相关性系数为 0.70。模型模拟值与实测值的比较见图 5-49、图 5-50。

　　头道拐断面 COD 实测平均浓度为 26.5 mg/L、最大浓度为 66.5 mg/L，模拟平均浓度为 27.5 mg/L、最大浓度为 66.7 mg/L，模拟的平均相对误差为 19.6%，模拟值与实测值的相关性系数为 0.77；氨氮实测平均浓度为 1.29 mg/L、最大浓度为 5.10 mg/L，模拟平均浓度为 1.24 mg/L、最大浓度为 4.58 mg/L，模拟的平均相对误差为 17.5%，模拟值与实测值

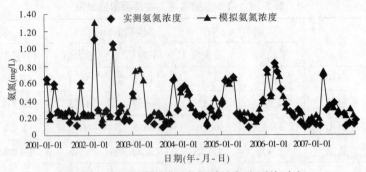

图 5-48 下河沿断面模拟氨氮浓度与实测值对比

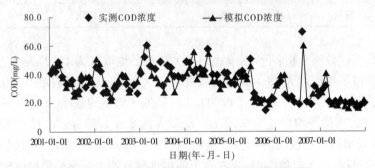

图 5-49 石嘴山断面模拟 COD 浓度与实测值对比

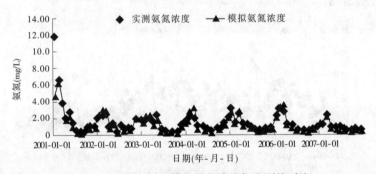

图 5-50 石嘴山断面模拟氨氮浓度与实测值对比

的相关性系数为 0.79。模型模拟值与实测值的比较见图 5-51、图 5-52。

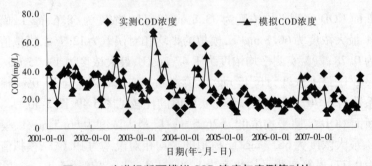

图 5-51 头道拐断面模拟 COD 浓度与实测值对比

模型参数率定结果表明:模型模拟计算的准确程度符合相关标准,能够反映该河段的

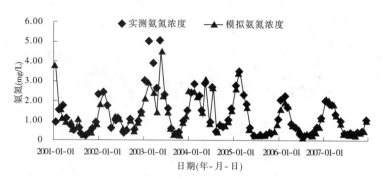

图 5-52 头道拐断面模拟氨氮浓度与实测值对比

污染物质迁移转化规律,模型参数设置合理。

5.4.3 模型验证

模型验证以 2008 年 1 月~2010 年 12 月兰州断面实测断面水质作为模型模拟的本底水质,以模型率定的边界条件为基础,对比主要断面的模拟水质与实测水质的参数,验证模型的适应性和可靠性。模型验证效果见表 5-20。

表 5-20 模型验证主要断面拟合效果

断面	指标	实测值(mg/L)		模拟值(mg/L)		模拟效果	
		平均值	最大值	平均值	最大值	相对误差	相关性系数
下河沿	COD	13.4	20.6	13.9	20.0	6.7%	0.89
	氨氮	0.31	0.75	0.34	0.96	21.1%	0.82
石嘴山	COD	25.1	38.0	26.3	38.5	15.4%	0.52
	氨氮	0.97	1.70	0.93	1.92	16.5%	0.73
头道拐	COD	23.9	45.9	23.9	38.4	15.2%	0.58
	氨氮	0.77	2.04	0.79	2.09	15.5%	0.89

下河沿断面 COD 实测平均浓度为 13.4 mg/L、最大浓度为 20.6 mg/L,模拟平均浓度为 13.9 mg/L、最大浓度为 20.0 mg/L,模拟的平均相对误差为 6.7%,模拟值与实测值的相关性系数为 0.89;氨氮实测平均浓度为 0.31 mg/L、最大浓度为 0.75 mg/L,模拟平均浓度为 0.34 mg/L、最大浓度为 0.96 mg/L,模拟的平均相对误差为 21.1%,模拟值与实测值的相关性系数为 0.82。模型验证相对误差基本满足 20% 的收敛标准,COD 和氨氮的模拟相对误差均好于参数率定的效果。模型验证下河沿断面模拟值与实测值的比较见图 5-53、图 5-54。

石嘴山断面 COD 实测平均浓度为 25.1 mg/L、最大浓度为 38.0 mg/L,模拟平均浓度为 26.3 mg/L、最大浓度为 38.5 mg/L,模拟的平均相对误差为 15.4%,模拟值与实测值的相关性系数为 0.52;氨氮实测平均浓度为 0.97 mg/L、最大浓度为 1.70 mg/L,模拟平均浓度为 0.93 mg/L、最大浓度为 1.92 mg/L,模拟的平均相对误差为 16.5%,模拟值与实测值

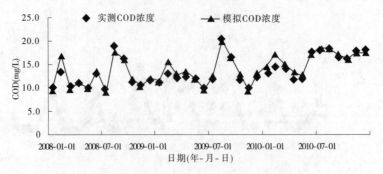

图 5-53　下河沿断面模拟 COD 浓度与实测值对比

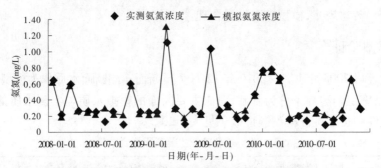

图 5-54　下河沿断面模拟氨氮浓度与实测值对比

的相关性系数为 0.73。模型验证相对误差小于 20% 的收敛标准,模型验证石嘴山断面模拟值与实测值的比较见图 5-55、图 5-56。

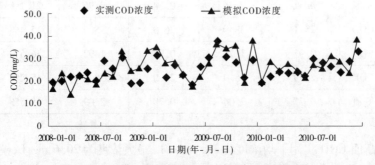

图 5-55　石嘴山断面模拟 COD 浓度与实测值对比

　　河口镇断面 COD 实测平均浓度为 23.9 mg/L、最大浓度为 45.9 mg/L,模拟平均浓度为 23.9 mg/L、最大浓度为 38.4 mg/L,模拟的平均相对误差为 15.2% ,模拟值与实测值的相关性系数为 0.58;氨氮实测平均浓度为 0.77 mg/L、最大浓度为 2.04 mg/L,模拟平均浓度为 0.79 mg/L、最大浓度为 2.09 mg/L,模拟的平均相对误差为 15.5% ,模拟值与实测值的相关性系数为 0.89。模型验证相对误差小于 20% 的收敛标准,河口镇断面模拟值与实测值的比较见图 5-57、图 5-58。

　　从模型验证效果来看,主要断面水质类别及变化趋势与实测基本一致,因此可以判断构建的水质水量耦合模型符合兰州—河口镇河段的水质水量特征,模型具有适用性和可靠性,可用于后续水质水量一体化方案的研究。

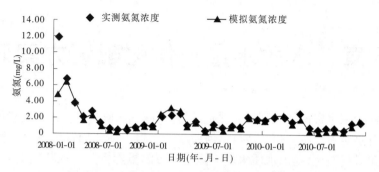

图 5-56　石嘴山断面模拟氨氮浓度与实测值对比

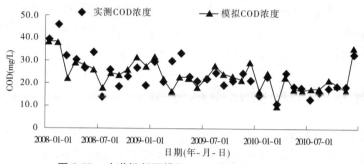

图 5-57　头道拐断面模拟 COD 浓度与实测值对比

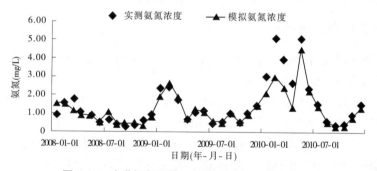

图 5-58　头道拐断面模拟氨氮浓度与实测值对比

第6章　水质水量一体化配置方案研究

根据黄河流域水资源开发利用与保护的需要,制订水质水量一体化配置的原则,设置情景方案并开展黄河上游兰州—河口镇河段水质水量一体化配置模拟,通过情景方案实现的水质水量效果对比,提出水质水量一体化配置的推荐方案。推荐方案以取水总量控制为手段满足断面的下泄水量需求,以河段污染物入河量控制为手段满足水功能区水质目标,实现河段水质水量双控的目标。在水质水量一体化配置方案的基础上,提出断面取水总量与过程控制,污染物入河总量与过程控制方案,并细化分配到河口镇以上的3省(区)17个地市级行政区,为实施水质水量一体化的调度管理提供基础。

6.1　研究水平年水资源需求分析

在调查统计近10年来各行政区经济社会指标、水资源条件及用水量等基础上,根据各行政区2020水平年国民经济发展目标、社会发展水平、城市化进程、生产力布局状况及生态环境保护的总体要求,分析研究经济社会发展指标及其对水资源的需求。

6.1.1　经济社会发展指标

随着国家区域经济发展战略的调整,投资力度将向中西部地区倾斜,未来黄河上游地区经济发展具有以下优势和特点:

(1)黄河兰州—河口镇区间矿产资源尤其是能源资源十分丰富,开发潜力巨大,在全国的能源和原材料供应方面占有十分重要的战略地位,为了满足国家经济发展对能源及原材料的巨大需求,能源、重化工、有色金属等行业在相当长的时期还要快速发展。

(2)黄河兰州—河口镇区间土地面积广大,耕地资源丰富,光热条件适宜,具有发展大农业得天独厚的条件,长期以来就是我国重要的农业经济区、粮食主要产区之一。区间已建成的宁蒙灌区是全国重要的商品粮基地,还有宜农荒地成果1 000万亩,占全国宜农荒地总量的10%以上,开发潜力很大。

(3)经过改革开放30多年的建设,黄河兰州—河口镇区间已具备地区特色明显且门类比较齐全的工业基础。

2010年黄河兰州—河口镇区间工业增加值7 844亿元,占黄河流域GDP总量的7.6%。从工业经济的构成看,以资源开发和加工为导向的重工业化发展模式决定了这一地区能源、原材料工业所占比例大,从而形成了一大批在全国都具有重要战略地位的能源、工业基础资源生产加工基地。

6.1.1.1　人口及城镇化

人口和城镇化指标预测的基本思路:预测总人口增长,再根据国家和相关地区城镇化方案预测总人口、城镇居民人口。总人口的增长综合考虑了自然增长、迁移增长和流动增长,在制订方案时参考了《中华人民共和国国民经济和社会发展国民经济和社会发展第十二个五年规划纲要》《人口增长和结构变化的预测分析及对策研究》研究成果及国家发展和改革委员会与宏观经济研究院的研究成果等,并重点参照了甘肃省、宁夏回族自治区、内蒙古自治区《国民经济和社会发展第十二个五年规划纲要》的人口预测指标。

预测 2020 水平年黄河兰州—河口镇区间总人口达到 1 790.46 万人,年均增长率为6‰,城镇人口达到 1 063.28 万人,城市化率上升到 59.39%,农村人口为 727.18 万人。2020 水平年黄河兰州—河口镇区间各行政区人口发展指标预测见表6-1。

表 6-1　2020 水平年黄河兰州—河口镇区间各行政区人口发展指标预测

分区	总人口(万人)	城镇人口(万人)	农村人口(万人)	城镇化率(%)
河段	1 790.46	1 063.28	727.18	59.39
甘肃	405.74	232.07	173.67	57.20
宁夏	563.93	291.65	272.28	51.72
内蒙古	820.79	539.56	281.23	65.74

6.1.1.2　经济指标及产业结构

黄河兰州—河口镇区间水资源需求预测所需要的经济指标主要包括 GDP,第一、二、三产业增加值。第二产业增加值分为工业增加值和建筑业增加值,工业增加值进一步分割为高用水工业增加值、火电工业增加值和其他一般工业增加值。其中,高用水工业主要是指纺织、造纸、化学、食品、石化、冶金等高用水行业,火电需水是根据单位装机容量用水来分析计算的。

根据国家宏观经济政策及区域发展战略,依据资源环境条件,形成资源节约、环境友好、符合各自发展特点的区域产业布局。

甘肃省以兰州为中心,以石油化工、有色冶金、装备制造等产业为重点,建设全国重要的石油化工、有色金属、新材料基地。

宁夏回族自治区以煤电、原材料工业和特色农业为重点,加快建设沿黄城市带,把宁东建设成国家重要的大型煤炭基地、煤化工产业基地、"西电东送"火电基地,实现资源优势向经济优势转变,进一步发展有色金属材料及高技术加工产品系列;优化种植结构,发展以北部引黄灌区为重点的高效节水现代农业,进一步提高农业生产水平。

内蒙古自治区中西部以煤炭、电力、重化工、有色冶金等为重点,加快开发呼、包、鄂"金三角"经济圈,建设鄂尔多斯、乌海、阿拉善等地区的国家级能源基地。加强河套灌区及土默川灌区节水改造,大力提高农业生产水平。

经济指标预测的基本思路:结合国家和相关省(区)的经济和产业政策,预测 GDP 增长,再预测产业结构比例,第二产业增加值进一步分解为工业增加值和建筑业增加值,而工业增加值再进一步分解为高用水工业增加值、火核电增加值和其他一般工业增加值。预测参考甘肃省、宁夏回族自治区、内蒙古自治区《国民经济和社会发展第十二个五年规划纲要》、《"十二五"发展战略和发展思路研究》及《全面建设小康社会总体构想》,并对各地(市)进行综合平衡。

2010 年黄河兰州—河口镇区间 GDP 总量为 7 843.76 亿元,三产结构为 7.6∶47.0∶45.4。预测 2020 水平年黄河兰州—河口镇区间 GDP 总量增长到 19 971 亿元,三产结构调整为 6.2∶47.0∶47.8,其中第一产业增加值为 1 244 亿元,第二产业增加值为 9 393 亿元(其中工业增加值达到 8 040 亿元),第三产业增加值达到 9 334 亿元。2020 水平年黄河兰州—河口镇区间经济指标预测见表 6-2。

表 6-2　2020 水平年黄河兰州—河口镇区间国民经济发展指标预测表 (单位:亿元)

分区	第一产业	第二产业					第三产业	总计
		高用水工业	火核电	其他一般工业	工业小计	建筑业		
河段	1 244	3 139	783	4 117	8 040	1 353	9 334	19 971
甘肃	107	393	16	642	1 051	410	2 255	3 822
宁夏	294	750	133	680	1 563	334	2 001	4 193
内蒙古	843	1 996	634	2 795	5 425	609	5 078	11 955

6.1.1.3　农业发展指标

农业发展指标预测的基本思路:分析区域耕地及各种种植作物的灌溉地面积发展变化,预测鱼塘、牲畜等养殖业的指标。

黄河上游土地面积广大,耕地资源丰富,光热条件适宜,具有发展大农业得天独厚的条件,长期以来就是我国重要的农业经济区、粮食主要产区之一和重要的商品粮基地。据统计,2010 年黄河兰州—河口镇区间现有耕地 5 065 万亩,灌溉面积 2 675 万亩,粮食产量约 1 531 万 t。为了保证粮食安全,满足新增人口对粮食及农副产品的需求,预测黄河兰州—河口镇区间灌溉面积在现有基础上还将有一定的发展,部分宜农荒地和大面积期待改造的中低产田,2020 年灌溉面积将达到 2 859 万亩,较现状增加 184 万亩,鱼塘面积与现状持平,牲畜头数将增长 25%,达到 3 151 万头。2020 水平年黄河兰州—河口镇区间农业发展指标预测见表 6-3。

表 6-3　2020 水平年黄河兰州—河口镇区间农业发展指标预测

分区	耕地面积(万亩)	灌溉面积(万亩)									鱼塘面积(万亩)	牲畜头数(万头)		
		农田有效灌溉面积				灌溉林果地		灌溉草场	合计			大牲畜	小牲畜	合计
		水田	水浇地	菜田	小计	小计	其中农田防护林							
河段	5 073	83	2 196	158	2 437	260	34	161	2 859	27	259	2 892	3 151
甘肃	1 115	3	240	33	276	23	4	4	303	1	54	240	294
宁夏	1 362	80	493	68	641	113	18	18	773	19	94	818	912
内蒙古	2 596	0	1 463	57	1 520	124	12	139	1 783	7	112	1 834	1 946

6.1.2　水资源需求

6.1.2.1　生活需水预测

生活需水预测需分别对城镇居民和农村居民进行预测。生活定额制定参考了甘肃省、宁夏回族自治区、内蒙古自治区《行业用水定额》中的成果,城镇居民毛用水定额按人口规模分类:>200 万人,取 150 L/(人·d);50 万~200 万人,取 140 L/(人·d);<50 万人,取 115 L/(人·d)。对应的净定额分别为:>200 万人,取 130 L/(人·d);50 万~200 万人,取 122 L/(人·d);<50 万人,取 100 L/(人·d)。农村居民用水定额则参考"水总研〔2004〕29 号"中的成果,推荐西部省(区)农村居民用水定额为 60 L/(人·d)。

经分析,2020 年黄河兰州—河口镇区间城镇生活毛需水量为 4.78 亿 m³,农村生活毛需水量为 1.60 亿 m³,居民生活总需水量为 6.38 亿 m³。甘肃、宁夏、内蒙古河段居民生活总需水量分别为 1.49 亿 m³、1.81 亿 m³、3.08 亿 m³,分别占黄河兰州—河口镇区间生活需水总量的 23.3%、28.4% 和 48.3%。生活需水量预测详见表 6-4。

表 6-4　2020 水平年黄河兰州—河口镇区间生活需水预测表　　　　（单位:亿 m³）

分区	城镇	农村	小计
河段	4.78	1.60	6.38
甘肃	1.09	0.40	1.49
宁夏	1.25	0.56	1.81
内蒙古	2.44	0.64	3.08

6.1.2.2　工业需水预测

工业需水项目包括火核电工业、高用水工业和其他一般工业。经分析,到 2020 年,黄河兰州—河口镇区间高用水工业净定额平均值为 77 m³/万元(增加值);其他一般工业净定额平均值分别为 38 m³/万元(增加值);火核电净定额取 7.61 万 m³/万 kW,考虑城镇供水系统的管网漏失率的变化,流域供水利用系数平均值为 0.90。火核电单独考虑,流域供水利用系数平均值为 0.95。工业需水量预测详见表 6-5。

表 6-5　2020 水平年黄河兰州—河口镇区间工业需水预测

分区	用水定额			需水量(亿 m³)	
	高用水工业 （m³/万元）	其他一般工业 （m³/万元）	火核电工业 （万 m³/万 kW）	工业需水	其中:火电
河段	77	38	7.61	22.50	4.45
甘肃	89	48	12.15	3.70	0.77
宁夏	121	60	7.32	7.37	1.21
内蒙古	57	26	6.70	11.43	2.48

6.1.2.3　建筑业及第三产业需水预测

建筑业需水预测按照增加值定额方法预测,采用弹性系数法和竣工建筑面积法进行复核。考虑建筑业采用施工新工艺、实施节水措施、推广中水回用等,建筑业用水定额将有所下降,预测 2020 年建筑业需水定额将分别降低到 77 m³/万元(单位建筑面积用水量分别降低到 1.58 m³/m²),需水量 0.36 亿 m³。

第三产业需水采用万元增加值用水量法进行预测,并采用取水量年增长率、弹性系数和人均需水量等进行复核。考虑未来主要以发展现代服务业、现代金融业和现代物流为主,建立现代服务业体系,第三产业用水效率将会得到显著提高。预测 2020 年第三产业需水定额将下降到 38 m³/万元,需水量为 1.80 亿 m³。建筑业、第三产业需水预测见表 6-6。

表 6-6　2020 水平年黄河兰州—河口镇区间建筑业、第三产业需水预测

分区	用水定额		需水量(亿 m³)		
	建筑业 (m³/万元)	第三产业 (m³/万元)	建筑业	第三产业	合计
河段	77	38	0.36	1.80	2.16
甘肃	89	48	0.12	0.40	0.52
宁夏	121	60	0.12	0.46	0.58
内蒙古	57	26	0.12	0.94	1.06

6.1.2.4　农业需水预测

2020 年区间耕地面积和农业灌溉面积略有增加,考虑通过提高综合渠系和田间水利用系数,达到节约用水的目的。根据节水规划的成果,在需水推荐方案中,农田(包括水田、水浇地、菜田)、林果地、草场、鱼塘的用水净定额与基本方案相同,大、小牲畜的用水定额则有所降低。农业灌溉水综合利用系数略有提高。

采用彭曼公式,根据长系列气温、降水统计资料分析,预测 2020 水平年黄河兰州—河口镇区间长系列农业需水量,降雨频率为 50%、75% 和 95% 的农业需水量分别为 157.19 亿 m³、165.75 亿 m³ 和 173.07 亿 m³。不同频率农业需水量预测见表 6-7。

表 6-7　2020 水平年黄河兰州—河口镇区间不同频率农业需水量预测(单位:亿 m³)

分区	农业需水		
	$P = 50\%$	$P = 75\%$	$P = 95\%$
河段	157.19	165.75	173.07
甘肃	12.27	13.29	14.94
宁夏	65.74	68.64	71.97
内蒙古	79.18	83.82	86.16

6.1.2.5　河道外生态环境需水预测

河道外生态环境需水包括城镇生态环境美化和维持农村植被生态所需的基本水量。

城镇生态用水包括城镇生态美化和环境健康用水,按照定额指标法预测。2020 年黄河兰州—河口镇区间人均绿化面积为 10 m², 城镇公共环境面积,城镇生态需水量为 0.78 亿 m³。农村需水量包括农村维持湿地、植被的水量,根据各地市的农村生态指标预测 2020 年农村生态环境需水量 2.39 亿 m³, 主要为宁夏沙湖、内蒙古乌梁素海等重要湿地的补水需求。河道外生态环境需水量预测见表 6-8。

表 6-8　2020 水平年黄河兰州—河口镇区间生态环境需水量预测　（单位:亿 m³）

分区	城镇	农村	小计
河段	0.78	2.39	3.17
甘肃	0.10	0.03	0.13
宁夏	0.35	0.27	0.62
内蒙古	0.33	2.09	2.42

6.1.2.6　需水总量预测

需水总量包括第一产业、第二产业、第三产业、生活和河道外生态环境需水量之和,反映研究水平年的水资源需求形势。

综合以上各项需水预测,兰州—河口镇区间频率为 50%、75% 和 95% 的需水总量分别为 191.41 亿 m³、199.96 亿 m³ 和 207.29 亿 m³。兰州—河口镇区间 2020 水平年需水总量预测见表 6-9。

表 6-9　2020 水平年兰州—河口镇区间需水总量预测　（单位:亿 m³）

分区	生活需水			生产需水				生态环境需水			总计		
	城镇	农村	小计	城镇	农村			城镇	农村	小计			
					$P=50\%$	$P=75\%$	$P=95\%$				$P=50\%$	$P=75\%$	$P=95\%$
河段	4.79	1.60	6.38	24.66	157.19	165.75	173.07	0.78	2.39	3.17	191.41	199.96	207.29
甘肃	1.09	0.40	1.49	4.23	12.27	13.29	14.94	0.10	0.03	0.13	18.12	19.14	20.79
宁夏	1.25	0.56	1.81	7.96	65.74	68.64	71.97	0.35	0.27	0.62	76.12	79.02	82.36
内蒙古	2.44	0.64	3.08	12.48	79.18	83.82	86.16	0.33	2.09	2.42	97.17	101.80	104.14

6.1.3　河口镇断面生态环境需水量

宁蒙河道为典型的冲积性河道。自上游干流修建了刘家峡、龙羊峡水利枢纽后,受来水来沙条件变化和干流水库调节的共同影响,宁蒙河道冲淤发生了明显变化。内蒙古河段淤积量占全断面的 60% 以上,且大部分淤积量集中在主槽。因此,河口镇断面生态环境需水量包括河道内汛期输沙水量和非汛期生态环境需水量。

6.1.3.1　汛期输沙水量

根据《黄河流域综合规划》成果:以 1986 ~ 2004 年内蒙古河道来沙情况不变、年均淤积 0.66 亿 t(断面法)为基础,根据河口镇水沙关系计算不同淤积水平内蒙古河道的淤积状况和河口镇沙量。鉴于内蒙古河道现状淤积量较大,需要改变这种局面,而如果维持不淤需水量较大,不易实现,经分析全年淤积量 0.2 亿 t 比较合适。计算考虑两种情况,一种是维持现状非汛期淤积量 0.07 亿 t,另一种是保持非汛期不淤积,相对来说在年淤积量一样的条件下,后者需水量大于前者。在非汛期淤积 0.07 亿 t 的条件下,汛期输沙需水量 119 亿 m³,非汛期水量 86 亿 m³,全年水量 205 亿 m³。综合分析,为恢复宁蒙河段(主要为内蒙古河段)主槽的行洪排沙能力,减少宁蒙河段的淤积,河口镇断面控制汛期输沙塑槽水量应在 120 亿 m³ 左右。

6.1.3.2　非汛期生态环境需水量

河口镇断面非汛期生态环境需水量主要包括河道不断流、防凌流量、河流生态等需水量。依据 1956～2000 年 45 年水文系列,河口镇断面多年平均来水量 331.75 亿 m³,其中汛期 196.56 亿 m³,非汛期 135.19 亿 m³。按照河道内生态环境状况"好"的标准,利用 Tennant 法计算,利津断面非汛期河道内生态环境需水量为 27.0 亿 m³。

利用"10 年最小月平均流量法"和 Q_{95} 法计算,河口镇断面"维持河床基本形态、防止河道断流、保持水体天然自净能力和避免河流水体生物群落遭到无法恢复的破坏而保留在河道中的最小水量"分别为 11.0 亿 m³ 和 11.5 亿 m³,考虑黄河输沙用水主要在汛期,且非汛期需 57.0 亿 m³ 左右的防凌用水,河口镇断面非汛期河道内生态环境需水量分别为 68.0 亿 m³ 和 68.5 亿 m³。

鉴于宁蒙河段存在防凌的特殊需求,河口镇断面非汛期河道内生态环境需水量为 68.0 亿～77.0 亿 m³ 是合理的,同时考虑到宁蒙河段、北干流河段水生态环境状况的不明确性,河口镇断面非汛期河道内生态环境需水量应取合理的高值。研究认为,在满足防凌要求和生态环境要求的情况下,河口镇断面非汛期生态需水量 77.0 亿 m³,考虑到生态环境和中下游用水要求,最小流量为 250 m³/s。

6.2　水资源条件分析

6.2.1　干流主要断面径流特征分析

1956～2000 年黄河径流系列是黄河水资源综合规划在下垫面一致性还现处理后的认定水资源评价系列,符合水文成果的一致性、代表性和可靠性要求,可代表黄河近期下垫面下的径流特征。研究采用 1956～2000 年径流系列作为水资源一体化配置与调度模型方案分析的基础输入,径流经龙羊峡、刘家峡水库调节在河段进行分配。

唐乃亥是龙羊峡水库的入库水文站,1956～2000 年 45 年系列唐乃亥断面多年平均天然径流量为 205.15 亿 m³,具有年内年际变化大的特征。丰水年($P=20\%$)径流量为 243.56 亿 m³,是特枯水年($P=95\%$)径流量 141.13 亿 m³ 的 1.73 倍。从唐乃亥月径流的变化来看,最大月径流量为 92.11 亿 m³(月平均流量为 3 439 m³/s),最小月径流量为 2.83 亿 m³(月平均流量为 106 m³/s)。唐乃亥水文站天然径流过程见图 6-1。

1956～2000 年 45 年系列兰州断面多年平均天然径流量为 329.89 亿 m³,具有年内年

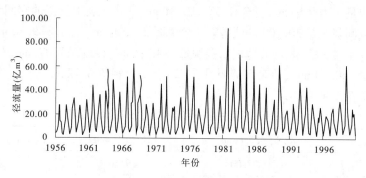

图 6-1　唐乃亥水文站天然径流过程

际变化大的特征。丰水年($P=20\%$)径流量为 397. 45 亿 m³,是中等枯水年份($P=75\%$)径流量 278. 35 亿 m³ 的 1. 43 倍。河口镇断面多年平均出境天然水量 237. 61 亿 m³,最大径流量为 534. 7 亿 m³,最小径流量仅 233. 3 亿 m³。主要水文站天然径流特征指标见表 6-10、图 6-2。

表 6-10　黄河兰州—河口镇河段主要断面天然径流系列特征值 　　（单位:亿 m³）

断面名称	多年平均	20%	50%	75%	95%
唐乃亥	205. 15	243. 56	190. 47	164. 10	141. 13
小川	277. 39	371. 32	279. 93	241. 65	294. 68
兰州	329. 89	397. 45	304. 76	278. 35	235. 32
下河沿	330. 93	398. 77	302. 48	276. 13	232. 40
石嘴山	332. 51	400. 11	304. 46	280. 65	237. 86
河口镇	331. 75	429. 63	326. 53	281. 27	237. 61

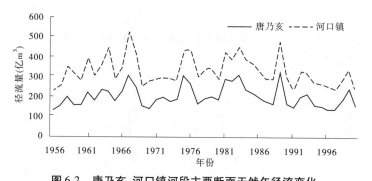

图 6-2　唐乃亥、河口镇河段主要断面天然年径流变化

6.2.2　区间水资源

6.2.2.1　地表水资源量

黄河兰州—河口镇区间降水稀少,蒸发强烈,因而当地径流贫乏,支流不多,且水质较差。1956 ~ 2000 年多年平均降水量为 261. 72 mm,折合水体为 428. 43 亿 m³,区间多年平均地表水资源量 17.69 亿 m³,折合径流深 10.81 mm。从地表水资源的空间分布来看,兰州—下河沿区间降水量 307.00 mm,地表水资源量 2.83 亿 m³,径流深 9.36 mm;下河沿—石嘴山区间降水量 199.58 mm,地表水资源量 2.48 亿 m³,径流深 7.07 mm;石嘴山—河口镇区间降水量 240.60 mm,地表水资源量 12.38 亿 m³,径流深 12.82 mm。兰州—河口镇河段分区水资源量见表 6-11。

表 6-11 黄河兰州—河口镇河段分区水资源量

分区	降水量(mm)	径流深(mm)	地表水资源量(亿 m³)
兰州—下河沿	307.00	9.36	2.83
下河沿—石嘴山	199.58	7.07	2.48
石嘴山—河口镇	240.60	12.82	12.38
区间合计	261.72	10.81	17.69

兰州—河口镇区间地表水资源量从年际分布来看,具有年际分布不均、变化大的特征,年内分布主要集中在 6 ~ 9 月,约占全年水资源总量的 70%,且易于形成汛期洪水,地表水资源利用难度大。兰州—河口镇区间地表水资源量年际、年内变化分别见图 6-3、图 6-4。

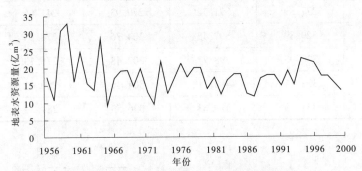

图 6-3 兰州—河口镇区间地表水资源量年际变化情况

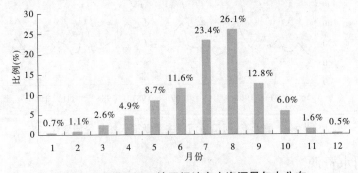

图 6-4 兰州—河口镇区间地表水资源量年内分布

兰州—河口镇区间水面蒸发量的年内分配,随各月气温、湿度、风速而变化。全年最小月蒸发量一般出现在 1 月或 12 月,最大月蒸发量出现在 5 ~ 7 月。5 ~ 7 月月均蒸发量占年总量的 15% 左右。

6.2.2.2　地下水资源量

1980～2000 年黄河兰州—河口镇区间平原区矿化度小于等于 2 g/L 的浅层地下水多年平均资源总量 46.23 亿 m³,可开采量为 40.55 亿 m³,其中山丘区年均可开采量为 2.03 亿 m³,平原区年均可开采量为 38.52 亿 m³。

从分区来看,平原区多年平均年地下水可开采量($M \leqslant 2$ g/L)主要分布于下河沿—石嘴山(46.2%)及石嘴山—河口镇区间(53.6%),黄河兰州—河口镇区间各分区多年平均年地下水可开采量($M \leqslant 2$ g/L)详见表 6-12。

表 6-12　黄河兰州—河口镇区间多年平均年浅层地下水可开采量($M \leqslant 2$ g/L)

（单位:亿 m³）

分区	地下水资源量	地下水可开采量			地下水供水能力
		平原区	山丘区	总量	
兰州—下河沿	1.66	0.09	0	0.09	1.32
下河沿—石嘴山	19.97	17.79	0	17.79	7.29
石嘴山—河口镇	24.60	20.64	2.03	22.67	12.56
区间合计	46.23	38.52	2.03	40.55	21.17

6.3　河段污染物入河量分析

6.3.1　点源污染物预测

污染源排放量以城镇为基础单元进行预测,并依据当地排污系统的划分情况,将水功能区对应的陆域为统计单元,将预测的城镇废污水及污染物排放量分解到水功能区,并汇总到河段。

6.3.1.1　生活污染物预测

生活污染物排放量的预测考虑两种情况:一是按照现状的生活污染物排放浓度进行预测;二是考虑规划水平年的污水处理率,进行城市生活污染物排放量的预测。生活污水量预测,按照人均用水量与排水系数法进行预测。

污染物产生量预测:

$$W_{Li} = P \times \phi_P \tag{6-1}$$

式中:W_{Li} 为区域研究水平年生活污染物排放量,万 m³/a;P 为区域预测年城镇人口数量,万人;ϕ_P 为区域预测年城镇人均生活污染物产生系数,m³/(a·人)。

研究调查在近 5 年生活用水量、人均生活用水量、人均 COD 排放量、人均氨氮排放量数据等调查基础上,绘制用水—排水关系曲线,确定排水系数,城市人均生活污染物产生系数 ϕ_P 为:COD 60～80 g/(d·人),氨氮 4～6 g/(d·人)。

6.3.1.2　工业污染物预测

工业污染物排放量预测采用工业废水排放量乘以工业企业污染物排放浓度的方法进

行预测。工业企业污染物排放浓度在预测中考虑两个层次,一是根据现状调查的工业企业排放浓度进行污染物量的预测;二是在工业达标排放的基础上预测分析未来水平年污染物排放浓度,即根据现在各行业实际工业污水排放浓度,结合预测水平年区域产业结构、规模、生产工艺与清洁生产水平、水处理技术和排放标准等因素,预测规划年的工业污水排放浓度。

$$W_{I2} = Q_{I2} \times Ts_I \times \varphi_I \tag{6-2}$$

式中:W_{I2}为区域预测年工业污染物排放量,万 m³/a;Q_{I2}为区域预测年工业用水量,万 m³;Ts_I为工业退水系数;φ_I为区域预测年污染物排放浓度,mg/(L·人)。

黄河兰州—河口镇河段主要污染物排放量预测见表 6-13。

表 6-13　黄河兰州—河口镇河段主要污染物排放量预测　　　　（单位:万 t）

区间	城镇生活污染物			工业污染物		
	废污水	COD	氨氮	废污水	COD	氨氮
兰州—下河沿	0.76	6.78	0.46	1.70	10.21	0.51
下河沿—石嘴山	0.88	8.52	0.57	3.39	26.28	1.02
石嘴山—河口镇	1.71	15.76	1.06	5.26	31.55	1.58
合计	3.35	31.06	2.09	10.35	68.04	3.11

6.3.2　农业面源污染物预测

研究水平年兰州—河口镇河段农业增加值将达到 1 244 亿元,农田灌溉面积达到 2 438 万亩、林果灌溉面积 260 万亩、草场灌溉面积 161 万亩,牲畜饲养量 3 151 万头(其中大牲畜 259 万头,小牲畜 2 892 万头(只))。结合近 5 年农业面源排污水平的统计分析,预测 2020 年黄河兰州—河口镇河段主要污染物 COD 入河量为 290 059 t,氨氮入河量为 13 840 t。研究水平年黄河兰州—河口镇河段污染物入河量预测见表 6-14。

表 6-14　研究水平年黄河兰州—河口镇河段污染物入河量预测　　　（单位:t）

河段	COD 入河量	氨氮入河量
兰州—下河沿	8 797	428
下河沿—石嘴山	211 907	10 016
石嘴山—河口镇	69 354	3 396
合计	290 059	13 840

6.4　河段水质水量一体化配置的策略

6.4.1　一体化配置原则

河流水资源利用与保护的终极目标是实现有限水资源的经济、社会和生态环境综合效益最大化,从这个角度来分析可以界定为三大目标:维持河流正常功能,维持河流连续性;保障供水安全,支撑沿河区域的经济社会发展;改善生态环境,保障生态环境用水需求。

水质水量联合调控从三个层面来实现河流水资源利用与保护目标包括:第一,合理配置河段水资源量,包括对区域用水总量、断面下泄水量、各行业各地区与各种水源的用水总量的控制,实现水量供给对区域经济发展的支撑;第二,根据河段各水功能区要求进行污染源的控制和削减,在准确估算各种污染实际负荷的基础上,对流域安全余量进行合理分配,对入河污染源、污染负荷进行控制;第三,通过衡量不同措施的效果和投入,评估选取合理的污染控制措施,为污染控制方案的制订提供基础。

水质水量一体化配置将微观层面的水质模拟与宏观层面的水量配置相结合,研究人工—自然水循环系统之间的动态关系,在进行供需分析时,按照水质水量的统一配置,根据各河段地表水水功能区的目标,实现分质供水、水源优化,充分考虑水量变化条件的影响,结合河流水质功能目标,进行断面取水量分配、污染物入河量的沿河配置及调控手段的制订。

结合黄河水质水量一体化配置的目标和任务,提出一体化配置的原则:

(1)黄河干流与支流统一调配,地表水与地下水统一调配,常规水源与非常规水源统一调配,实现多种水资源的联合调配,达到优水优用、高效利用。

(2)总量控制与过程控制相结合,水质水量一体化配置方案细化到月过程。

(3)河段水资源配置与行政区水量分配相结合,水资源配置方案细化到地市级行政区;水环境控制细化到水功能二级区,污染物排放分配到地市级行政区。

6.4.2　一体化调控的实现

在水质水量一体化配置方案的基础上,通过水质水量联合模拟调控、取用水总量与过程控制实现水质水量一体化调控。

(1)水质水量联合模拟与调控。污染物入河之后与水量共同演进形成的污染负荷衰减过程可以通过水质水量联合模拟提出模拟分析得出,该过程与水量过程密切相关,同样的水量实现最佳的污染负荷衰减效果是实现过程控制的核心问题,也是水质水量联合调控的另一个关键技术。

(2)总量与过程控制。取水控制目标是保障断面下泄一定的水量和过程,黄河主要断面的下泄水量通常具有一定总量和过程需求。从总量来说,黄河河口镇断面以上的径流量占黄河河川径流总量的62%,黄河下游河段用水需要河口镇下泄水量满足需求;从过程来看,黄河宁蒙河段泥沙淤积问题也不断加剧,需要下泄具有一定流量过程的输沙水量;另外维持黄河基流也需要河口镇下泄一定流量过程。河段供水的优先序是:生活用水优先,农田保灌面积用水、工业、生态环境统筹兼顾。

根据长期研究结果,为恢复宁蒙河段(主要为内蒙古河段)主槽的行洪排沙能力,减少宁蒙河段的淤积,河口镇断面控制汛期输沙塑槽水量应在 120 亿 m³。河口镇断面非汛期河道内生态环境需水量为 68.0 亿~77.0 亿 m³,同时考虑到宁蒙河段、北干流河段水生态环境状况的不明确性,河口镇断面非汛期河道内生态环境需水量应取合理的高值。研究认为,在满足防凌要求和生态环境要求的情况下,河口镇断面非汛期生态需水量 77.0 亿 m³,考虑到生态环境和中下游用水要求,最小流量为 250 m³/s。

污染物排放控制目标是保证水功能区水质达标,实现手段是对排入河段的污染物总量、排放过程加以控制,通常包括三个方面内容:一是污染物的排放总量;二是排放污染物的河段;三是排放污染物的时间。

污染物排放量控制需要首先确定区域的水环境功能区划,根据水功能区划分析不同水量条件水域的最大允许纳污量,即满足水质功能要求最大允许排入水体的污染物总量,实施目标总量控制。若实际的水质优于水资源功能区所要求的水质标准,则水体还能满足更高的水资源功能要求,具有水环境容量,反之则为水功能亏缺。若将污染物从功能亏缺的水资源转向具备功能容量的水资源进行排放,就可减少水资源功能亏缺,增加具备水资源功能的水量。根据《黄河流域水功能区划》,黄河干流兰州—河口镇河段的水功能区划分为开发利用区(多属饮用和工业用水区,少部分河段为农业用水区)和缓冲区,因此可根据《地表水环境质量标准》(GB 3838—2002)将水质目标定为Ⅲ类标准,见表 2-5。

污染物的产生、排放和治理是水质控制的核心。污染源控制是减少污染的关键所在,对污染物产生和排放的预测是实现水质控制的基础。由于污染源的作用机制及水体对污染物的衰减作用不同,减排、过程控制和末端治理等削减控制手段也不同。在进行污染物排放量分配时,通常需要考虑区域经济发展状况、污染治理费用等因素,确定合适的削减比例,将削减量合理地分配到各河段、各地区。

6.5　水质水量情景方案研究

6.5.1　水质水量情景方案设置

6.5.1.1　"87 分水方案"

当前黄河分水执行国务院 1987 年颁布的《黄河可供水量分配方案》(简称"87 分水方案")。"87 分水方案"是依据黄河流域 1919~1975 年 56 年径流资料,黄河多年平均天然河川径流量为 580 亿 m³,以 1980 年为现状水平年,预测 2000 年规划水平年的国民经济发展指标和需耗水量,在考虑黄河生态环境需水量后明确了黄河 370 亿 m³ 地表水可供水量的分配方案。黄河"87 分水方案"是一种典型的行政分配,采用行政手段将黄河的可供水量分配到沿黄的各省(区),制订年度水量分配按照黄河径流量丰增枯减的原则。"87 分水方案"分配给流域各省(区)的水量指标见表 6-15。

表 6-15　黄河流域各省(区)"87 分水方案"分配指标　　　　　　(单位:亿 m³)

省(区)	青海	四川	甘肃	宁夏	内蒙古	陕西	山西	河南	山东	津冀	合计
水量	14.1	0.4	30.4	40.0	58.6	38.0	43.1	55.4	70.0	20.0	370.0

根据黄河"87 分水方案",河口镇以上分配水量 127.10 亿 m³,其中兰州以上分配水量 28.74 亿 m³,兰州—河口镇分配水量 98.36 亿 m³(包括甘肃 7.82 亿 m³,宁夏 38.0 亿

m^3,内蒙古 51. 23 亿 m^3)。

6.5.1.2　情景方案设置

IQQM 模型具有模拟与优化相结合的功能,可模拟不同情景方案边界条件下实现的的水质水量效果。根据黄河流域水资源供需情势和管理现状,建立不同的水质水量配置的情景方案,通过模型模拟和分析不同情景方案的河流水质和水量效果。情景设置以黄河当前执行的"87 分水方案"为基础,考虑以下三个层面的因素:

(1)水库调度规则(确定水库蓄水和泄水的条件)。

(2)水量分配的规则(确定用户开始、停止取水的条件)。

(3)排污量分配的规则(确定排污口排放污染物的条件)。

模型设置结合水质水量管理的实施可行性,情景方案设置按照手段、措施逐渐递进的原则,通过情景方案实现的水质水量效果比选推荐水质水量配置方案。首先利用模型模拟"87 分水方案"现状排污模式实现的水质水量效果,分析存在的主要问题;然后针对现状排污模式下的河段水环境问题,设置"87 分水方案"达标排放模式,对比分析对河段水环境的改善;利用模型的优化功能,设置水质水量一体化配置方案,优化水量和水质分配,并作为推荐方案。结合模型的模拟与优化功能,水质水量情景方案设置见表6-16。

表 6-16　水质水量配置情景方案

方案序号	情景	描述
1	"87 分水方案" + 现状排污模式	水量分配按照国务院"87 分水方案"总量控制,排污量采用近 5 年平均水平
2	"87 分水方案" + 达标排放模式	水量分配按照国务院"87 分水方案"总量控制,排污量按照国家达标排放标准
3	水质水量一体化配置模式	按照水质水量一体优化原则,实施水质水量的双控制,优化水库调度运行方式

6.5.2　"87 分水方案"水质水量分析

6.5.2.1　现状排污模式水质水量分析

计算采用 1956~2000 年系列,黄河多年平均径流量 534.8 亿 m^3,黄河可供水量为 341.16 亿 m^3。考虑河口镇断面下泄水量的要求,经龙羊峡水库及刘家峡水库调节河口镇以上多年平均供水量 198.92 亿 m^3,其中地下水供水量 23.59 亿 m^3,地表水供水量 175.33 亿 m^3,河口镇以上配置耗水量 131.92 亿 m^3。"87 分水方案"水资源配置见表6-17。

表 6-17 "87 分水方案"水资源配置 （单位：亿 m³）

河段/省区	需水量	供水量			用水量			排水量	地表耗水量
		地表水	地下水	小计	工业生活	农业及生态环境	小计		
兰州以上	41.95	30.88	2.24	33.13	10.38	22.75	33.13	8.71	22.17
兰州—下河沿	28.65	23.88	0.09	23.97	13.80	10.17	23.97	5.63	18.25
下河沿—石嘴山	72.09	55.20	8.22	63.42	9.41	54.01	63.42	20.03	35.17
石嘴山—河口镇	94.18	65.37	13.04	78.41	14.74	63.67	78.41	9.04	56.33
青海	26.25	19.96	2.24	22.20	7.40	14.80	22.20	5.87	14.09
四川	0.40	0.40	0.00	0.40		0.40	0.40	0.00	0.4
甘肃	44.35	34.41	0.09	34.50	16.69	17.81	34.50	8.07	26.34
宁夏	72.09	55.20	8.22	63.42	9.41	54.01	63.42	20.03	35.17
内蒙古	94.18	65.37	13.04	78.41	14.74	63.67	78.41	9.04	56.33
合计	236.86	175.33	23.59	198.92	48.33	150.6	198.92	43.41	131.92

"87 分水方案"现状排污模式，2020 年河口镇以上主要污染物 COD 入河量约 101.89 万 t，其中工业和生活点源排污 COD 入河量约 77.01 万 t，占 75.6%，农业面源 COD 入河量24.88 万 t，占 24.4%；氨氮入河量约 55.72 万 t，其中工业和生活点源排污氨氮入河量约 4.38 万 t，占 78.7%，农业面源氨氮入河量约 11.89 万 t，占 21.3%；从分区来看，石嘴山—河口镇区间工业排放的污染物最多，兰州—下河沿生活排放的污染物最大；从行政分区来看，宁夏污染物入河量最多，COD 入河量约 42.34 万 t，占总量的 41.56%，氨氮入河量约 22.61 万 t，占 40.6%。河口镇以上主要污染物入河量见表 6-18。

表 6-18 黄河河口镇以上现状排放模式主要污染物入河量 （单位：t）

河段	COD 入河量				氨氮入河量			
	生活	工业	农业	总量	生活	工业	农业	总量
兰州以上	28 760	54 102	16 532	99 395	1 392	2 624	804	4 820
兰州—下河沿	53 841	131 255	5 365	190 461	2 605	6 366	261	9 232
下河沿—石嘴山	14 099	205 276	204 030	423 406	789	12 089	9 732	22 610
石嘴山—河口镇	6 872	275 858	22 882	305 612	431	17 533	1 088	19 053
青海	4 314	45 987	14 052	64 353	209	2 230	684	3 123
甘肃	78 288	139 370	7 845	225 503	3 788	6 759	382	10 929
宁夏	14 099	205 276	204 030	423 406	789	12 089	9 732	22 610
内蒙古	6 872	275 858	22 882	305 612	431	17 533	1 088	19 053
合计	103 573	666 492	248 809	1 018 874	5 217	38 613	11 886	55 715

　　根据"87 分水方案"配置成果,兰州断面年均入境水量 315.76 亿 m^3,入境水质符合Ⅲ类水质标准;由于河段污染物的大量排入,黄河水质不断变差,包兰桥断面 COD 浓度超过Ⅲ类标准的月份为 138 个,占 26%;水川吊桥、安宁渡断面水质进一步恶化,COD 浓度超标月份分别达到 238 个和 228 个;下河沿断面年均下泄水量 287.35 亿 m^3,下河沿 66 个月 COD 浓度超标,水质不满足Ⅲ类标准;随着黄河宁夏段污染物的大量排入,青铜峡以下断面氨氮浓度也超过Ⅲ类标准,石嘴山断面年均下泄水量 260.08 亿 m^3,断面水质严重超标,COD 浓度不达标月份达到 481 个,占 89%,部分月份超过Ⅴ类水质标准,下河沿—石嘴山河段水质普遍不达标;河口镇断面年均出境水量 199.76 亿 m^3,河口镇断面水质 441 个月份水质超过Ⅲ类水质标准,石嘴山—河口镇河段水污染问题突出。

　　从兰州—河口镇区间水质的总体形势来看,包兰桥断面以下水污染形势较为严峻,不达标河长、持续时间长均超过现状,从效果来看按照现状"87 分水方案"配置黄河河口镇以上水环境问题将十分突出、水功能区水质目标不能实现。"87 分水方案"现状排放模式河口镇以上主要断面水质水量控制情况见表 6-19,主要断面污染物浓度见图 6-5 ~图 6-11。

表 6-19　"87 分水方案"水质模拟结果

序号	河段	断面月平均径流量（亿 m^3）	断面平均流速（m/s）	现状排放方案			达标排放方案		
				COD 平均浓度（mg/L）	氨氮平均浓度（mg/L）	水功能区不达标月数（月）	COD 平均浓度（mg/L）	氨氮平均浓度（mg/L）	水功能区不达标月数（月）
1	兰州	26.31	1.43	12.34	0.21	0	10.77	0.25	0
2	包兰桥	25.56	1.74	18.13	0.45	138	12.19	0.25	0
3	水川吊桥	25.11	1.73	19.41	0.46	238	12.54	0.42	1
4	安宁渡	25.11	1.83	19.14	0.41	228	12.28	0.36	1
5	下河沿	23.91	1.36	16.77	0.21	66	10.89	0.19	0
6	青铜峡	23.61	1.35	19.17	0.37	173	12.20	0.28	7
7	银川公路桥	22.75	1.33	23.02	0.60	402	13.90	0.41	33
8	陶乐	21.98	1.32	26.77	0.81	468	15.82	0.53	155
9	石嘴山	21.60	1.31	28.39	0.90	481	16.50	0.58	190
10	三盛公	20.11	1.06	35.73	1.21	461	18.66	0.72	212
11	巴彦高勒	16.77	0.95	32.99	1.07	450	17.34	0.63	185
12	三湖河口	17.08	0.95	26.74	0.77	412	17.34	0.63	185
13	画匠营	17.08	0.75	24.69	0.68	381	13.24	0.41	61
14	镫口	16.29	0.73	34.28	1.29	469	15.48	0.67	132
15	头道拐	16.48	0.90	28.30	0.92	441	12.45	0.47	21

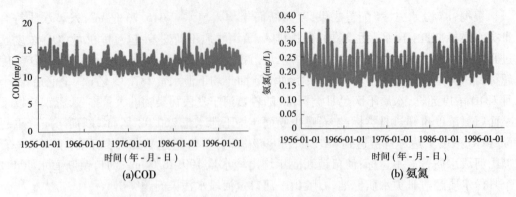

(a)COD　　　　　　　　　　　　(b) 氨氮

图 6-5　"87 分水方案"现状排放模式兰州断面主要污染物浓度

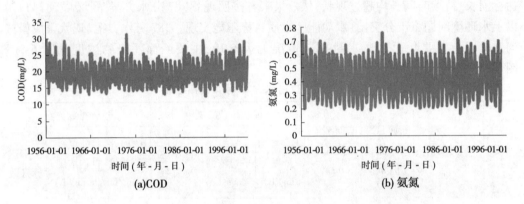

(a)COD　　　　　　　　　　　　(b) 氨氮

图 6-6　"87 分水方案"现状排放模式安宁渡断面主要污染物浓度

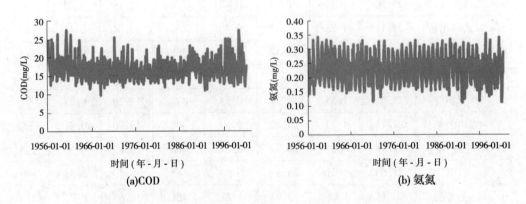

(a)COD　　　　　　　　　　　　(b) 氨氮

图 6-7　"87 分水方案"现状排放模式下河沿断面主要污染物浓度

6.5.2.2　达标排放模式水质水量分析

达标排放模式是指生活及工业废水经源内治理达标处理排放后,考虑规划水平年不同的城镇生活污水处理率,污水处理厂按照国家排放标准进行污染物排放量的预测。

在工业达标排放的基础上预测分析未来水平年污染物排放浓度,即根据现在各行业实际工业污水排放浓度,结合预测年区域的产业结构、规模、生产工艺与清洁生产水平、水

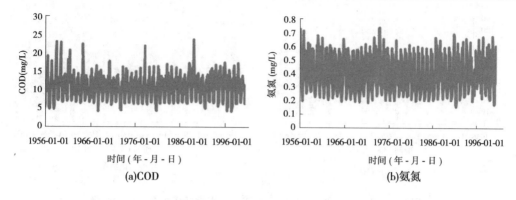

图 6-8　"87 分水方案"现状排放模式青铜峡断面主要污染物浓度

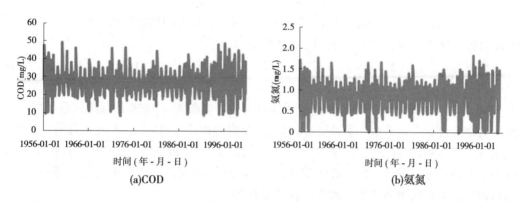

图 6-9　"87 分水方案"现状排放模式石嘴山断面主要污染物浓度

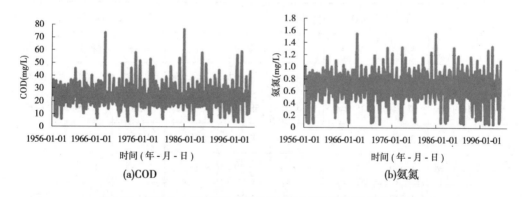

图 6-10　"87 分水方案"现状排放模式画匠营断面主要污染物浓度

处理技术和排放标准等因素,预测规划年的工业污水排放浓度。工业达标排放考虑研究水平年黄河流域水资源污染形势,工业排水执行《污水综合排放标准》(GB 8978—1996)一级标准:COD 排放控制在 100 mg/L,氨氮控制在 15 mg/L。

考虑规划水平年的污水处理率,进行城市生活污染物排放量的预测。城镇生活污水处理率:参照国家《城市污水处理及污染防治技术政策》的有关规定,2020 水平年生活污水处理率将不低于 80%,经过处理的生活污染物排放浓度参照《城镇污水处理厂污染物

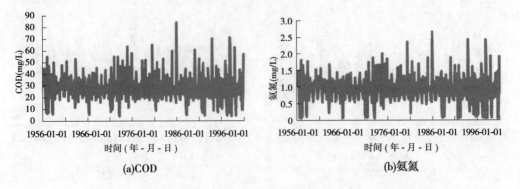

图 6-11 "87 分水方案"现状排放模式头道拐断面主要污染物浓度

排放标准》(GB 18918—2002)确定,即排入水质目标为Ⅲ类的功能区水体的污水,其出水浓度执行一级 B 标准:COD 60 mg/L,氨氮 8 mg/L。

按照"87 分水方案"达标排放模式,2020 水平年黄河河口镇以上河段主要污染物 COD 入河量减少为 42.33 万 t,氨氮入河量 3.61 万 t,较现状排污模式分别减少 59.55 万 t 和 1.96 万 t,减少 58.5% 和 35.1%;从污染物的主要来源来看,实施达标排放后河段的主要污染物来自于农业退水产生的面源污染,其中农业面源 COD 占总入河总量的 57.8%,氨氮占入河总量的 32.3%;从主要污染物入河的空间分布来看,下河沿—石嘴山区间 COD 入河量占总的 57.2%,氨氮入河量占入河总量的 40.9%。2020 年达标排放模式,河口镇以上主要断面污染物入河控制量见表 6-20。

表 6-20 黄河河口镇以上河段达标排放模式主要污染物入河量 (单位:t)

河段	COD 入河控制量				氨氮入河控制量			
	生活	工业	农业	总量	生活	工业	农业	总量
兰州以上	12 997	29 011	8 309	50 317	1 244	4 352	404	6 000
兰州—下河沿	17 549	35 540	5 451	58 540	1 425	5 331	265	7 021
下河沿—石嘴山	3 832	30 651	207 665	242 149	293	4 598	9 905	14 796
石嘴山—河口镇	1 922	47 087	23 320	72 329	159	7 063	1 109	8 332
青海	1 949	4 352	1 246	7 547	187	653	61	900
甘肃	28 596	60 199	12 514	101 309	2 483	9 030	609	12 122
宁夏	3 832	30 651	207 665	242 149	293	4 598	9 905	14 796
内蒙古	1 922	47 087	23 320	72 329	159	7 063	1 109	8 332
合计	36 300	142 289	244 745	423 335	3 121	21 343	11 684	36 149

从达标排放模式实现的水质效果总体来看,黄河河口镇以上断面水质得到了一定程度的改善,主要河段的污染物浓度显著下降,下河沿断面 COD 平均浓度从 16.77 mg/L 降低到 10.89 mg/L,河口镇断面 COD 平均浓度从 28.30 mg/L 降低到 12.45 mg/L;水功能区水质不达标的月份大幅减少,下河沿断面和河口镇断面水质超标月份分别从 66 个月和 441 个月,减少到 0 个月和 21 个月;但从长系列来看,兰州—河口镇河段仍存在水功能区污染物浓度高、超过水质控制目标的问题,而且一些断面不达标的时段所占比率偏高,接近 40%。

从达标排放模式河段和水质来看,兰州—下河沿区间水质良好,除水川吊桥、安宁渡断面 COD 浓度 1 个月水质超标外。其余水功能区基本可达到地表水质Ⅲ类标准;随着下河沿—石嘴山区间农业面源污染物入河量增加和点源的集中排放,黄河干流水质青铜峡、银川公路桥、陶乐、石嘴山断面部分月份 COD 浓度超过地表水Ⅲ类标准,其中陶乐、石嘴山断面水质不达标的月份分别为 155 个和 190 个,不达标比率分别为 29% 和 35%。石嘴山—河口镇区间,三盛公断面以上由于点源排污集中,河流纳污能力不足,水质进一步恶化,三盛公断面 COD 的平均浓度上升为 18.66 mg/L,水质不达标月份达到 212 个,不达标率为 39%,至三湖河口断面水质不达标月份仍高达 185 个,在经过河流的自净和污染物的衰减后,河口镇断面 COD 浓度降低为 12.45 mg/L,水质超标月份减少为 21 个,占 3.9%。从兰州—河口镇区间水质的总体形势来看,陶乐断面以下水污染形势较为严峻,黄河河口镇以上河段主要断面水质水量控制情况见表 6-21,主要断面污染物浓度见图 6-12 ~ 图 6-18。

表 6-21　"87 分水方案"水质模拟结果

序号	河段	断面月平均径流（亿 m³）	断面平均流速（m/s）	现状排放方案			达标排放方案		
				COD 平均浓度（mg/L）	氨氮平均浓度（mg/L）	水功能区不达标月数	COD 平均浓度（mg/L）	氨氮平均浓度（mg/L）	水功能区不达标月数
1	兰州	26.31	1.43	12.34	0.21	0	10.77	0.25	0
2	包兰桥	25.56	1.74	18.13	0.45	138	12.19	0.25	0
3	水川吊桥	25.11	1.73	19.41	0.46	238	12.54	0.42	1
4	安宁渡	25.11	1.83	19.14	0.41	228	12.28	0.36	1
5	下河沿	23.91	1.36	16.77	0.21	66	10.89	0.19	0
6	青铜峡	23.61	1.35	19.17	0.37	173	12.20	0.28	7
7	银川公路桥	22.75	1.33	23.02	0.60	402	13.90	0.41	33
8	陶乐	21.98	1.32	26.77	0.81	468	15.82	0.53	155
9	石嘴山	21.60	1.31	28.39	0.90	481	16.50	0.58	190
10	三盛公	20.11	1.06	35.73	1.21	461	18.66	0.72	212
11	巴彦高勒	16.77	0.95	32.99	1.07	450	17.34	0.63	185
12	三湖河口	17.08	0.95	26.74	0.77	412	17.34	0.63	185
13	画匠营	17.08	0.75	24.69	0.68	381	13.24	0.41	61
14	镫口	16.29	0.73	34.28	1.29	469	15.48	0.67	132
15	头道拐	16.48	0.90	28.30	0.92	441	12.45	0.47	21

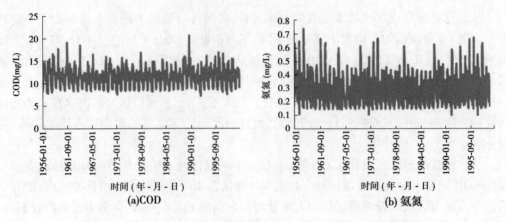

图 6-12 "87 分水方案"达标排放模式兰州断面主要污染物浓度

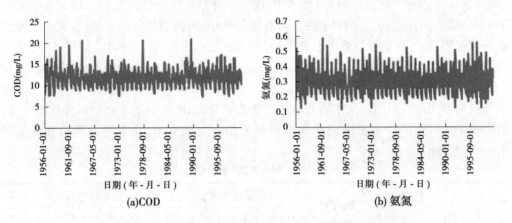

图 6-13 "87 分水方案"达标排放模式安宁渡断面主要污染物浓度

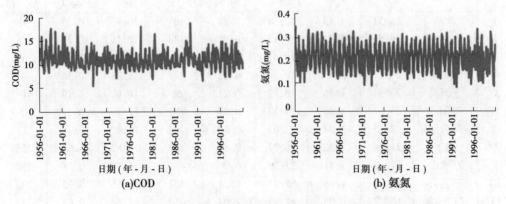

图 6-14 "87 分水方案"达标排放模式下河沿断面主要污染物浓度

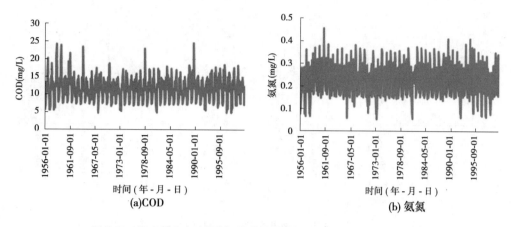

图 6-15 "87 分水方案"达标排放模式青铜峡断面主要污染物浓度

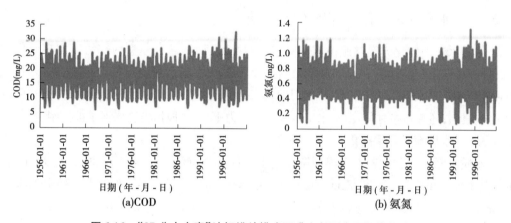

图 6-16 "87 分水方案"达标排放模式石嘴山断面主要污染物浓度

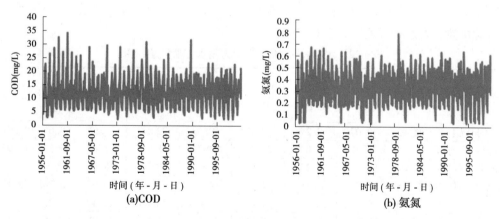

图 6-17 "87 分水方案"达标排放模式画匠营断面主要污染物浓度

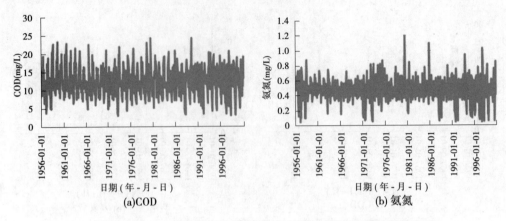

图 6-18 "87 分水方案"达标排放模式头道拐断面主要污染物浓度

6.5.3 "水质水量一体化配置方案"效果

水质水量一体化方案按照模拟—反馈—调控的思路,通过模型内部协调实现水质与水量的双控制,最终达到断面下泄水量满足要求与水功能区水质均符合控制目标。按照 IQQM 模型水质水量一体化配置,一些时段由于要满足断面下泄水量的要求,部分用户的取水受到限制;还有一些时段,由于水功能区纳污能力不足,河段污染物入河量被控制、削减。

6.5.3.1 水质水量配置结果

水质水量一体化配置方案模型调控结果,河口镇断面以上多年平均供水量 190.12 亿 m³,其中地下供水量 23.59 亿 m³,地表供水量 166.53 亿 m³,多年平均地表水耗水 125.20 亿 m³;兰州—河口镇区间地表水供水量 135.87 亿 m³,地表水耗水量 103.18 亿 m³。生活用水可得到全面满足;工业配置水量 34.41 亿 m³,缺水率为 8.4%;农业用水量 141.99 亿 m³,缺水量 43.54 亿 m³,缺水率 23.5%,体现了高保证率用户用水优先的原则。水质水量一体化配置方案水资源配置见表 6-22。

表 6-22 水质水量一体化配置方案水资源配置结果 （单位:亿 m³）

河段/省区	需水量	供水量			用水量			排水量	耗水量
		地表水	地下水	小计	工业生活	农业及生态环境	小计		
兰州以上	41.95	30.67	2.24	32.92	10.38	22.54	32.92	8.65	22.02
兰州—下河沿	28.65	23.52	0.09	23.61	13.74	9.88	23.62	5.59	17.93
下河沿—石嘴山	72.09	50.43	8.22	58.65	9.35	49.30	58.65	18.36	32.07
石嘴山—河口镇	94.18	61.91	13.04	74.95	14.68	60.27	74.95	8.74	53.17
青海	26.25	20.15	2.24	22.40	7.40	15.00	22.40	6.22	13.93
四川	0.40	0.40	0.00	0.40	0.00	0.40	0.40	0.00	0.4
甘肃	44.35	34.04	0.09	34.13	2.98	31.15	34.13	8.03	26.01
宁夏	72.09	50.43	8.22	58.65	9.35	49.30	58.65	18.36	32.07
内蒙古	94.18	61.91	13.04	74.95	14.68	60.27	74.95	8.74	53.17
合计	236.87	166.53	23.59	190.12	48.15	141.99	190.14	41.34	125.19

从表 6-21 可以看出水质水量一体化配置方案,兰州—河口镇河段耗水量控制为 125.20 亿 m^3,较"87 分水方案"地表水减少耗水 6.72 亿 m^3,取水控制主要在宁蒙河段;区间排水量控制在 41.34 亿 m^3,较"87 分水方案"减少 2.07 亿 m^3;其中工业和生活点源排污减少为 17.28 亿 m^3,农业面源排污控制为 24.05 亿 m^3;主要污染物 COD 入河量控制为 26.53 万 t,氨氮入河量控制为 2.17 万 t,较"87 分水方案"达标排放模式分别减少 15.80 万 t 和 1.45 万 t;从区间污染物入河情况来看,下河沿—石嘴山区间污染物入河量减少最为显著,COD 入河量减少 9.27 万 t,氨氮入河量减少 0.60 万 t,分别减少 38.3% 和 20.5%。水质水量一体化配置方案主要污染物入河控制量见表 6-23。

表 6-23　水质水量一体化配置方案主要污染物入河控制量　　　　(单位:t)

河段/省区	COD 排放量				氨氮排放量			
	生活污水	工业废水	农业退水	总量	生活污水	工业废水	农业退水	总量
兰州以上	11 026	17 406	5 717	34 149	1 226	2 321	556	4 103
兰州—下河沿	13 013	20 996	3 651	37 660	1 278	2 799	178	4 255
下河沿—石嘴山	2 549	18 064	128 796	149 409	231	2 409	6 143	8 783
石嘴山—河口镇	1 303	27 755	15 012	44 070	125	3 701	714	4 540
青海	1 659	15 382	4 904	21 945	184	2 051	477	2 712
甘肃	22 380	23 021	4 463	49 864	2 319	3 069	257	5 645
宁夏	2 549	18 064	128 796	149 409	231	2 409	6 143	8 783
内蒙古	1 303	27 755	15 012	44 070	125	3 701	714	4 540
合计	27 891	84 221	153 176	265 287	2 860	11 230	7 592	21 681

6.5.3.2　主要断面水量控制效果

水质水量一体化配置是通过控制主要断面的径流量和最小下泄流量来保障下游河道内外用水需求,水质水量一体化配置方案兰州断面年均入境水量 315.92 亿 m^3,下河沿断面年均下泄水量 287.99 亿 m^3,石嘴山断面年均下泄水量 263.70 亿 m^3,河口镇断面年均出境水量 206.40 亿 m^3。主要断面年下泄水量和流量过程符合水量管理要求。水质水量一体化配置方案,不同来水频率主要控制断面(含省区交界断面)下泄径流量及最小流量控制见表 6-24。

表 6-24　水质水量一体化配置主要断面径流量控制

序号	河段	断面年径流量（亿 m³）				最小控制流量（m³/s）
		20%	50%	75%	95%	
1	兰州	341.14	330.79	279.87	234.76	324
2	包兰桥	331.67	320.22	270.80	227.89	315
3	水川吊桥	325.32	313.36	265.71	224.28	313
4	安宁渡	325.31	313.28	265.70	224.41	313
5	下河沿	292.92	302.19	258.05	224.79	292
6	青铜峡	288.55	297.61	255.54	223.19	292
7	银川公路桥	280.01	287.63	248.88	219.00	294
8	陶乐	271.33	278.22	242.60	215.06	296
9	石嘴山	267.07	272.63	238.87	213.13	298
10	三盛公	236.46	256.58	215.91	196.32	214
11	巴彦高勒	200.79	214.00	192.55	182.70	214
12	三湖河口	205.05	216.74	195.57	183.92	219
13	画匠营	205.05	216.74	195.57	183.92	219
14	镫口	198.77	202.15	189.73	181.66	269
15	头道拐	203.48	202.30	190.27	184.10	268

　　水质水量一体化配置方案，各来水年份按照分配方案控制取水量不超过时段分配水量，控制下游断面河道内年径流量和流量不小于断面最小控制量。当出现某个控制断面流量小于最小控制流量时，即对该控制断面以上的地级行政区取水量进行限制。主要断面水量控制结果：河口镇断面年均下泄径流量 203.48 亿 m³，略高于黄河水量调度下泄197 亿 m³ 的水量（汛期 120 亿 m³，非汛期 77 亿 m³）要求，断面流量超过最小控制流量250 m³/s。兰州、下河沿和石嘴山等重要断面年均下泄径流量分别达到 315.92 亿 m³、287.99 亿 m³、263.70 亿 m³，均超过断面下泄水量要求。

6.5.3.3　主要水功能区水质效果

　　水质水量一体化配置是通过控制主要取水口取水量和排污口的污染物入河量来满足水功能区水质控制目标，一体化配置方案通过双控兰州断面入境水质符合Ⅲ类水质标准，下河沿断面水质良好，全时段水质达到Ⅲ类水质标准，石嘴山断面水质全时段符合Ⅲ类水质标准，河口镇断面水质达到Ⅲ类水质标准。

　　从兰州—河口镇区间水质的总体形势来看，实施水质水量的一体化配置主要断面和水功能区水质均可达到Ⅲ类标准，符合河流水功能区水质管理目标要求，水环境质量得到有效改善。黄河河口镇以上主要断面水质水量控制情况见表 6-25，主要断面污染物浓度见图 6-19～图 6-25。

表 6-25　黄河河口镇以上主要断面水质水量控制情况

序号	河段	断面月平均径流（亿 m³）	断面平均流速（m/s）	COD 平均浓度（mg/L）	氨氮平均浓度（mg/L）	水功能区不达标月数
1	兰州	26.33	1.43	10.18	0.19	0
2	包兰桥	25.60	1.74	10.97	0.28	0
3	水川吊桥	25.17	1.73	11.16	0.28	0
4	安宁渡	25.17	1.83	10.92	0.25	0
5	下河沿	24.00	1.36	9.72	0.13	0
6	青铜峡	23.72	1.36	10.49	0.18	0
7	银川公路桥	23.02	1.33	11.23	0.25	0
8	陶乐	22.34	1.33	12.34	0.32	0
9	石嘴山	21.97	1.32	12.74	0.35	0
10	三盛公	20.49	1.07	14.01	0.42	0
11	巴彦高勒	17.48	0.98	13.12	0.38	0
12	三湖河口	17.77	0.98	10.93	0.28	0
13	画匠营	17.77	0.77	10.21	0.25	0
14	镫口	17.00	0.75	11.61	0.38	0
15	头道拐	17.20	0.93	9.58	0.28	0

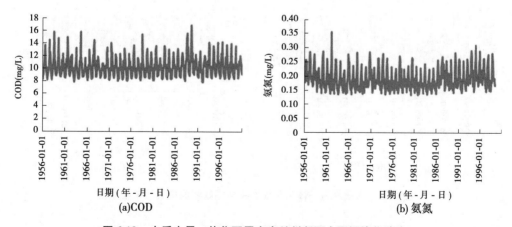

(a)COD　　　　　　　　　　　(b) 氨氮

图 6-19　水质水量一体化配置方案兰州断面主要污染物浓度

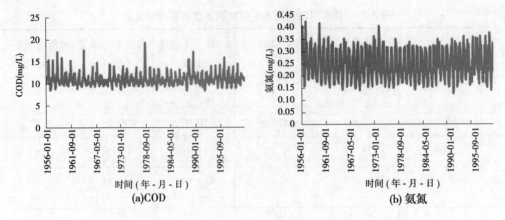

(a)COD　　　　　　　　　　　　　　(b) 氨氮

图 6-20　水质水量一体化配置方案安宁渡断面主要污染物浓度

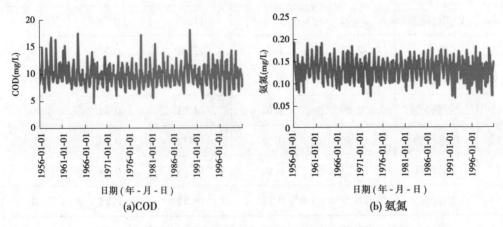

(a)COD　　　　　　　　　　　　　　(b) 氨氮

图 6-21　水质水量一体化配置方案下河沿断面主要污染物浓度

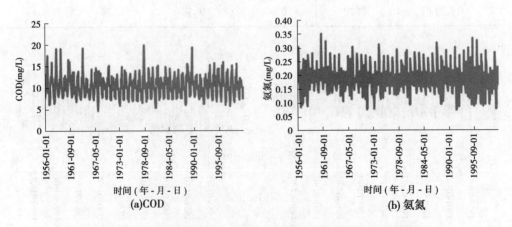

(a)COD　　　　　　　　　　　　　　(b) 氨氮

图 6-22　水质水量一体化配置方案青铜峡断面主要污染物浓度

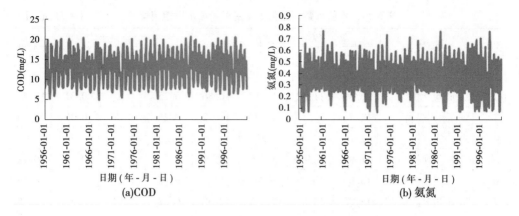

图 6-23　水质水量一体化配置方案石嘴山断面主要污染物浓度

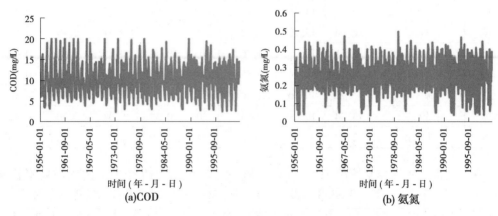

图 6-24　水质水量一体化配置方案画匠营断面主要污染物浓度

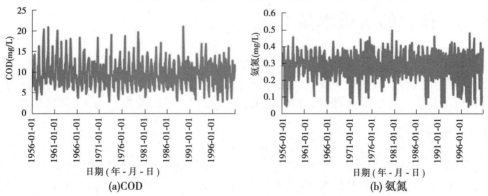

图 6-25　水质水量一体化配置方案头道拐断面主要污染物浓度

　　水质水量一体化配置通过控制上游的污染物入河量及控制上游用户取水的双重总量与过程控制来实现河段水功能区水质目标。水质水量一体化配置方案不同来水频率各主要控制断面(含省(区)交界断面)水质符合水功能区水质目标要求,主要断面水质控制情况见表 6-26。

表 6-26　水质水量一体化配置主要断面水质控制情况　　　　（单位：mg/L）

序号	河段	COD 年均浓度				氨氮年均浓度			
		20%	50%	75%	95%	20%	50%	75%	95%
1	兰州	11.79	10.57	10.48	10.18	0.19	0.19	0.23	0.28
2	包兰桥	12.39	11.12	11.17	10.86	0.25	0.26	0.31	0.37
3	水川吊桥	12.51	11.18	11.28	11.12	0.25	0.26	0.30	0.36
4	安宁渡	12.28	10.97	11.05	10.90	0.22	0.23	0.27	0.32
5	下河沿	11.90	9.95	9.88	9.33	0.13	0.13	0.15	0.18
6	青铜峡	13.02	10.82	10.67	9.98	0.20	0.20	0.23	0.26
7	银川公路桥	13.93	11.87	11.43	10.58	0.27	0.26	0.31	0.35
8	陶乐	3.49	3.36	3.91	4.43	0.35	0.34	0.39	0.44
9	石嘴山	15.82	13.58	12.73	11.57	0.38	0.37	0.42	0.48
10	三盛公	16.96	13.73	13.28	11.79	0.45	0.41	0.49	0.54
11	巴彦高勒	15.61	12.42	12.26	10.63	0.40	0.37	0.41	0.44
12	三湖河口	13.43	10.76	10.55	8.85	0.31	0.30	0.33	0.35
13	画匠营	12.72	10.17	9.96	8.31	0.29	0.27	0.30	0.32
14	镫口	13.74	10.86	10.83	9.20	0.38	0.37	0.40	0.42
15	头道拐	12.00	9.20	9.13	7.84	0.30	0.30	0.32	0.34

从主要断面水质控制情况来看,黄河兰州—河口镇河段 15 个断面的水质要素符合《地表水环境质量标准》(GB 3838—2002)Ⅲ类水质标准,满足河段各水功能区水质目标。丰水年份上游取水量大、河段排污量增加,从断面水质年度平均来看,水质略差于枯水年份。

6.6　一体化的水质水量配置

一体化的水质水量配置方案按照水量和水环境各两项指标进行一体化控制:水量控制指标为兰州—河口镇河段主要断面河道内流量、地级行政区取水量;水质控制指标为主要断面污染物浓度、地级行政区污染物(以 COD 和氨氮为控制指标)容许入河排放量。

6.6.1　取水量分配

根据黄河水质水量一体化配置方案,以黄河主要断面下泄水量控制与水功能区水质达标指标作为该行政区本时段获得水量分配指标的前提。水质水量一体化配置方案以需水预测、水资源配置为基础,2020 水平年黄河兰州—河口镇河段各行政区逐月水量分配方案按照四种来水频率(20%、50%、75%、95%)制订,将取水量及取水过程分配到兰州—河口镇河段的 3 省(区)、17 个地市,取水量分配方案见表 6-27 ~ 表 6-31。

在实际实施该分水方案时,需要逐月预测下月河口镇以上的来水量频率(即判断该月来水相当于某种频率年的对应月来水量),以对应于 20%、50%、75%、95% 四种频率中的一个频率,按照该频率来水的分水方案作为该月各市获取水量的方案。

表 6-27　黄河河口镇以上行政区地表水取水量分配方案（多年平均）

（单位：万 m³）

行政区	1月	2月	3月	4月	5月	6月	7月	8月	9月	10月	11月	12月	全年
兰州以上青海	4 644	4 752	25 254	25 089	27 466	25 527	13 591	25 350	21 333	19 221	4 665	4 644	201 536
兰州以上甘肃	2 484	2 484	7 572	12 984	13 266	12 984	13 334	13 331	8 902	12 877	2 484	2 484	105 186
兰州	8 020	7 065	8 995	15 477	14 133	15 371	13 346	10 364	9 607	12 006	12 166	9 724	136 274
定西	250	243	364	685	559	639	541	375	291	455	463	272	5 137
白银	1 796	1 641	6 039	14 046	13 262	14 531	11 740	6 303	2 885	8 723	9 106	2 128	92 200
武威	5	5	27	80	57	72	51	26	10	38	40	6	417
庆阳	5	5	5	92	283	337	254	5	5	83	133	5	1 212
中卫	1 094	983	992	11 482	19 133	19 250	16 774	12 539	6 259	5 895	11 910	1 325	107 636
固原	280	275	274	1 782	5 530	6 501	5 141	289	294	1 584	2 453	297	24 700
吴忠	1 713	1 515	1 501	8 499	31 162	32 117	26 624	12 385	7 359	7 207	17 589	2 186	149 857
银川	1 190	1 096	1 033	8 092	25 818	24 601	21 257	17 652	11 365	7 832	18 184	1 519	139 639
石嘴山	866	773	750	5 058	14 586	14 111	12 163	10 315	6 962	5 140	10 679	1 110	82 513
阿拉善	11	11	11	1 323	2 928	3 217	2 645	1 911	1 073	916	1 761	13	15 820
乌海	1 006	906	892	1 314	2 286	3 076	2 322	1 801	1 903	1 929	1 735	1 275	20 445
鄂尔多斯	923	818	807	1 234	11 369	18 355	12 468	7 725	7 158	6 169	5 839	1 197	74 062
巴彦淖尔	620	582	542	835	48 209	90 659	58 001	30 899	31 711	28 660	18 001	804	309 523
包头	3 029	2 739	2 648	4 089	11 767	20 058	13 401	8 266	8 575	8 165	6 217	3 958	92 912
乌兰察布	1 604	1 504	1 402	2 191	2 796	4 212	2 910	2 326	2 189	2 555	2 191	2 113	27 993
呼和浩特	1 582	1 477	1 383	2 159	13 618	29 922	17 387	9 625	8 182	9 227	4 766	2 083	101 411
合计	31 122	28 874	60 491	116 511	258 228	335 540	243 950	171 487	136 063	138 682	130 382	37 143	1 688 473

表 6-28 黄河河口镇以上行政区地表水取水量分配方案（P = 20%）

（单位：万 m³）

行政区	1 月	2 月	3 月	4 月	5 月	6 月	7 月	8 月	9 月	10 月	11 月	12 月	全年
兰州以上青海	4 644	4 765	24 085	30 935	29 325	11 725	17 177	26 960	20 184	18 208	4 665	4 644	197 317
兰州以上甘肃	2 484	2 484	7 751	12 984	13 334	12 984	13 334	13 334	9 112	13 334	2 484	2 484	106 103
兰州	9 923	9 923	12 919	16 422	16 120	12 994	16 120	11 879	10 237	12 126	12 441	9 923	151 027
定西	275	275	506	853	622	405	738	448	304	477	506	275	5 684
白银	2 167	2 175	10 021	15 870	15 562	10 896	15 577	8 054	3 151	9 040	10 024	2 167	104 704
武威	6	6	45	105	65	28	65	36	11	40	45	6	458
庆阳	5	5	5	119	321	115	321	5	5	86	151	5	1143
中卫	1 356	1 356	1 361	16 109	28 166	13 422	26 826	18 780	8 057	6 721	14 761	1 356	138 271
固原	298	298	298	1 971	6 511	3 524	6 511	298	298	1 493	2 449	298	24 247
吴忠	2 248	2 285	2 248	9 177	37 321	18 258	34 802	15 165	7 766	6 636	17 858	2 248	156 012
银川	1 563	1 644	1 563	9 343	31 428	14 614	29 228	22 571	12 672	7 591	19 330	1 563	153 110
石嘴山	1 142	1 169	1 142	5 949	14 300	8 562	16 863	13 216	7 773	5 011	11 419	1 142	87 688
阿拉善	13	13	13	1 858	4 177	2 015	4 051	2 759	1 324	1 004	2 113	13	19 353
乌海	1 309	1 325	1 309	1 314	2 281	2 343	2 909	2 147	2 076	1 919	1 772	1 309	22 013
鄂尔多斯	1 231	1 250	1 231	1 234	11 865	11 441	17 705	9 992	8 054	5 967	6 199	1 231	77 400
巴彦淖尔	827	877	827	835	47 262	52 913	79 902	39 249	34 869	27 222	18 552	827	304 162
包头	4 071	4 175	4 071	4 089	11 783	13 261	17 637	10 018	9 215	7 777	6 152	4 071	96 320
乌兰察布	2 173	2 275	2 173	2 191	2 772	2 768	3 450	2 699	2 314	2 494	2 191	2 173	29 673
呼和浩特	2 143	2 237	2 143	2 159	13 833	18 098	23 580	11 935	8 818	8 590	4 712	2 143	100 391
合计	37 878	38 537	73 711	133 517	287 048	210 366	326 796	209 545	146 240	135 736	137 824	37 878	1 775 076

表 6-29　黄河河口镇以上行政区地表水取水量分配方案（ $P=50\%$ ）

（单位：万 m³）

行政区	1月	2月	3月	4月	5月	6月	7月	8月	9月	10月	11月	12月	全年
兰州以上青海	4 644	4 715	27 079	32 865	33 784	31 978	18 849	23 985	22 659	19 288	4 665	4 644	229 155
兰州以上甘肃	2 484	2 484	7 801	12 984	13 334	12 984	13 334	13 334	9 195	13 334	2 484	2 484	106 236
兰州	9 923	9 923	13 226	17 200	16 056	16 967	16 427	11 018	10 201	12 399	10 912	9 923	154 175
定西	275	275	529	911	784	847	784	322	283	442	338	275	6 065
白银	2 167	2 172	10 958	15 870	15 575	15 541	15 523	5 460	2 718	9 849	4 295	2 167	102 295
武威	6	6	49	113	91	102	70	14	7	34	17	6	515
庆阳	5	5	5	122	438	454	330	5	5	68	43	5	1 485
中卫	1 356	1 356	1 361	14 180	24 660	22 332	23 495	8 928	4 268	6 019	4 269	1 356	113 580
固原	298	298	298	2 145	7 157	7 421	7 157	298	298	1 617	892	298	28 177
吴忠	2 248	2 270	2 248	10 726	42 634	39 050	39 728	10 060	5 783	7 880	6 860	2 248	171 735
银川	1 563	1 610	1 563	10 693	37 057	31 477	33 278	13 642	8 024	8 716	6 690	1 563	155 876
石嘴山	1 142	1 158	1 142	6 894	21 835	18 654	19 696	8 281	4 909	5 798	4 187	1 142	94 838
阿拉善	13	13	13	1 654	3 878	3 772	3 775	1 291	643	959	501	13	16 525
乌海	1 309	1 320	1 309	1 314	2 780	3 651	3 126	1 785	1 531	2 001	1 444	1 309	22 879
鄂尔多斯	1 231	1 242	1 231	1 234	17 723	25 090	20 456	3 799	3 264	6 986	2 699	1 231	86 186
巴彦淖尔	827	856	827	835	75 432	125 597	95 825	12 603	11 199	33 247	6 353	827	364 428
包头	4 071	4 132	4 071	4 089	16 930	26 692	20 911	5 981	5 745	9 008	4 821	4 071	110 522
乌兰察布	2 173	2 233	2 173	2 191	3 235	5 149	3 836	2 353	2 244	2 519	2 191	2 173	32 470
呼和浩特	2 143	2 198	2 143	2 159	21 505	41 608	28 668	5 243	4 275	10 246	3 036	2 143	125 364
合计	37 878	38 266	78 026	138 179	354 888	429 366	365 268	128 339	97 251	150 410	66 697	37 878	1 922 506

表6-30　黄河河口镇以上行政区地表水取水量分配方案(P=75%)

（单位：万 m³）

行政区	1月	2月	3月	4月	5月	6月	7月	8月	9月	10月	11月	12月	全年
兰州以上青海	4 644	4 765	26 617	21 748	23 637	19 317	8 534	17 274	22 307	20 075	4 665	4 644	178 227
兰州以上甘肃	2 484	2 484	8 036	12 984	13 334	12 984	13 334	13 334	9 480	13 334	2 484	2 484	106 756
兰州	9 923	9 923	10 703	15 331	13 043	14 896	11 550	9 923	10 254	12 238	12 569	9 923	140 276
定西	275	275	275	752	402	561	275	252	306	497	529	275	4 674
白银	2 167	2 175	2 933	15 327	10 242	14 793	6 177	2 167	3 180	9 238	10 171	2 167	80 737
武威	6	6	6	80	26	50	6	5	11	40	45	6	287
庆阳	5	5	5	95	116	235	5	5	5	90	158	5	729
中卫	1 356	1 356	1 356	11 534	13 686	18 003	3 268	1 356	7 519	6 290	13 686	1 356	80 766
固原	298	298	298	1 792	3 997	6 059	2 148	282	298	1 721	2 859	298	20 348
吴忠	2 248	2 285	2 248	8 880	23 106	30 870	7 918	2 248	9 362	8 144	21 170	2 248	120 727
银川	1 563	1 644	1 563	8 459	19 410	24 129	1 563	1 563	14 552	8 766	22 149	1 563	106 924
石嘴山	1 142	1 169	1 142	5 468	11 512	14 307	1 142	1 070	9 051	5 810	13 337	1 142	66 292
阿拉善	13	13	13	1 310	2 024	2 936	990	11	1 312	989	2 044	13	11 668
乌海	1 309	1 325	1 309	1 314	2 008	2 980	1 309	1 006	2 137	1 967	1 808	1 309	19 781
鄂尔多斯	1 231	1 250	1 231	1 234	5 145	12 500	1 231	923	8 866	6 594	6 798	1 231	48 234
巴彦淖尔	827	877	827	835	36 334	71 454	827	620	41 387	32 471	22 424	827	209 710
包头	4 071	4 175	4 071	4 089	7 187	15 027	4 071	3 053	10 492	8 811	6 904	4 071	76 022
乌兰察布	2 173	2 275	2 173	2 191	2 439	3 670	2 173	1 630	2 402	2 634	2 191	2 173	28 124
呼和浩特	2 143	2 237	2 143	2 159	6 909	21 615	2 143	1 607	10 455	10 331	5 580	2 143	69 465
合计	37 878	38 537	66 949	115 582	194 557	286 386	68 664	58 329	163 376	150 040	151 571	37 878	1 369 747

表 6-31　黄河河口镇以上行政区地表水取水量分配方案（$P=95\%$）

（单位：万 m^3）

行政区	1月	2月	3月	4月	5月	6月	7月	8月	9月	10月	11月	12月	全年
兰州以上青海	4 644	4 765	27 552	19 759	24 321	20 183	8 615	24 422	23 074	20 837	4 665	4 644	187 481
兰州以上甘肃	2 484	2 484	7 510	12 984	13 334	12 984	13 334	13 334	8 841	13 089	2 484	2 484	105 346
兰州	9 923	9 923	12 920	14 794	12 679	14 684	957	957	957	11 574	11 181	9 923	110 472
定西	275	275	495	550	385	522	184	184	184	371	330	275	4 030
白银	2 167	2 175	10 130	14 956	10 124	14 794	540	540	542	7 393	6 039	2 167	71 567
武威	6	6	47	57	26	52	2	2	2	24	16	6	246
庆阳	5	5	5	64	114	231	5	5	5	47	43	5	534
中卫	1 356	1 356	1 361	10 994	13 032	17 121	232	232	232	4 074	7 194	1 356	58 540
固原	298	298	298	1 705	3 782	5 724	231	231	231	1303	1 504	298	15 903
吴忠	2 248	2 285	2 248	8 307	21 785	29 049	0	0	6	5 610	11 042	2 248	84 828
银川	1 563	1 644	1 563	8 041	18 480	22 944	0	0	14	4 932	11 305	1 563	72 049
石嘴山	1 142	1 169	1 142	4 270	10 778	13 372	0	0	5	3 293	6 802	1 142	43 115
阿拉善	13	13	13	1 236	1 919	2 788	7	7	7	709	975	13	7 700
乌海	1 309	1 325	1 309	1 314	2 008	2 980	97	97	102	1 638	1 561	1 309	15 049
鄂尔多斯	1 231	1 250	1 231	1 234	5 107	12 435	0	0	3	3 893	3 551	1 231	31 166
巴彦淖尔	827	877	827	835	27 196	65 651	0	0	9	15 706	10 896	827	123 651
包头	4 071	4 175	4 071	4 089	7 007	14 480	0	0	18	6 274	4 725	4 071	52 981
乌兰察布	2 173	2 275	2 173	2 191	2 417	3 562	0	0	18	2 380	2 191	2 173	21 553
呼和浩特	2 143	2 237	2 143	2 159	6 611	20 454	0	0	16	5 942	2 936	2 143	46 784
合计	37 878	38 537	77 038	109 539	181 105	274 010	24 204	40 011	34 266	109 089	89 440	37 878	1 052 995

6.6.2　排污量分配

为保证黄河水功能区水质达标,水质水量一体化配置方案还对沿黄各行政区的污染物入河(含农业灌溉的面源排污量)进行总量和过程控制。根据水质水量一体化配置方案,将对应于4种来水频率(20%、50%、75%、95%)的河段容许入河量逐时段分配到3省区、17个地市,各行政区排污量分配方案见表6-32~表6-41。

对应于水量分配方案的逐月来水量频率预测,以该频率的最枯月水量下污染物(以COD和氨氮为控制指标)容许入河排放量为控制指标,各地级行政区月污染物入河排放量不得超过该月容许入河排放控制量。

6.6.3　水质水量一体化配置合理性分析

通过方案的对比,分析模型实施水质水量一体化配置方案的各项目标的实现程度、各项指标的合理性,以此来评价水质水量一体化方案的合理性。

6.6.3.1　水量配置合理性分析

1. 省区及河段供水量合理性

水质水量一体化配置方案河口镇以上配置黄河地表水耗水量125.20亿m^3,与"87分水方案"配置的耗水量131.92亿m^3相比减少了6.72亿m^3,配置结果体现了水质水量双重总量与过程控制的原则,部分时段由于下游河段水质不能满足水功能区水质控制目标,取水量受到控制,因而河段耗水有所减少。

从供水量减少的时段来看,取水因受到限制而减少主要发生在枯水时段,由于河流的纳污能力不足,限制污染物浓度超标的局部河段取水,以保证足够水量下泄,满足河流水功能区水质控制目标。从长系列的统计结果来看,非汛期(11月~翌年6月)河段增加下泄水量5.23亿m^3,汛期(7~10月)河段增加下泄水量1.51亿m^3。从供水量减少的空间分布来看,取水因受到限制而减少主要发生在排污量相对比较集中的下河沿—河口镇河段,根据长系列的统计结果分析,宁夏段取水量减少4.76亿m^3、内蒙古段取水量减少3.46亿m^3。与"87分水方案"月供水量过程相比,水质水量一体化配置方案面源和点源排污相对集中的河段,由于河流纳污能力不足,模型优化供水、控制农业取水以达到减少污染物的入河量,实现水功能区水质目标。水质水量一体化配置方案与"87分水方案"的月供水量过程对比见图6-26。

2. 断面下泄水量过程的合理性

水质水量一体化配置方案河口镇断面年均下泄水量203.48亿m^3,较"87分水方案"增加6.72亿m^3,体现水质水量双控下对河段取水的有效控制,满足了下游断面水量和水质的需求。从年际分布来看,丰水年、丰水时段龙羊峡、刘家峡水库适当增加了蓄水量,主要断面下泄水量较"87分水方案"略有减少;枯水年、枯水时段龙羊峡、刘家峡水库利用蓄水增加水量下泄,增加了主要断面枯水时段的径流量。从断面的下泄水量过程来看,两方案兰州断面下泄总水量基本相同,从下泄水量过程来看,水质水量一体化配置方案为实现长系列的水质水量控制目标,调用自适应辨识系统,更大程度体现水库调度的"蓄丰补枯",下泄符合水量管理和水质控制的要求,水量下泄过程更加合理。兰州断面、河口镇

表 6-32　黄河河口镇以上行政区 COD 污染物入河分配方案(多年平均)

（单位:t）

行政区	1 月	2 月	3 月	4 月	5 月	6 月	7 月	8 月	9 月	10 月	11 月	12 月	全年
兰州以上青海	1 282	1 337	1 976	1 980	2 050	1 995	1 583	1 979	1 854	1 773	1 293	1 282	20 384
兰州以上甘肃	1 079	1 079	1 134	1 193	1 196	1 193	1 196	1 156	1 149	1 191	1 079	1 079	13 764
兰州	1 888	1 716	1 833	2 470	2 412	2 466	2 266	2 1C7	2 135	2 321	2 327	2 195	26 136
定西	137	135	140	161	156	159	153	145	143	151	152	143	1 775
白银	574	549	706	1 044	1 033	1 069	954	762	653	877	892	634	9 747
武威	0	0	0	0	0	0	0	0	0	0	0	0	0
庆阳	0	0	0	0	0	0	0	0	0	0	0	0	0
中卫	434	404	406	3 964	7 360	7 684	6 546	3 841	1 969	2 242	4 292	498	39 640
固原	0	0	0	0	0	0	0	0	0	0	0	0	0
吴忠	473	437	414	2 486	9 233	9 521	7 886	3 646	2 149	2 098	5 194	603	44 140
银川	328	344	285	2 384	7 656	7 302	6 301	5 228	3 361	2 299	5 390	419	41 297
石嘴山	239	227	207	1 484	4 320	4 181	3 600	3 051	2 053	1 506	3 158	306	24 332
阿拉善	1	1	1	2	2	2	2	2	2	2	2	2	21
乌海	312	294	282	394	419	447	393	370	394	409	407	381	4502
鄂尔多斯	255	235	223	342	644	857	647	496	500	488	481	330	5 498
巴彦淖尔	160	174	140	220	1 637	2 919	1 912	1 093	1 135	1 050	736	207	11 383
包头	836	804	731	1 138	1 355	1 618	1 304	1 118	1 206	1 247	1 202	1 092	13 651
乌兰察布	6	11	5	9	27	70	36	20	13	19	9	8	233
呼和浩特	437	451	382	604	936	1 439	997	746	750	804	683	575	8 804
合计	8 441	8 198	8 865	19 875	40 436	42 922	35 776	25 800	19 466	18 477	27 297	9 754	265 307

表 6-33　黄河河口镇以上行政区 COD 污染物入河分配方案（$P = 20\%$）

（单位：t）

行政区	1月	2月	3月	4月	5月	6月	7月	8月	9月	10月	11月	12月	全年
兰州以上青海	1 282	1 344	1 937	2 177	2 113	1 530	1 704	2 033	1 815	1 739	1 293	1 282	20 249
兰州以上甘肃	1 079	1 079	1 136	1 193	1 196	1 193	1 196	1 196	1 151	1 196	1 079	1 079	13 773
兰州	2 231	2 231	2 360	2 511	2 498	2 363	2 498	2 315	2 244	2 326	2 339	2 231	28 147
定西	144	144	154	169	159	149	164	151	145	152	154	144	1 829
白银	641	646	924	1 095	1 108	957	1 109	853	678	889	926	641	10 467
武威	0	0	0	0	0	0	0	0	0	0	0	0	0
庆阳	0	0	0	0	0	0	0	0	0	0	0	0	0
中卫	507	507	508	5 399	10 343	5 061	9 944	5 697	2 502	2 460	5 140	507	48 575
固原	0	0	0	0	0	0	0	0	0	0	0	0	0
吴忠	621	652	621	2 688	11 068	5 393	10 317	4 468	2 267	1 927	5 273	621	45 916
银川	431	500	431	2 757	9 327	4 327	8 672	6 689	3 748	2 227	5 731	431	45 271
石嘴山	315	338	315	1 750	4 235	2 528	4 998	3 912	2 293	1 468	3 379	315	25 846
阿拉善	2	2	2	2	2	2	2	2	2	2	2	2	24
乌海	390	403	390	394	419	425	438	415	417	408	408	390	4 897
鄂尔多斯	340	355	340	342	659	649	835	603	547	482	491	340	5 983
巴彦淖尔	213	253	213	220	1 609	1 785	2 589	1 368	1 243	1 006	752	213	11 464
包头	1 124	1 207	1 124	1 138	1 355	1 414	1 531	1 302	1 292	1 235	1 200	1 124	15 046
乌兰察布	8	14	8	9	26	26	46	24	13	17	9	8	208
呼和浩特	591	667	591	604	943	1 083	1 236	886	804	785	681	591	9 462
合计	9 919	10 342	11 054	22 448	47 060	28 885	47 279	31 914	21 161	18 319	28 857	9 919	287 157

表6-34 黄河河口镇以上行政区 COD 污染物入河分配方案（$P=50\%$）

（单位：t）

行政区	1月	2月	3月	4月	5月	6月	7月	8月	9月	10月	11月	12月	全年
兰州以上青海	1 282	1 318	2 037	2 242	2 263	2 212	1 760	1 933	1 899	1 775	1 293	1 282	21 296
兰州以上甘肃	1 079	1 079	1 137	1 193	1 196	1 193	1 196	1 196	1 152	1 196	1 079	1 079	13 775
兰州	2 231	2 231	2 373	2 544	2 495	2 534	2 511	2 278	2 243	2 337	2 273	2 231	28 281
定西	144	144	155	171	166	168	166	146	144	151	146	144	1 845
白银	641	644	965	1 095	1 109	1 095	1 106	762	663	924	720	641	10 365
武威	0	0	0	0	0	0	0	0	0	0	0	0	0
庆阳	0	0	0	0	0	0	0	0	0	0	0	0	0
中卫	507	507	508	4 877	9 491	8 876	9 144	2 762	1 374	2 288	1 551	507	42 392
固原	0	0	0	0	0	0	0	0	0	0	0	0	0
吴忠	621	639	621	3 149	12 650	11 586	11 784	2 947	1 677	2 298	1 998	621	50 591
银川	431	471	431	3 159	11 004	9 349	9 878	4 029	2 364	2 562	1 966	431	46 075
石嘴山	315	329	315	2 031	6 479	5 534	5 842	2 442	1 440	1 702	1 225	315	27 969
阿拉善	2	2	2	2	2	2	2	2	2	2	2	2	24
乌海	390	399	390	394	434	465	445	404	401	411	398	390	4 921
鄂尔多斯	340	349	340	342	835	1 059	917	417	403	513	386	340	6 241
巴彦淖尔	213	237	213	220	2 455	3 969	3 068	567	532	1 187	386	213	13 260
包头	1 124	1 172	1 124	1 138	1 510	1 817	1 630	1 181	1 188	1 272	1 160	1 124	15 440
乌兰察布	8	12	8	9	40	98	58	13	11	18	9	8	292
呼和浩特	591	636	591	604	1 173	1 790	1 388	685	668	835	631	591	10 183
合计	9 919	10 169	11 210	23 170	53 302	51 747	50 895	21 754	16 161	19 471	15 223	9 919	292 950

表6-35 黄河河口镇以上行政区COD污染物入河分配方案（P=75%）

（单位:t）

行政区	1月	2月	3月	4月	5月	6月	7月	8月	9月	10月	11月	12月	全年
兰州以上青海	1 282	1 344	2 022	1 868	1 921	1 786	1 413	1 707	1 887	1 802	1 293	1 282	19 607
兰州以上甘肃	1 079	1 079	1 139	1 193	1 196	1 193	1 196	1 196	1 155	1 196	1 079	1 079	13 780
兰州	2 231	2 231	2 264	2 464	2 365	2 445	2 301	2 231	2 245	2 331	2 345	2 231	27 684
定西	144	144	144	164	149	156	144	137	145	153	155	144	1 779
白银	641	646	674	1 094	934	1 094	786	641	679	897	932	641	9 659
武威	0	0	0	0	0	0	0	0	0	0	0	0	0
庆阳	0	0	0	0	0	0	0	0	0	0	0	0	0
中卫	507	507	507	3 983	5 281	7 181	1 627	507	2 342	2 400	4 942	507	30 291
固原	0	0	0	0	0	0	0	0	0	0	0	0	0
吴忠	621	652	621	2 599	6 834	9 150	2 309	621	2 743	2 377	6 260	621	35 408
银川	431	500	431	2 493	5 747	7 161	431	431	4 308	2 577	6 571	431	31 512
石嘴山	315	338	315	1 606	3 404	4 239	315	295	2 674	1 706	3 950	315	19 472
阿拉善	2	2	2	2	2	2	2	1	2	2	2	2	23
乌海	390	403	390	394	411	444	390	312	419	410	409	390	4 762
鄂尔多斯	340	355	340	342	457	681	340	255	572	501	510	340	5 033
巴彦淖尔	213	253	213	220	1 280	2 342	213	160	1 439	1 164	869	213	8 579
包头	1 124	1 207	1 124	1 138	1 217	1 467	1 124	843	1 330	1 266	1 223	1 124	14 187
乌兰察布	8	14	8	9	16	53	8	6	15	22	9	8	176
呼和浩特	591	667	591	604	735	1 189	591	444	854	837	707	591	8 401
合计	9 919	10 342	10 785	20 173	31 949	40 583	13 190	9 787	22 809	19 641	31 256	9 919	230 353

表6-36 黄河口口镇以上行政区COD污染物入河分配方案（P=95%）

（单位：t）

行政区	1月	2月	3月	4月	5月	6月	7月	8月	9月	10月	11月	12月	全年
兰州以上青海	1 282	1 344	2 053	1 801	1 945	1 815	1 416	1 948	1 913	1 827	1 293	1 282	19 919
兰州以上甘肃	1 079	1 079	1 134	1 193	1 196	1 193	1 196	1 196	1 148	1 194	1 079	1 079	13 766
兰州	2 231	2 231	2 360	2 441	2 350	2 436	617	617	617	2 302	2 285	2 231	22 718
定西	144	144	153	156	148	154	119	119	119	148	146	144	1 694
白银	641	646	929	1 090	929	1 094	348	348	350	830	782	641	8 628
武威	0	0	0	0	0	0	0	0	0	0	0	0	0
庆阳	0	0	0	0	0	0	0	0	0	0	0	0	0
中卫	507	507	508	3 796	5 022	6 818	196	196	196	1 615	2 605	507	22 473
固原	0	0	0	0	0	0	0	0	0	0	0	0	0
吴忠	621	652	621	2 429	6 440	8 607	0	0	5	1 622	3 243	621	24 861
银川	431	500	431	2 369	5 470	6 808	0	0	12	1 435	3 341	431	21 228
石嘴山	315	338	315	1 250	3 185	3 961	0	0	4	956	2 004	315	12 643
阿拉善	2	2	2	2	2	2	0	0	0	2	2	2	18
乌海	390	403	390	394	411	444	77	77	82	400	402	390	3 860
鄂尔多斯	340	355	340	342	456	679	0	0	3	420	412	340	3 687
巴彦淖尔	213	253	213	220	1006	2 168	0	0	7	660	522	213	5 475
包头	1 124	1 207	1 124	1 138	1 212	1 450	0	0	14	1 190	1 157	1 124	10 740
乌兰察布	8	14	8	9	15	50	0	0	1	14	9	8	136
呼和浩特	591	667	591	604	726	1 154	0	0	13	706	628	591	6 271
合计	9 919	10 342	11 172	19 234	30 513	38 833	3 969	4 501	4 484	15 321	19 910	9 919	178 117

表6-37　黄河河口镇以上行政区氨氮污染物入河分配方案（多年平均）

（单位:t）

行政区	1月	2月	3月	4月	5月	6月	7月	8月	9月	10月	11月	12月	全年
兰州以上青海	171	177	238	239	246	240	200	239	227	219	172	171	2 539
兰州以上甘肃	124	124	129	135	135	135	135	135	130	135	124	124	1 565
兰州	230	207	217	287	285	287	265	254	262	280	280	271	3 125
定西	14	14	14	16	16	16	15	15	15	15	15	15	180
白银	64	61	68	93	92	94	86	76	72	85	86	72	949
武威	0	0	0	0	0	0	0	0	0	0	0	0	0
庆阳	0	0	0	0	0	0	0	0	0	0	0	0	0
中卫	49	45	46	224	386	402	345	215	127	142	240	58	2 279
固原	0	0	0	0	0	0	0	0	0	0	0	0	0
吴忠	63	57	55	172	494	508	424	221	152	153	301	80	2 680
银川	44	43	38	151	402	386	334	282	195	147	295	56	2 373
石嘴山	32	29	28	98	233	227	196	169	123	99	178	41	1 453
阿拉善	0	0	0	0	0	0	0	0	0	0	0	0	0
乌海	39	36	35	50	51	52	47	45	48	50	50	48	551
鄂尔多斯	34	31	30	46	60	70	57	49	51	52	52	44	576
巴彦淖尔	21	22	19	29	96	157	107	68	71	68	54	28	740
包头	111	104	97	151	161	174	149	137	148	156	154	146	1 688
乌兰察布	1	1	1	1	2	4	2	2	1	2	1	1	19
呼和浩特	58	58	51	80	95	120	93	79	84	89	84	77	968
合计	1 055	1 009	1 066	1 772	2 754	2 872	2 455	1 986	1 706	1 692	2 086	1 232	21 685

表 6-38 黄河河口镇以上行政区氨氮污染物入河分配方案($P = 20\%$)

（单位：t）

行政区	1月	2月	3月	4月	5月	6月	7月	8月	9月	10月	11月	12月	全年
兰州以上青海	171	178	235	258	252	195	212	244	223	215	172	171	2 526
兰州以上甘肃	124	124	129	135	135	135	135	135	131	135	124	124	1 566
兰州	276	276	282	289	289	282	289	280	276	280	281	276	3 376
定西	15	15	15	16	16	15	16	15	15	15	15	15	183
白银	73	74	87	95	96	89	96	84	75	85	87	73	1 014
武威	0	0	0	0	0	0	0	0	0	0	0	0	0
庆阳	0	0	0	0	0	0	0		0	0	0	0	0
中卫	59	59	59	293	528	276	509	307	154	152	280	59	2 735
固原	0	0	0	0	0	0	0	0	0	0	0	0	0
吴忠	83	86	83	182	581	311	545	266	162	145	305	83	2 832
银川	58	64	58	169	482	244	451	356	216	143	311	58	2 610
石嘴山	42	44	42	111	229	148	265	214	137	97	188	42	1 559
阿拉善	0	0	0	0	0	0	0	0	0	0	0	0	0
乌海	49	50	49	50	51	51	51	50	51	50	50	49	601
鄂尔多斯	45	47	45	46	60	60	69	58	55	52	53	45	635
巴彦淖尔	28	32	28	29	95	104	141	83	78	66	54	28	766
包头	150	158	150	151	161	164	169	158	159	155	154	150	1 879
乌兰察布	1	2	1	1	2	2	3	2	1	2	1	1	19
呼和浩特	79	86	79	80	96	103	110	93	90	88	84	79	1 067
合计	1 253	1 295	1 342	1 905	3 073	2 179	3 061	2 345	1 823	1 680	2 159	1 253	23 368

表 6-39　黄河河口镇以上行政区氨氮污染物入河分配方案（$P=50\%$）

（单位：t）

行政区	1月	2月	3月	4月	5月	6月	7月	8月	9月	10月	11月	12月	全年
兰州以上青海	171	175	244	265	266	262	217	234	231	219	172	171	2 627
兰州以上甘肃	124	124	129	135	135	135	135	135	131	135	124	124	1 566
兰州	276	276	283	291	289	291	289	278	276	281	278	276	3 384
定西	15	15	16	16	16	16	16	15	15	15	15	15	185
白银	73	74	89	95	96	95	96	79	74	87	77	73	1 008
武威	0	0	0	0	0	0	0	0	0	0	0	0	0
庆阳	0	0	0	0	0	0	0	0	0	0	0	0	0
中卫	59	59	59	268	488	458	471	167	101	144	109	59	2 442
固原	0	0	0	0	0	0	0	0	0	0	0	0	0
吴忠	83	84	83	204	657	606	615	194	133	163	149	83	3 054
银川	58	61	58	188	562	483	508	229	150	159	131	58	2 645
石嘴山	42	43	42	124	336	291	306	143	96	108	86	42	1 659
阿拉善	0	0	0	0	0	0	0	0	0	0	0	0	0
乌海	49	50	49	50	51	53	52	50	50	50	50	49	603
鄂尔多斯	45	46	45	46	69	80	73	49	48	54	48	45	648
巴彦淖尔	28	31	28	29	135	207	164	45	44	75	37	28	851
包头	150	155	150	151	168	184	174	153	154	157	152	150	1 898
乌兰察布	1	1	1	1	3	5	3	1	1	2	1	1	21
呼和浩特	79	83	79	80	107	136	117	83	83	90	81	79	1 097
合计	1 253	1 277	1 355	1 943	3 378	3 302	3 236	1 855	1 587	1 739	1 510	1 253	23 688

表 6-40　黄河河口镇以上行政区氨氮污染物入河分配方案（$P=75\%$）

（单位：t）

行政区	1月	2月	3月	4月	5月	6月	7月	8月	9月	10月	11月	12月	全年
兰州以上青海	171	178	243	228	233	220	184	212	230	221	172	171	2 463
兰州以上甘肃	124	124	130	135	135	135	135	135	131	135	124	124	1 567
兰州	276	276	277	287	282	286	279	276	276	281	281	276	3 353
定西	15	15	15	16	15	16	15	14	15	15	16	15	182
白银	73	74	75	95	87	95	80	73	75	86	87	73	973
武威	0	0	0	0	0	0	0	0	0	0	0	0	0
庆阳	0	0	0	0	0	0	0	0	0	0	0	0	0
中卫	59	59	59	225	287	378	113	59	147	149	271	59	1 865
固原	0	0	0	0	0	0	0	0	0	0	0	0	0
吴忠	83	86	83	177	379	490	163	83	184	166	352	83	2 329
银川	58	64	58	156	311	379	58	58	243	160	351	58	1 954
石嘴山	42	44	42	104	189	229	42	39	155	108	216	42	1 252
阿拉善	0	0	0	0	0	0	0	0	0	0	0	0	0
乌海	49	50	49	50	50	52	49	39	51	50	50	49	588
鄂尔多斯	45	47	45	46	51	62	45	34	56	53	53	45	582
巴彦淖尔	28	32	28	29	79	130	28	21	87	74	60	28	624
包头	150	158	150	151	154	167	150	112	160	157	155	150	1 814
乌兰察布	1	2	1	1	1	3	1	1	1	2	1	1	16
呼和浩特	79	86	79	80	86	108	79	59	92	91	85	79	1 003
合计	1 253	1 295	1 334	1 780	2 339	2 750	1 421	1 215	1 903	1 748	2 274	1 253	20 565

表 6-41　黄河河口镇以上行政区氨氮污染物入河分配方案（$P = 95\%$）

（单位：t）

行政区	1月	2月	3月	4月	5月	6月	7月	8月	9月	10月	11月	12月	全年
兰州以上青海	171	178	246	222	235	223	184	236	232	224	172	171	2 494
兰州以上甘肃	124	124	129	135	135	135	135	135	130	135	124	124	1 565
兰州	276	276	282	286	282	286	61	61	61	279	278	276	2 704
定西	15	15	15	16	15	16	12	12	12	15	15	15	173
白银	73	74	87	95	87	95	34	34	34	82	80	73	848
武威	0	0	0	0	0	0	0	0	0	0	0	0	0
庆阳	0	0	0	0	0	0	0	0	0	0	0	0	0
中卫	59	59	59	216	275	360	18	18	18	112	159	59	1 412
固原	0	0	0	0	0	0	0	0	0	0	0	0	0
吴忠	83	86	83	169	360	464	0	0	0	130	208	83	1 666
银川	58	64	58	150	298	362	0	0	1	105	197	58	1 351
石嘴山	42	44	42	87	179	216	0	0	0	73	123	42	848
阿拉善	0	0	0	0	0	0	0	0	0	0	0	0	0
乌海	49	50	49	50	50	52	7	7	8	50	50	49	471
鄂尔多斯	45	47	45	46	51	62	0	0	0	49	49	45	439
巴彦淖尔	28	32	28	29	66	122	0	0	1	50	43	28	427
包头	150	158	150	151	154	166	0	0	1	153	152	150	1 385
乌兰察布	1	2	1	1	1	3	0	0	0	1	1	1	12
呼和浩特	79	86	79	80	85	106	0	0	1	84	81	79	760
合计	1 253	1 295	1 353	1 733	2 273	2 668	451	503	499	1 542	1 732	1 253	16 555

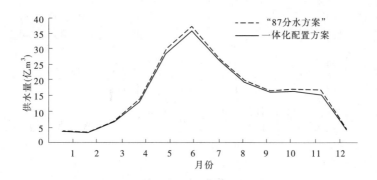

图 6-26 河段月供水量过程对比

断面水量下泄过程见图 6-27、图 6-28。

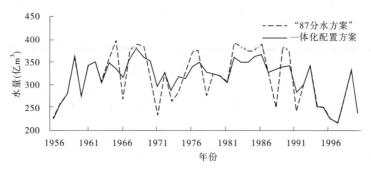

图 6-27 兰州断面下泄水量过程对比

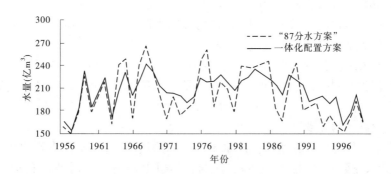

图 6-28 河口镇断面下泄水量过程对比

3. 水库调节的合理性

水质水量一体化配置方案通过水库水位辨识、断面水量辨识及水功能区水质辨识，在断面水量下泄目标不满足要求时，一方面进行断面的取水控制，另一方面通过辨识反馈要求水库增加下泄水量。

从长系列龙羊峡水库、刘家峡水库的调节过程来看，龙羊峡水库充分发挥了跨年度调节作用，与刘家峡水库联合调节，通过丰水年增加蓄水，增加枯水年的补水能力。长系列龙羊峡水库、刘家峡水库的调蓄过程见图 6-29、图 6-30。

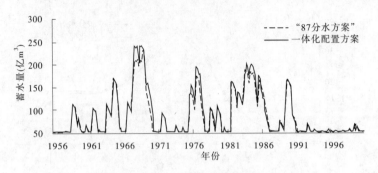

图 6-29　龙羊峡水库调蓄过程对比

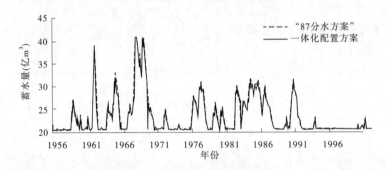

图 6-30　刘家峡水库调蓄过程对比

6.6.3.2　水质合理性分析

1. 水功能区水质的达标

水质水量一体化配置通过控制上游的污染物入河量以及控制上游用户取水量的双重总量与过程控制来实现水功能区水质目标。

从主要断面水质控制效果情况来看,黄河兰州—河口镇河段 15 个断面的水质要素符合《地表水环境质量标准》(GB 3838—2002)Ⅲ类水质标准,满足河段各水功能区水质目标。

2. 排污量控制的合理性

水质水量一体化配置在水功能区水质不达标的情况下,实施污染物的总量和过程控制,与"87 分水方案"达标排放模式相比,河口镇以上断面主要污染物 COD 入河量减少 13.61 万 t、氨氮入河量减少 1.45 万 t;从主要污染物的减排量的空间分配来看,各河段污染物入河量均有所减少,水环境压力较大的下河沿—石嘴山河段污染物入河量减少最多,COD 入河量减少 9.27 万 t,氨氮入河量减少 0.60 万 t,分别占河段的 68% 和 42%;从污染物入河量减少的部门来看,工业生活的点源排污和农业灌溉的面源排污量均有所减少,以 COD 入河量为例,农业灌溉面源 COD 入河量减少占 67%,工业生活 COD 入河量减少占 33%。水质水量一体化配置方案与"87 分水方案"达标排放模式污染物 COD 入河量月过程对比见图 6-31。

3. 典型年份水质问题解决

枯水年和特殊枯水年,河口镇以上来水量减少,从径流总量来看不能满足用水需求,

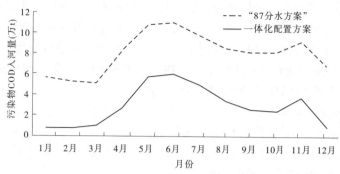

图 6-31　河段污染物 COD 入河量月过程对比

枯水时段不能满足河道纳污的需求,水质水量一体化配置方案调用水库调节和补水优化,通过龙羊峡的多年调节作用满足枯水年份河段用水、断面下泄水量及水功能区水质控制目标。

6.6.4　水污染控制措施

随着黄河上游省(区)经济社会的快速发展和城市化进程的加快,需水量日益增加,废污水排放量也相应增加。由于粗放型的发展模式、城镇污水处理设施建设滞后等,兰州—河口镇河段水质呈下降的趋势,严重威胁河段的供水安全及河流水功能的实现。为保障饮用水源安全,控制水污染,改善水质,其根本途径是减少废污水的排放。一方面加快废污水处理设施建设、深化工业污染源的治理、推行清洁生产;另一方面,加强废污水排放的监督管理与控制,加强农业面源的控制与管理。

6.6.4.1　加快城镇污水处理设施建设

继续加快黄河兰州—河口镇河段的城镇污水处理设施建设,提高污水处理和回用率,减少污染物的入河量。2010 年黄河兰州—河口镇河段已建成城镇生活污水处理厂 49 座,处理能力为 195 万 t/d,根据国家污染物控制等相关规划,到 2020 年新建污水处理厂 30 座,处理能力提高到 300 万 t/d,确保城镇废污水收集率达到 80% 以上。在建设城镇生活污水处理厂的同时,应配套建设污水输送管网;完善污水管网收集系统,结合城市市容的美化工程进行清污分流、雨污分流和截污的旧排污管网改造工作,以有效提高辖区城市污水处理率。

6.6.4.2　严格产业污染控制

优化产业结构,严格把关,从源头控制新污染。推行清洁生产,引导企业采用先进的生产工艺和技术手段,降低单位工业产值废水和水污染物排放量,提高工业用水重复利用率。发展工业园区以利于分散污染源的集中治理。严格水污染物排放标准,根据黄河流域水功能区排污总量控制的要求和各工业污染源承担的污染物削减任务,实施污染物排放总量控制和排污许可证制度,将总量控制指标和削减目标,分解到各河段和各市(县),对污染严重的企业进行限期治理,否则勒令关、停或搬迁。

6.6.4.3　加强农业灌溉面源污染的管理

黄河兰州—河口镇区间分布着宁夏青铜峡灌区及内蒙古河套灌区,是我国重要的商品粮产区。宁蒙灌区长期以来沿袭的大引大排灌溉模式不仅浪费了大量的水资源,而且排放了大量的污染物进入黄河增加了水环境压力。加强河段农业面源控制,采用源头控制—过程控制—末端控制的全过程控制措施,源头控制主要通过减少化肥农药的施用量,过程控制加强田间排水的管理,增加田间生物处理工程进行削减,末端控制减少排放量。

6.6.4.4 加强区域协调,确保跨省、市界水质达标交界

黄河兰州—河口镇区间拥有 3 个跨省(区)、多个跨地级行政区的交界断面。加强省际之间、地市之间的沟通与协调,推动实施跨地区水污染整治,严格执行《跨行政区域河流交界断面水质保护管理条例》,确保跨省、市界水质达标交界,是缓解上下游、左右岸污染纠纷、保障下游供水安全的重要措施。

第 7 章　水质水量一体化调度的实现

　　以水质水量一体化配置方案的年度取水总量、年度污染物入河总量及主要控制断面下泄水量为基础,调用 IQQM 的周调度模型,以 1969～1971 年为例对兰州—河口镇河段的水质水量一体化配置方案实施周过程的一体化模拟调度。调度过程中各行政区和取水口年度取水总量、污染物入河控制满足年度总量控制要求,主要水功能区达到水质控制标准,控制断面水量满足下泄要求。水质水量一体化调度结果表明,通过对水库等工程的设置合理的控制及约束指标的优化分解,可实现水质水量一体化调度的目标。

7.1　水质水量一体化调度的目的和任务

　　黄河水质水量一体化调度以调控国民经济用水—生态环境用水关系和控制沿河排污为基础,以综合、优化、合理的工程和非工程技术为保障的一项复杂的水资源管理系统工程,其基本思想是从流域系统出发,全方位、多层次和群体决策地对流域中一系列可调控的因子实施优化调控。

　　简单地讲,水质水量一体化调度是处置水资源时空分布与水资源利用需求及污染物排放之间矛盾的措施。在水资源开发利用中,由于受水资源时空分布差异,不能满足用水户对水资源数量、质量和过程的需求,即产生水资源矛盾;在水资源保护中,由于水环境容量的不足,没有排污空间,即产生排污冲突。为应对水资源、水环境矛盾,采取水质水量一体化调度的方式,如水库调度、取水许可、排污控制等措施。因此,水质水量一体化调度在水资源紧缺的河流和地区尤为重要,水质水量调度的实施直接关系到相关部门和用水户的切身利益,关系到河流的健康。

　　水质水量一体化调度的目的是实现水质水量一体化配置方案,或者保证取水许可、排污总量控制指标方案的实施。取水许可总量控制指标一般是在水质水量一体化配置方案的基础上,对于流域或区域水质水量配置方案的细化,也是水资源管理、水资源费、排污费征收的依据。相对于水质水量一体化配置方案的宏观控制,取水许可总量控制指标更具体,考虑引水、退水等因素,将分水指标细化到主要引水口门,以利于水量调度的实施和管理。具体的水量调度目的,就是实现取水许可总量控制指标。排污总量控制是以水功能区纳污能力为上限,优化分配、合理控制污染物的入河控制量。

　　在水质水量一体化调度中,采用推荐的年度水质水量一体化配置方案,调用模型实现水质水量的过程控制。年度水质水量一体化配置方案和调度计划应当根据批准的水量分配方案或污染物入河总量控制和年度预测来水量、用水需求,结合水工程运行情况,按照丰增枯减、多年调节水库蓄丰补枯的原则,在综合平衡申报的年度用水计划建议和水库运行计划建议的基础上制订。

水质水量一体化调度的具体目标和任务是围绕水质水量一体化配置方案,将满足要求的水量和污染物入河量在时间和空间上分配,因此具体的水量调度目标因河而异,按水质水量调度的类型划分为水量调度、水质调度、流量调度、水位调度等目标,按水质水量一体化调度的手段可划分为水库调度、引水调度、排污调度等,按照水质水量一体化调度的阶段可划分为单一水库调度、水库群调度、局部河段调度等。

针对黄河水资源存在的问题和水质水量调度管理现状,黄河水质水量一体化调度目标兴利方面:合理配置有限水资源,以实现水资源配置方案,实现供水、发电、灌溉等综合利用目标;除害方面:防洪防凌,防断流,防生态灾难;环境保护目标:防水体污染事件,实现水功能区水质达标控制等。具体调控手段包括:①针对不同洪水类型和工程情况不同河段的防洪控制;②上中下游防凌控制指标及各调控水库的运用方式;③不同河段应保持的最小生态流量,主要断面满足河道内生态流量要求,如河口镇断面预留生态流量为 250 m^3/s;④下游河段的用水需求。

7.2　水质水量一体化调度的对象分析

水质水量一体化调度的对象是水资源和污染物,包括自然影响和人为影响两个过程。自然影响主要是天然来水量及其变化的一系列人类所不能控制的自然因素,体现在流域水资源量及径流产污量的时空变化,受气候、下垫面、人类活动等多方面影响而使水资源和河流污染物本底在一定尺度与范围内的变动。而人为影响主要指国民经济取水、退水及排污等,在一定的工程措施和非工程措施下,这些用水、排污过程基本是可控的。因此,黄河水质水量调度的主要任务是通过水质水量统一调度,实现水资源和污染物的合理控制优化调度。

从操作层面分析,黄河水质水量一体化调度通过协调自然影响和人为影响,达到以水资源可持续利用支撑经济社会可持续发展的目标。对于自然影响的控制,主要是对水资源时空分布不均的控制,是通过径流预报、污染物入河预测及水库调蓄实现的。径流预报主要包括调度年非汛期来水预报和月旬预报。每年汛末,通过汛期来水和中长期气象水文预测,预报未来 11 月至翌年 6 月逐月主要来水区来水情况;污染物入河量的预测是根据用水、排水水平,结合清洁生产预测主要污染物的排放量及入河量,在径流预报和污染物入河量预测的基础上结合水质水量配置方案编制年度水质水量调度预案。水库调度方面,主要发挥龙羊峡、刘家峡大型水库调蓄作用,根据水库补水需求安排水库的预蓄泄,控制相关河段过流和用水过程,并控制主要断面满足水量要求和河道内生态流量要求。对于人为影响的控制,主要是采用年月分配水量、排污量分配方案进行总量控制,根据周步长的径流预报、污染物入河预测,按照断面水量下泄水量要求和水功能区水质管理目标,在工程调度方面合理调度龙羊峡、刘家峡水库的蓄放,在人为影响控制方面,控制时段的取水量、排污量,采用实时调度和调度管理相结合的方法。

黄河水质水量一体化调度流程见图 7-1。

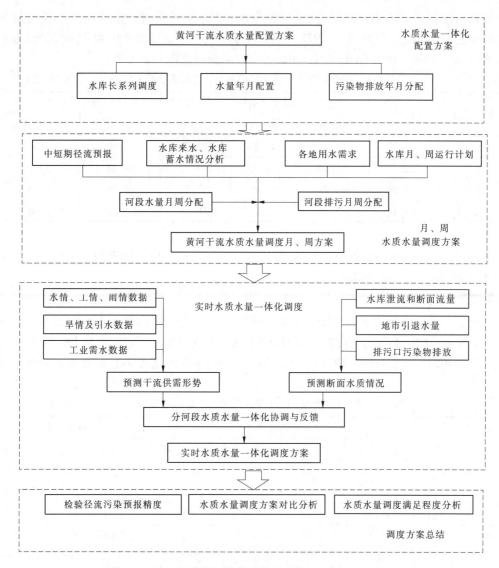

图 7-1 黄河水质水量一体化调度流程

7.3 水质水量一体化调度的实现

7.3.1 河段水资源供需形势

7.3.1.1 水资源条件

考虑径流丰枯的代表性及天然径流资料相对齐全等因素,选取河口镇以上河段 1969~1971 年 3 年系列作为水质水量调度的基本径流输入。根据 1956~2000 年利津站 径流系列,1969 年、1970 年、1971 年黄河天然径流量分别为 427.96 亿 m³、464.80 亿 m³ 和 467.55 亿 m³,径流频率分别为 63%、65% 和 83%,黄河天然径流偏枯。1969 年河口镇断面天然径流量为 257.16 亿 m³,径流频率为 84.1%;1970 年河口镇断面天然径流量为 285.78亿 m³,径流频率为 70%;1971 年河口镇断面天然径流量为 300.40 亿 m³,径流频率为 58.6%。1969~1971 年黄河河口镇以上主要断面径流特征见表 7-1。

表 7-1 1969~1971 年黄河河口镇以上主要断面径流特征 （单位:亿 m³）

断面名称	年均径流	年度径流量			月径流量	
		1969 年	1970 年	1971 年	最大径流量	最小径流量
唐乃亥	161.22	154.45	143.24	185.96	45.80	3.11
小川	226.41	211.59	218.92	248.73	58.48	5.28
兰州	277.94	254.21	277.91	301.71	66.34	6.36
河口镇	281.11	257.16	285.78	300.40	56.56	3.08

按照地表水与地下水联合调度的原则,地下水开采量按照多年平均开采量 23.60 亿 m³进行控制,参与河段的供水。

7.3.1.2 水资源需求

根据年度需水预测成果,1969~1971 年河口镇以上年均需水量为 244.54 亿 m³,其中生活需水量 13.28 亿 m³,工业需水量 38.04 亿 m³,农业及生态环境需水量 193.22 亿 m³,年际波动相对较大。1969~1971 年河口镇以上需水量预测见表 7-2,农业灌溉周需水过程见图 7-2。

表 7-2 1969~1971 年河口镇以上需水量预测 （单位:亿 m³）

河段	年均需水				年度需水量		
	需水总量	生活	工业	农业及生态环境	1969 年	1970 年	1971 年
兰州以上	44.13	3.96	6.42	33.75	44.22	43.71	44.46
兰州—下河沿	28.97	2.12	12.83	14.03	29.44	28.04	29.44
下河沿—石嘴山	75.99	2.74	7.37	65.88	76.21	73.93	77.83
石嘴山—河口镇	95.45	4.47	11.43	79.56	95.65	94.04	96.66
合计	244.54	13.28	38.04	193.22	245.52	239.71	248.39

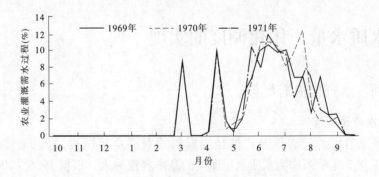

图 7-2 兰州—河口镇区间农业灌溉周需水过程

7.3.2　水质水量一体化调度的主要控制要素

7.3.2.1　供水量控制

水质水量一体化调度方案的水量分配根据"水质水量一体化配置方案"的年、月的配置总量进行周过程的细化调度,水量调度的周分配水量应以年、月度水量为总量控制的基础。水质水量一体化配置方案 1969～1971 年河口镇以上总供水量分配见表 7-3,供水量月分配过程见表 7-4。

表 7-3　水质水量一体化配置方案 1969～1971 年供水量分配　　（单位:亿 m³）

河段	年度供水量			年均供水量			
	1969 年	1970 年	1971 年	生活	工业	农业及生态环境	用水总量
兰州以上	26.2	27.37	27.47	3.96	6.42	21.63	32.01
兰州—下河沿	27.59	24.28	18.92	2.12	10.54	10.94	23.60
下河沿—石嘴山	67.84	53.61	38.68	2.74	5.84	42.80	51.38
石嘴山—河口镇	82.46	64.19	45.16	4.47	9.04	46.76	60.27
合计	204.09	169.45	130.23	13.28	31.84	122.13	167.25

表 7-4　水质水量一体化配置方案 1969～1971 年供水量月分配过程　　（单位:亿 m³）

年度	1 月	2 月	3 月	4 月	5 月	6 月	7 月	8 月	9 月	10 月	11 月	12 月	合计
1969	3.9	3.9	7.4	13.8	31.6	37.4	31.9	22.3	16.7	15.6	15.7	3.9	204.1
1970	3.8	3.8	7.3	13.4	27.9	30.8	18.7	17.4	15.5	15.2	11.9	3.8	169.5
1971	2.1	1.5	4.3	9.4	17.2	21.0	16.6	10.1	15.6	12.8	15.8	3.8	130.2

7.3.2.2　排污量控制

水质水量一体化调度的污染物入河量按照"水质水量一体化配置方案"各河段、各地区、各时段的污染物入河分配方案进行总量控制,水质水量一体化配置方案污染物入河量分配方案见表 7-5,污染物入河量过程控制见表 7-6。

表 7-5　水质水量一体化配置方案污染物入河量分配方案　　（单位:万 t）

河段	1969 年		1970 年		1971 年	
	COD	氨氮	COD	氨氮	COD	氨氮
兰州以上	3.49	0.42	3.49	0.42	3.33	0.40
兰州—下河沿	4.08	0.46	3.86	0.44	3.49	0.40
下河沿—石嘴山	20.11	1.14	15.88	0.93	9.66	0.62
石嘴山—河口镇	5.30	0.52	4.62	0.48	3.43	0.39
合计	32.98	2.54	27.84	2.26	19.92	1.81

表 7-6　水质水量一体化配置方案污染物入河量过程控制方案　　（单位：万 t）

年份	污染物	1 月	2 月	3 月	4 月	5 月	6 月	7 月	8 月	9 月	10 月	11 月	12 月	合计
1969	COD	0.99	1.03	1.12	2.35	5.40	5.23	5.12	3.42	2.27	1.96	3.11	0.99	32.98
	氨氮	0.13	0.13	0.14	0.20	0.34	0.33	0.32	0.25	0.19	0.17	0.23	0.13	2.54
1970	COD	1.00	1.04	1.12	2.32	5.31	5.15	0.92	3.36	2.22	1.94	2.47	1.00	27.84
	氨氮	0.13	0.13	0.14	0.19	0.33	0.33	0.11	0.24	0.19	0.17	0.20	0.13	2.26
1971	COD	0.60	0.46	0.56	1.88	2.49	3.42	0.45	0.51	2.60	2.24	3.58	1.12	19.92
	氨氮	0.07	0.06	0.07	0.18	0.22	0.25	0.06	0.06	0.22	0.21	0.27	0.15	1.81

7.3.2.3　断面下泄水量控制

不同河段应保持的最小生态流量,主要断面应满足河道内生态流量要求,如河口镇断面为 250 m³/s,同时兼顾下游需水和输沙的用水需求,年下泄水量和过程与水资源配置方案一致。1969～1971 年兰州—河口镇河段主要断面年度下泄水量见表 7-7。

表 7-7　兰州—河口镇河段主要断面年度下泄水量

序号	河段	断面年径流量（亿 m³）		
		1969 年	1970 年	1971 年
1	兰州	322.81	278.21	194.07
2	包兰桥	313.82	270.69	189.21
3	水川吊桥	307.73	266.50	186.04
4	安宁渡	307.65	266.84	186.15
5	下河沿	292.34	257.09	183.15
6	青铜峡	288.09	254.84	182.04
7	银川公路桥	278.04	247.57	178.44
8	陶乐	328.02	281.35	199.25
9	石嘴山	321.55	276.36	196.99
10	三盛公	330.52	256.69	179.30
11	巴彦高勒	280.46	218.85	163.42
12	三湖河口	285.25	222.80	164.69
13	画匠营	285.25	222.80	164.69
14	镫口	270.83	212.63	162.09
15	头道拐	241.09	212.90	173.05

7.3.2.4 水库运行方式控制

水质水量一体化调度的水库起始水位设置为水质水量配置方案中上一时段的末水位,水质水量一体化调度过程执行配置方案中的水库运行方式,即水库年度和月度的蓄泄过程与水质水量一体化配置方案基本一致,年度和月度的出入库水量与配置方案基本一致。水质水量一体化配置方案水库蓄泄水量过程见图7-3和图7-4。

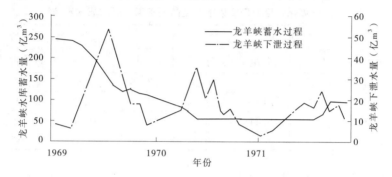

图 7-3 水质水量一体化配置方案龙羊峡水库蓄泄过程

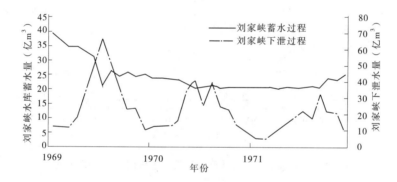

图 7-4 水质水量一体化配置方案刘家峡水库蓄泄过程

7.3.3 水质水量一体化调度方案

水质水量一体化调度是根据一体化配置方案的年月取水总量、排污总量,按照周过程的径流、需水量及排污量预测细化取水量控制、排污量控制,提出水质水量一体化调度的方案。

IQQM 模型水质水量一体化调度系统调度原则:地表水地下水统一调配保障地表水与地下水有序利用,水质与水量统一调度、协调用水与排污的关系,干流与支流统一调度、控制主要断面的下泄水量和断面水质。

模型根据年度、月份配置方案按照断面水量控制、取水总量控制、纳污能力控制的综合原则对兰州—河口镇河段的各地市取水量和排污量进行周过程的控制,保障断面水量和水功能区水质满足目标要求。

7.3.3.1 水量调度方案

从水质水量一体化调度年度、月配置方案,细化到周调度过程的关键在于对各个地市、河段取水量周过程的控制。根据年度水量配置方案,1969 年河口镇以上河段分配取水量 204.09 亿 m³,兰州以上地表水分配水量 26.20 亿 m³;1970 年河口镇以上河段分配取水量 169.45 亿 m³,兰州以上地表水分配水量 27.37 亿 m³;1971 年河口镇以上河段分配取水量 129.43 亿 m³,兰州以上地表水分配水量 26.67 亿 m³。河口镇以上主要断面黄河地表水取水量控制见表 7-8 和图 7-5。

表 7-8　一体化调度河口镇以上主要断面黄河地表水取水量控制量　(单位:亿 m³)

年度	兰州以上				兰州—河口镇河段			
	青海	四川	甘肃	小计	甘肃	宁夏	内蒙古	小计
1969	15.04	0.40	10.76	26.20	27.59	67.84	82.46	177.89
1970	16.33	0.40	10.64	27.37	24.28	53.61	64.19	142.08
1971	16.43	0.40	9.84	26.67	18.92	38.68	45.16	102.76
平均	15.93	0.40	10.41	26.74	23.60	53.38	63.94	140.92

图 7-5　水质水量一体化调度河口镇以上黄河地表水取水过程

从图 7-5 可以看出,受黄河水质约束及农业灌溉取水影响,一体化调度河口镇以上黄河地表水取水过程波动较大,取水量最大月份在 6～7 月,接近 10.0 亿 m³/周,取水量最小月在 12 月至翌年 1 月,小于 0.7 亿 m³/周。

在水质水量一体化调度方案中,将河段黄河地表水取水周过程分配到各个地市、各个取水口,以便于调度管理。

1. 兰州以上青海地表水取水控制

根据水质水量一体化调度方案,1969 年、1970 年、1971 年兰州以上青海省分配黄河地表取水量分别为 15.04 亿 m³、16.33 亿 m³ 和 16.43 亿 m³,地表水取水周过程控制见图 7-6。

2. 甘肃地表水取水控制

根据水质水量一体化调度方案,1969 年、1970 年、1971 年兰州以上甘肃省分配黄河地表水取水量分别为 10.76 亿 m³、10.64 亿 m³ 和 9.84 亿 m³,地表水取水周过程控制见图 7-7。

1969 年、1970 年、1971 年兰州—河口镇区间甘肃省分配水量分别为 27.59 亿 m³、24.28 亿 m³、18.92 亿 m³,水质水量一体化调度兰州—河口镇区间甘肃省黄河地表水取水量见表 7-9,黄河地表水取水过程控制见图 7-8。

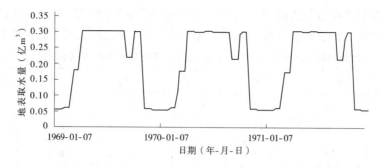

图 7-6　水质水量一体化调度兰州以上青海省黄河地表水取水过程

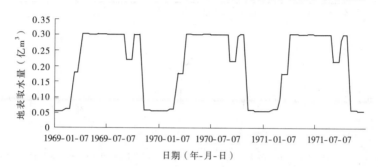

图 7-7　水质水量一体化调度兰州以上甘肃省黄河地表水取水过程

表 7-9　水质水量一体化调度兰州—河口镇区间甘肃省黄河地表水取水量

（单位:亿 m³）

年度	兰州	定西	白银	武威	庆阳	区间甘肃合计
1969	15.61	0.66	11.09	0.06	0.18	27.59
1970	14.08	0.52	9.49	0.05	0.13	24.28
1971	11.90	0.41	6.53	0.02	0.06	18.92
平均	13.86	0.53	9.04	0.04	0.12	23.59

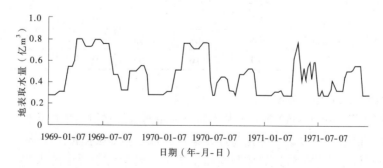

图 7-8　水质水量一体化调度兰州—河口镇区间甘肃省黄河地表水取水过程

3. 宁夏地表水取水控制

根据水质水量一体化调度方案,1969 年、1970 年、1971 年兰州—河口镇区间宁夏分配黄河地表水取水量分别为 67.84 亿 m³、53.61 亿 m³ 和 38.68 亿 m³,水质水量一体化调度兰州—河口镇区间宁夏黄河地表水取水量见表7-10,地表水取水周过程控制见图7-9。

表7-10　水质水量一体化调度兰州—河口镇区间宁夏黄河地表水取水量　（单位:亿 m³）

年度	中卫	固原	吴忠	银川	石嘴山	区间宁夏合计
1969	13.85	3.24	20.23	19.00	11.52	67.84
1970	10.99	2.53	15.84	15.07	9.18	53.61
1971	7.59	1.55	11.62	11.28	6.64	38.68
平均	10.81	2.44	15.90	15.12	9.11	53.38

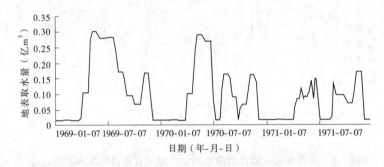

图7-9　水质水量一体化调度兰州—河口镇区间宁夏黄河地表水取水周过程

4. 内蒙古黄河地表水取水控制

根据水质水量一体化调度方案,1969 年、1970 年、1971 年兰州—河口镇区间内蒙古分配黄河地表取水量分别为 82.46 亿 m³、64.19 亿 m³ 和 45.16 亿 m³,水质水量一体化调度兰州—河口镇区间内蒙古黄河地表水取水量见表7-11,地表水取水周过程控制见图7-10。

表7-11　水质水量一体化调度兰州—河口镇区间内蒙古黄河地表水取水量（单位:亿 m³）

年份	阿拉善	乌海	鄂尔多斯	巴彦淖尔	包头	乌兰察布	呼和浩特	区间内蒙古合计
1969	2.06	2.43	10.32	41.89	11.74	0.66	13.35	82.46
1970	1.60	2.13	7.93	31.91	9.70	0.48	10.44	64.19
1971	1.53	2.24	6.06	19.68	7.63	0.18	7.85	45.16
平均	1.73	2.27	8.10	31.16	9.69	0.44	10.55	63.94

7.3.3.2　污染物入河控制方案

河口镇以上可根据不同频率年来水情况控制断面满足水质约束性指标。不同来水频率,各个行政区根据水质水量一体化配置方案进行取水量、用水量、排污量的总量控制和过程管理,均不得导致其下游边界控制断面主要水质要素劣于要求的水质目标值。当出现某个控制断面水质劣于水质目标时(单因子水质评价),立即对该控制断面以上的地级行政区排污量进行限制。

从水质水量一体化调度年度、月配置方案,要实现水功能区水质达标必须严格控制主

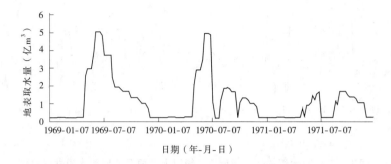

图 7-10 水质水量一体化调度兰州—河口镇区间内蒙古黄河地表水取水周过程

要污染物的入河量,按照分配的排污量细化对各个地市、各河段的主要污染物入河控制量实施周控制。根据年度污染物入河量配置方案,1969 年河口镇以上河段污染物入河量分配:COD 为 32.98 万 t、氨氮为 2.54 万 t,兰州以上河段污染物入河量分配:COD 为 3.49 万 t、氨氮为 0.42 万 t;1970 年河口镇以上河段污染物入河量分配:COD 为 27.84 万 t、氨氮为 1.85 万 t,兰州以上河段污染物入河量分配:COD 为 3.49 万 t、氨氮为 0.42 万 t;1971 年河口镇以上河段污染物入河量分配:COD 为 19.91 万 t、氨氮为 1.81 万 t,兰州以上河段污染物入河量分配:COD 为 3.33 万 t、氨氮为 0.40 万 t。河口镇以上主要断面污染物入河控制见表 7-12、表 7-13 及图 7-11。

表 7-12 水质水量一体化调度河口镇以上 COD 污染物控制 （单位:万 t）

年度	兰州以上				兰州—河口镇河段			
	青海	四川	甘肃	小计	甘肃	宁夏	内蒙古	小计
1969	2.11	0	1.38	3.49	4.08	20.11	5.30	29.49
1970	2.11	0	1.37	3.49	3.86	15.88	4.62	24.35
1971	1.96	0	1.37	3.33	3.49	9.66	3.43	16.59
平均	2.06	0	1.37	3.44	3.81	15.22	4.45	23.48

表 7-13 水质水量一体化调度河口镇以上氨氮污染物控制 （单位:万 t）

年度	兰州以上				兰州—河口镇河段			
	青海	四川	甘肃	小计	甘肃	宁夏	内蒙古	小计
1969	0.26	0	0.16	0.42	0.46	1.14	0.52	2.12
1970	0.26	0	0.16	0.42	0.44	0.93	0.48	1.85
1971	0.25	0	0.16	0.40	0.40	0.62	0.39	1.41
平均	0.26	0	0.16	0.42	0.43	0.90	0.46	1.79

从图 7-11 中可以看出,由于取水量变化及水功能区水质保障的控制,水质水量一体化调度过程,主要污染物 COD 和氨氮入河控制量大幅度波动,COD 入河量最大超过 1.2 万 t/周,最小仅为 0.1 万 t/周。

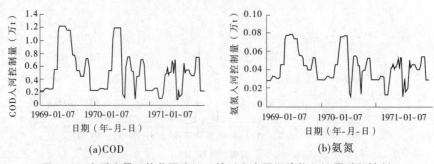

(a)COD　　　　　　　　　　　　　(b)氨氮

图 7-11　水质水量一体化调度河口镇以上主要污染物入河周过程控制

1. 兰州以上污染物入河控制

　　根据水质水量一体化配置方案,1969 年兰州以上污染物入河控制量:COD 为 3.49 万 t、氨氮为 0.42 万 t,其中兰州以上青海省 COD 入河量控制 2.11 万 t、氨氮入河量控制0.26 万 t。1970 年、1971 年兰州以上 COD 入河控制量为 3.49 万 t 和 3.33 万 t,氨氮入河控制量分别为 0.42 万 t 和 0.40 万 t。水质水量一体化调度兰州以上主要污染物控制量见表 7-14,主要污染物入河量周过程控制见图 7-12。

表 7-14　水质水量一体化调度兰州以上主要污染物控制　　　　　（单位:万 t）

年度	兰州以上青海		兰州以上甘肃		兰州以上小计	
	COD	氨氮	COD	氨氮	COD	氨氮
1969	2.11	0.26	1.38	0.16	3.49	0.42
1970	2.11	0.26	1.37	0.16	3.49	0.42
1971	1.96	0.25	1.37	0.16	3.33	0.40
平均	2.06	0.26	1.37	0.16	3.44	0.41

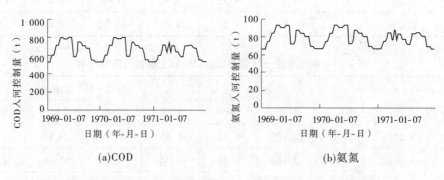

(a)COD　　　　　　　　　　　　　(b)氨氮

图 7-12　水质水量一体化调度兰州以上污染物入河周过程控制

2. 兰州—河口镇区间甘肃污染物入河控制

　　根据水质水量一体化配置方案,1969 年兰州—河口镇区间甘肃污染物入河控制量:COD 为 4.08 万 t、氨氮为 0.46 万 t。1970 年、1971 年兰州—河口镇区间甘肃 COD 入河控制量为 3.86 万 t 和 3.49 万 t,氨氮入河控制量分别为 0.44 万 t 和 0.40 万 t。水质水量一体化调度兰州—河口镇区间甘肃省主要污染物控制量见表 7-15、表 7-16,主要污染物入河量周过程控制见图 7-13。

表 7-15　水质水量一体化调度兰州—河口镇区间甘肃 COD 污染物控制　（单位:万 t）

年度	兰州	定西	白银	武威	庆阳	区间甘肃合计
1969	2.83	0.19	1.07	0	0	4.08
1970	2.69	0.18	0.99	0	0	3.86
1971	2.45	0.17	0.87	0	0	3.49
平均	2.66	0.18	0.98	0	0	3.81

表 7-16　水质水量一体化调度兰州—河口镇区间甘肃氨氮污染物控制　（单位:万 t）

年度	兰州	定西	白银	武威	庆阳	区间甘肃合计
1969	0.34	0.02	0.10	0	0	0.46
1970	0.32	0.02	0.10	0	0	0.44
1971	0.30	0.02	0.09	0	0	0.40
平均	0.32	0.02	0.10	0	0	0.43

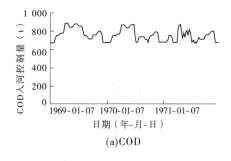
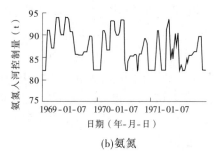

(a)COD　　　　　　　　　　(b)氨氮

图 7-13　水质水量一体化调度兰州—河口镇区间甘肃 COD 污染物入河周过程控制

3. 兰州—河口镇区间宁夏污染物入河控制

根据水质水量一体化配置方案,1969 年兰州—河口镇区间宁夏污染物入河控制量:COD 为 20.11 万 t、氨氮为 1.14 万 t。1970 年、1971 年兰州—河口镇区间宁夏 COD 入河控制量为 15.88 万 t 和 9.66 万 t,氨氮入河控制量分别为 0.93 万 t 和 0.62 万 t。水质水量一体化调度兰州—河口镇区间宁夏主要污染物控制量见表 7-17、表 7-18,主要污染物入河量周过程控制见图 7-14。

表 7-17　水质水量一体化调度兰州—河口镇区间宁夏 COD 污染物控制　（单位:万 t）

年度	中卫	固原	吴忠	银川	石嘴山	区间宁夏合计
1969	5.11	0	5.97	5.63	3.40	20.11
1970	4.05	0	4.67	4.46	2.71	15.88
1971	2.42	0	2.81	2.75	1.67	9.66
平均	3.86	0	4.48	4.28	2.59	15.22

表 7-18　水质水量一体化调度兰州—河口镇区间宁夏氨氮污染物控制　（单位:万 t）

年度	中卫	固原	吴忠	银川	石嘴山	区间宁夏合计
1969	0.29	0	0.35	0.31	0.19	1.14
1970	0.23	0	0.28	0.25	0.16	0.93
1971	0.15	0	0.19	0.17	0.11	0.62
平均	0.22	0	0.27	0.25	0.15	0.90

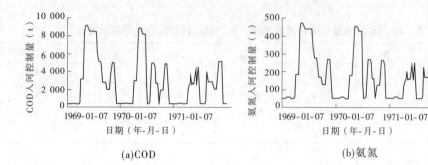

(a)COD　　　　　　　　　　　(b)氨氮

图 7-14　水质水量一体化调度兰州—河口镇区间宁夏 COD 污染物入河周过程控制

4. 兰州—河口镇区间内蒙古污染物入河控制

根据水质水量一体化配置方案,1969 年兰州—河口镇区间内蒙古污染物入河控制量:COD 为 5.30 万 t、氨氮为 5 242 t。1970 年、1971 年兰州—河口镇区间内蒙古 COD 入河控制量为 4.62 万 t 和 3.43 万 t,氨氮入河控制量分别为 4 776 t 和 3 918 t。水质水量一体化调度兰州—河口镇区间内蒙古主要污染物控制量见表 7-19、表 7-20,主要污染物入河量周过程控制见图 7-15。

表 7-19　水质水量一体化调度兰州—河口镇区间内蒙古 COD 污染物控制　（单位:万 t）

年度	阿拉善	乌海	鄂尔多斯	巴彦淖尔	包头	乌兰察布	呼和浩特	区间内蒙古合计
1969	0.002	0.50	0.67	1.49	1.56	0.03	1.04	5.30
1970	0.002	0.47	0.58	1.18	1.44	0.02	0.92	4.62
1971	0.002	0.42	0.44	0.66	1.20	0.01	0.70	3.43
平均	0.002	0.46	0.56	1.11	1.40	0.02	0.89	4.45

表 7-20　水质水量一体化调度兰州—河口镇区间内蒙古氨氮污染物控制　（单位:t）

年度	阿拉善	乌海	鄂尔多斯	巴彦淖尔	包头	乌兰察布	呼和浩特	区间内蒙古合计
1969	3	603	671	931	1 903	22	1 109	5 242
1970	3	574	609	771	1 784	19	1 016	4 776
1971	3	516	501	500	1 540	14	845	3 918
平均	3	564	594	734	1 743	18	990	4 646

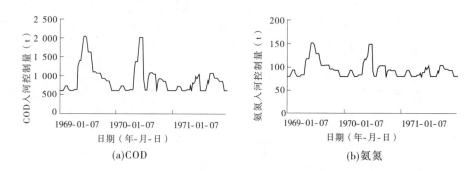

图 7-15　水质水量一体化调度兰州—河口镇区间内蒙古 COD 污染物入河周过程控制

7.3.3.3　水库调度运行方案

一般的水量配置模型模拟水库调度是在来水序列已知,给定初始状态,按照一定规则形成的控制线约束下的水库运行过程,本身不具备优化功能。IQQM 模型通过反馈控制方式,使输出结果反馈到输入端,并生成对系统进行控制的反馈控制量,自动形成控制模拟线,引导模拟结果趋于最优目标值,实现对水库调度的控制模拟。

对于黄河上游龙羊峡、刘家峡梯级水库系统来说,由于控制的最优目标值无法量化,因此需要嵌入一个具有自动辨识、判断、修正功能的类似"在线辨识"的辨识环节,以根据输出结果,能在线识别模拟控制线的寻优性能,自动形成寻优模拟控制线并通过控制环节,引导模拟逐渐优化的模拟运行迭代过程产生引导系统模拟进一步优化的控制修正量,综合系统运行规则及其他约束形成能导致模拟结果进一步优化的模拟控制线,在模拟控制线逐渐收敛于最优控制线的同时,模拟结果趋于最优结果。在水质水量一体化调度过程中在线辨识水库月末水位、主要断面下泄水量、水功能区水质及河段用户缺水量,根据在线识别控制,修正进一步优化的模拟控制线。水质水量一体化调度龙羊峡水库、刘家峡水库运行调度周过程见图 7-16 和图 7-17。

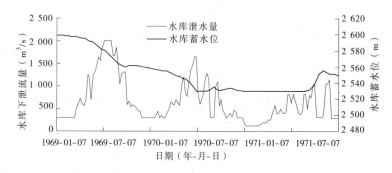

图 7-16　龙羊峡水库运行调度周过程

从图 7-16 和图 7-17 可以看出,通过正向演算、反向控制、在线识别、自动寻优等过程,实现龙羊峡、刘家峡水库优化出库过程,1969 年 1 月龙羊峡、刘家峡水库从高水位开始运行,基于对下游河段用水、水功能区稀释用水需求,通过协调蓄水和下泄水量的关系优化调度控制线满足断面下泄水量以及水功能区水质目标。

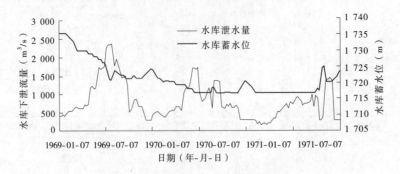

图 7-17　刘家峡水库运行调度周过程

7.3.4　水质水量一体化调度效果评价

7.3.4.1　主要断面水质水量效果

IQQM 模型系统以水库调度为手段,通过控制用水户的取水量、排污量及增加水库下泄水量,保障黄河干流断面的下泄水量控制,实现黄河水功能区水质达标。通过对1969 ~ 1971 年的水质水量一体化调度,黄河主要断面下泄水量符合配置方案的年度总水量和流量过程要求,主要水功能区水质达到目标水质。

根据水质水量一体化配置方案,为保障黄河水功能区水质和下游河段的用水需求,在水质水量一体化调度过程中必须控制主要断面的下泄水量过程。水质水量一体化调度按照 15 个控制断面的年度和月度控制水量(见表7-7),实施周流量过程控制。水质水量一体化调度黄河干流主要断面流量过程控制见图 7-18 ~ 图 7-25。

图 7-18　兰州断面水量调度周下泄过程　　图 7-19　安宁渡断面水量调度周下泄过程

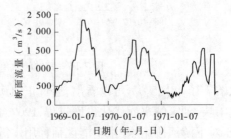

图 7-20　下河沿断面调度水量周下泄过程　　图 7-21　青铜峡断面水量调度周下泄过程

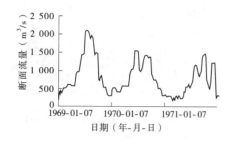

图 7-22　石嘴山断面调度水量周下泄过程

图 7-23　巴彦高勒断面水量调度周下泄过程

图 7-24　画匠营断面调度水量周下泄过程

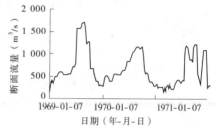

图 7-25　河口镇断面水量调度周下泄过程

水质水量一体化水量配置方案分配了主要用水户的地表水取水过程及黄河干流主要断面的下泄水量控制过程,污染物入河控制方案将主要地市的污染物排放及入河控制,河口镇以上污染物入河量控制(见表 7-6)。根据一体化配置方案,水质水量一体化调度按照各断面的年度和月度控制污染物入河量周过程实施控制。水质水量一体化调度黄河干流主要断面主要污染物浓度见图 7-26 ~ 图 7-29。

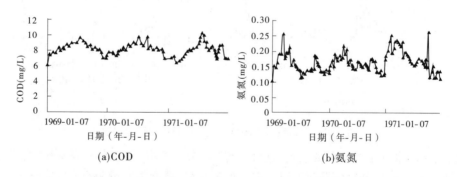

(a)COD　　　　　　　　　　　　　　　　(b)氨氮

图 7-26　下河沿断面调度主要污染物周水质变化过程

7.3.4.2　水质水量一体化调度方案评价

1. 水量控制目标的实现

水质水量一体化配置方案按照“一体化配置”的原则实施系列水资源配置方案,水质水量一体化周调度方案按照一体化的年配置总量和月配置过程进行细化调度,统筹河段用水、断面下泄水量需求及水功能区水质要求,细化取水过程分配,河口镇以上断面地表水取水量分别为 204.09 亿 m^3、169.45 亿 m^3 和 129.43 亿 m^3。

从总量上看,水质水量一体化调度方案全面实现了年度总水量控制目标和月份过程

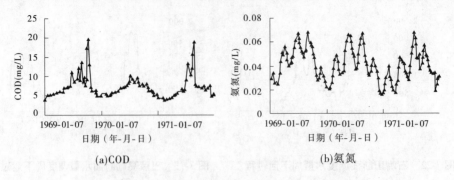

图 7-27　下河沿断面调度主要污染物周水质变化过程

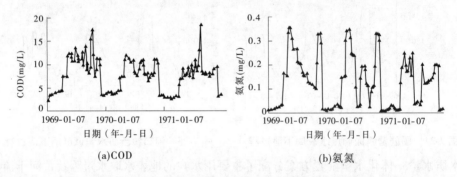

图 7-28　石嘴山断面调度主要污染物周水质变化过程

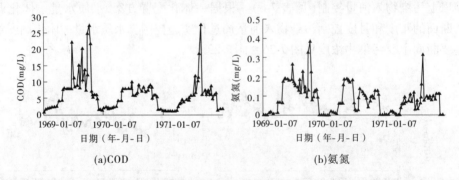

图 7-29　河口镇断面调度主要污染物周水质变化过程

控制,按照取水口年月分水量细化周过程,与"87 分水方案"年度分水量对比,要满足水功能区水质达标的控制目标需要下泄一定的稀释水量,调度供水量稍小于"87 分水方案"的年度配置水量,符合水质水量一体化调度的要求。从调度过程来看,枯水时段由于河道来水量少、纳污能力显著不足,需要加大水量下泄,调度方案总供水量有所减少,体现水质水量一体化的联合控制原则;从河段水量调度结果来看,沿河排污量大而且相对较为集中的下河沿—石嘴山区间(宁夏段),在农业灌溉高峰期灌溉退水形成的面源污染是黄河污染物的主要来源,部分时段通过设置取水量限制,控制污染物入河,满足黄河主要断面下泄水量、实现水功能区水质控制目标,宁夏河段取水受到限制。

2. 水功能区水质目标的实现

水质水量一体化调度根据水质水量一体化配置方案的年月配水总量和污染物入河总量,通过控制沿黄用户的取水量及污染物的入河量周过程,达到水功能区水质目标。一体化调度方案 1969 年河口镇以上河段污染物 COD 和氨氮入河总量分别为 29.32 万 t、2.55 万 t,1970 年入河总量分别为 27.60 万 t、2.28 万 t,1971 年入河总量分别为 17.68 万 t、1.56 万 t。通过实施周过程控制黄河河口镇以上 15 个主要断面水质达标率为 100%,水质水量一体化调度黄河河口镇以上主要断面水质状况见表 7-21。

表 7-21　水质水量一体化调度黄河河口镇以上主要断面水质状况

序号	河段	断面周平均流量(m³/s)	断面平均流速(m/s)	COD 平均浓度(mg/L)	氨氮平均浓度(mg/L)	水功能区不达标月数
1	兰州	817.27	1.22	8.56	0.16	0
2	包兰桥	949.67	1.73	9.46	0.22	0
3	水川吊桥	928.78	1.71	9.50	0.28	0
4	安宁渡	930.30	1.83	10.45	0.20	0
5	下河沿	912.21	1.37	9.31	0.11	0
6	青铜峡	895.33	1.36	9.78	0.17	0
7	银川公路桥	864.75	1.33	10.55	0.24	0
8	陶乐	835.47	1.33	11.68	0.31	0
9	石嘴山	817.70	1.32	12.02	0.34	0
10	三盛公	811.00	1.11	11.55	0.34	0
11	巴彦高勒	699.82	1.03	10.74	0.31	0
12	三湖河口	705.48	1.04	9.32	0.25	0
13	画匠营	705.48	0.80	8.85	0.23	0
14	镫口	671.63	0.77	12.28	0.33	0
15	头道拐	666.29	0.95	10.28	0.26	0

3. 主要断面下泄水量控制的实现

水质水量一体化调度根据水质水量一体化配置方案的年月配水总量,通过控制沿黄用户取水量的周过程,满足主要断面下泄流量过程控制的目标。水质水量一体化调度方案 1969 年、1970 年、1971 年河口镇断面下泄水量分别为 200.91 亿 m³、177.42 亿 m³、144.21 亿 m³,通过实施周过程控制黄河河口镇以上 15 个主要断面流量均满足要求。水质水量一体化调度黄河河口镇以上主要断面流量见表 7-22。

表 7-22　　水质水量一体化调度黄河河口镇以上主要断面流量

序号	河段	断面周流量(m³/s)		
		最小	最大	平均
1	兰州	274.2	2 384.9	817.3
2	包兰桥	286.0	2 493.7	949.7
3	水川吊桥	281.1	2 449.6	928.8
4	安宁渡	280.7	2 448.8	930.3
5	下河沿	280.7	2 396.4	912.2
6	青铜峡	277.1	2 346.5	895.3
7	银川公路桥	272.5	2 247.3	864.8
8	陶乐	269.4	2 166.8	835.5
9	石嘴山	267.1	2 119.3	817.7
10	三盛公	261.9	2 108.0	811.0
11	巴彦高勒	261.9	1 765.0	699.8
12	三湖河口	260.1	1 776.2	705.5
13	画匠营	260.1	1 776.2	705.5
14	镫口	251.9	1 719.3	671.6
15	头道拐	247.5	1 712.7	666.3

7.4　水质水量一体化调度保障措施

7.4.1　落实水质水量指标实施严格管理

　　根据水利部实施最严格的水资源管理制度要求,按照黄河水质水量一体化配置方案将年月黄河水量及污染物入河量分配方案结合年度来水和用水需求开展细化的水质水量一体化调度预案的制订。水质水量一体化分配的年度取水指标和污染物入河量作为省区、地市取水量和排污量的总量控制红线。

7.4.2　完善水质水量一体化调度管理制度

　　为加强黄河水质水量一体化调度,实现黄河水资源的可持续利用,促进黄河流域经济社会发展和生态环境的改善,黄河水质水量实行统一调度,遵循总量控制、断面流量控制、分级管理、分级负责的原则,建立有序的黄河流域水资源利用秩序,规范黄河水资源利用和管理。

　　结合黄河流域水资源调度管理的现状情况,制订黄河流域水质水量一体化分配调度制度和运行管理制度,包括逐时段水质水量一体化调度、协商机制、取水量和排污量监测和计量方案、取水和排污许可、控制断面最小流量控制制度等。

7.4.3 加强黄河水质水量监控管理

主要控制断面水量监测:在黄河干流兰州—河口镇 14 个控制断面实施流量测验项目,主要包括在省界断面(兰州、下河沿、石嘴山、河口镇)、主要支流汇入干流断面(靖远、泉眼山)、重要水文站(安宁渡、巴彦高勒、头道拐)、重要水利工程取水口(青铜峡、三盛公、镫口)实施流量监测。对城镇水厂取水和集中式农业取水(如中型以上灌区)进行完全计量和监控,并由此推算全市某月取水总量,主要包括城镇水厂 30 座,中型以上灌区农业集中取水口 9 座实施实时水量监测,取水口水质监测采用实验室分析方式。监测频次:一般情况下每月监测一次,枯水期或突发性水污染期需加大监测频率至每旬一次,紧急情况下每天监测一次。

主要水功能区水质监测:对黄河干流和重要支流上重要控制断面实施水质监测,采用在线监测与实验室内监测相结合的方式实施控制断面水质监测。监测频次:一般情况下每月监测一次,枯水期或突发性水污染期需加大监测频率至每旬一次,紧急情况下每天监测一次。监测项目:实验室内需监测《地表水坏境质量标准》(GB 3838—2002)的基本项目、水源地补充监测项目和有毒有机污染物项目。

7.4.4 完善流域水质水量一体化调度、建立主要断面水质水量预警机制

在加强黄河干流水质水量一体化调度的同时,启动跨地级行政区支流的水量调度工作,按照总量控制原则,由流域管理机构会商有关地级行政区水行政主管部门,确定支流地级行政区交界断面及入黄河控制断面的流量控制指标,最终实现黄河干流与重要支流水量的统一调度。

根据黄河流域水文系列资料,深入研究流域水文趋势,建立黄河径流中长期预报,为流域水资源的中长期调度决策提供依据。在流域水资源紧张的时段,控制取水量保证河道内生态水量。

7.4.5 建立健全水量调度管理制度,落实水调责任

(1)建立健全水量调度行政首长负责制度。将满足地级行政区交界断面下泄流量和水质目标要求的责任落到地级行政区行政首长,确保地级行政区交界断面下泄流量和出境水质。

(2)建立水量调度责任追究制度。对违反水量调度指令的各级行政首长和相关管理人员进行必要的行政和经济处罚,加强水调指令执行力度。

(3)建立违反水量调度指令各项处罚和补偿制度。通过对违反水量调度指令的地级行政区和单位进行处罚,包括经济处罚,用以保护和弥补其他地级行政区和单位及河流生态用水权益和所受损失。

第 8 章　典型流域水质水量一体化调控研究——以祖厉河为例

以黄河上游的一级支流——祖厉河为例开展流域水质水量一体化的典型研究,根据祖厉河流域 DEM 和 GIS 信息生成流域水系统,采用流域降雨、径流、产污模型,全面开展流域分布式降雨、径流、污染物的一体化模拟;针对祖厉河流域水资源和水环境问题,结合 IQQM 模型的水质水量一体化调控功能,提出改善植被覆盖度、治理点源污染和节约用水的综合调控方案,结果表明水质水量一体化调控可显著改善祖厉河流域水环境状况。

8.1　流域概况

8.1.1　地理位置

祖厉河流域地处黄河上游,位于甘肃中部,东接宁夏回族自治区,南邻定西市的通渭县,西与兰州市的榆中县毗邻,介于东经 104°12′ ~ 105°30′、北纬 35°17′ ~ 36°34′,流域面积 10 653 km²,行政区域涉及甘肃省定西、白银和兰州三市及宁夏固原市的 8 个县(区),包括安定、会宁的绝大部分及靖远、通渭、陇西、榆中、西吉、海原的一小部分。

8.1.2　地形地貌

受贺兰山和祁连山加里东褶皱带的复合影响,祖厉河流域地势大致由南向北倾斜,海拔大多在 1 500 ~ 2 000 m,最高峰在会宁县的崛吴山南沟大顶,海拔 2 858 m,最低点在祖厉河汇入黄河处,海拔 1 392 m。在第三纪末和第四纪初古地形的基底上,经第四纪以来的多次侵蚀—堆积旋回和现代侵蚀作用,塑造了当今以塬、梁、峁为特点的黄土丘陵地貌形态,呈现出梁峁交错,沟壑纵横的地形地貌景观,土体结构疏松,植被稀少,在夏秋暴雨冲蚀作用下易产生大量台塬性水土流失。

8.1.3　河流水系

祖厉河为黄河上游的一级支流,由祖河、厉河汇集而成,分别发源于会宁县太平店乡大山顶和华家岭北麓。两河在会宁县城以上不远处汇合后,由南向北纵贯会宁全境,流经靖远大芦、乌兰两乡,于靖远县西暗门汇入黄河,干流全长 224 km。祖厉河流域及水系见图 8-1。

祖厉河多年平均径流量 1.53 亿 m³,年输沙量 0.52 亿 t。河流特点是枯水季节水量小,流量较平稳,含沙量小;汛期水量大,流量变化大,含沙量大,年内分配不均。

祖厉河干流河长大于 5 km 的一级支流共 66 条,两岸各 33 条。其中,左岸的关川河和右岸的土木岘河是祖厉河最大的两条一级支流,年径流较大,其余各支流年径流很小,枯水期基本为干河,汛期洪水凶猛,峰高量大。

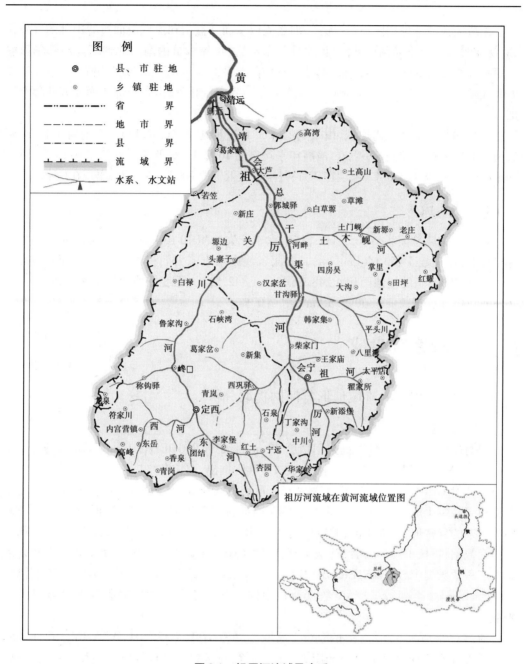

图 8-1　祖厉河流域及水系

　　除上述流域面积大于 1 000 km² 的关川河、土木岘河外,面积较大的还有西巩河、厉河、甘沟小河等,面积在 500 ~ 100 km² 之间的有 7 条,面积在 100 ~ 50 km² 之间的有 28 条。

8.1.4　水文气象

　　本流域总的气候特征是降水稀少,气候干燥,夏季不热,冬季寒冷,日照时间长,昼夜温差大。

祖厉河流域深处内陆,远离海洋,加之流域东面六盘山和流域南面秦岭山脉的屏障作用,海洋暖湿气流不易到达,降水量少且分布不均,年降水量由南向北递减。南部华家岭一带年降水量为509.3 mm,到北部靖远县城降至248.4 mm,全流域平均降水量为376.2 mm。蒸发量为1 100～1 700 mm,其空间分布与降水量相反,由东南部向西北方向逐渐增加。

年平均气温由北向南递减,由靖远的9.3 ℃过渡到会宁的7.1 ℃,安定的6.3 ℃,到最南部的华家岭则减至3.6 ℃。最高年平均气温16.2 ℃,最低年平均气温0.1 ℃。月平均最高气温14.9～22.6 ℃,出现在7月;月平均最低气温 -8.8 ～ -7 ℃,出现在1月。

8.1.5　水土流失

祖厉河流域总面积10 653 km²,其中水土流失面积10 614 km²。土壤侵蚀以水蚀为主,平均侵蚀模数5 450 t/(km²·a)。甘肃省境内水土流失面积中,轻度侵蚀面积477.9 km²,占4.76%;中度侵蚀面积4 248.86 km²,占42.31%;强度侵蚀面积4 705.06 km²,占46.86%;极强度侵蚀面积609.35 km²,占6.07%。

8.2　流域系统生成

8.2.1　基于DEM的流域地形与河网提取分析

8.2.1.1　数据获取

DEM(数字高程模型)数据采用精度30 m的ASTER GDEM(Global DEM)数据,由美国航天局(NASA)与日本经济产业省(METI)共同推出,覆盖范围广。

ASTER GDEM采用全自动方法对150万景的ASTER存档数据进行处理生成,其中包括独立相关生成的1 264 118个基于独立场景的ASTER GDEM数据,再经过去云处理,去除残杂的异常值,取平均值,并以此为ASTER GDEM对应区域的最后像素值,纠正剩余的异常数据,再按1°×1°分片,生成全球ASTER GDEM数据。中国科学院计算机网络信息中心科学数据中心在ASTER GDEM第一版本数据基础上,加工生成了覆盖全中国范围的30 m分辨率系列数据产品,数据通过中国科学院国际科学数据服务平台可以进行下载。

通过对祖厉河大致范围的确定,选取了ASTGTM_N35E104、ASTGTM_N35E105、ASTGTM_N36E104、ASTGTM_N36E105四块图幅,对该数据进行投影转换和拼接,拼接后的DEM数据见图8-2。

8.2.1.2　DEM数据的处理以及流域界提取

由DEM自动获取水系和子流域特征,是使流域参数化方便而迅速的一种途径。河网生成的准确性直接影响模型模拟的精度,生成的河网需尽可能反映区域地形。要在栅格DEM上提取流域信息,栅格间流向的判别是基础。利用ArcGIS软件的水文分析工具可以用两种方法提取流域界,一种是利用集水区划分流域的方法,一种是利用河网分级提取流域的方法。两者在某些区域的划分基本一致,但是存在差异。

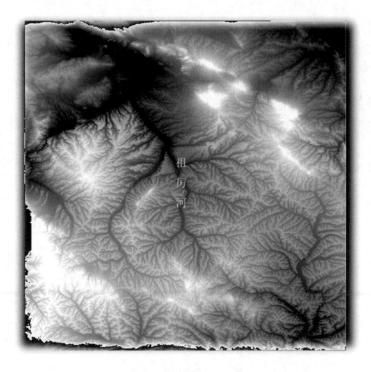

图 8-2 拼接后的祖厉河区域原始 DEM

利用集水区的流域划分方法需要确定阈值,但阈值的确定既要凭经验又要不断地尝试,利用这种方法提取的流域是自提取的,不需要人为干预,使用这种方法提取大流域时效率较高。利用河网分级提取流域的方法则需要人为判定河网的归属,根据需要将河网进行归类,如果要实现精确的流域划分则需要花费较长时间。

对于祖厉河流域界的提取采用集水区划分流域的方法,具体步骤如下。

1. DEM 预处理

DEM 被认为是比较光滑的地形表面的模拟,但是由于内插及一些真实地形的存在,使得 DEM 表面存在着一些凹陷的区域。那么这些区域在进行地表水流模拟时,由于低高程栅格的存在,从而在进行水流流向计算时在该区域将得到不合理的或错误的水流方向。因此,在进行水流方向的计算之前,应该首先对原始 DEM 数据进行洼地填充,得到无洼地的 DEM。在 ArcGIS 中通过洼地提取和洼地深度计算得到填洼阈值,然后利用 Hydrology 中的 Fill 工具实现填洼,为了实现洼地的充分填洼,这个过程一般需重复进行几次。如果分析时对下陷点没有要求,可以全部填洼,而不需要进行阈值设置。DEM 填洼预处理见图 8-3。

2. 水流方向的确定

水流方向是指水流离开每一个栅格单元时的指向。地表径流在流域空间内总是从地势高处向地势低处流动,最后经流域出口排出流域。为了准确地划定流域界线,首先要确定水流在每个栅格单元格内的流动方向。

图 8-3　DEM 填洼处理

3. 盆域分析

通过对水流方向的确定,在 ArcGIS 中通过水文分析工具集中的盆域分析对水流方向分析结果进行分析,见图 8-4 和图 8-5。

图 8-4　盆域分析计算

4. 集水区的生成

通过盆域分析发现祖厉河流域位于 Value 值为 37 的区域,利用属性提取、栅格范围转换命令集水区提取,见图 8-6 和图 8-7。

5. 流域界提取

根据集水区对 DEM 进行提取,叠加国家 1∶25 万水系图层,发现 DEM 数据包括祖厉河以及部分黄河干流区域,找到祖厉河入黄口提出祖厉河大概范围。祖厉河流域界提取见图 8-8。

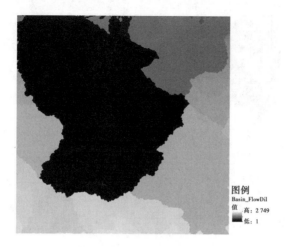

图 8-5　盆域分析结果

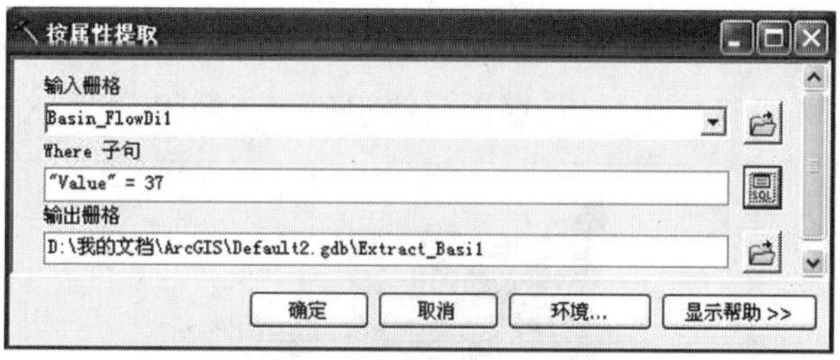

图 8-6　集水区域提取

图 8-7　集水区域矢量化

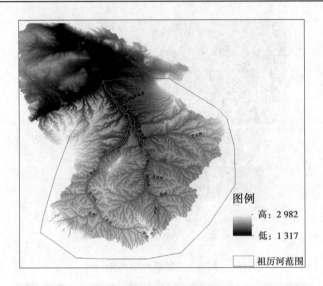

图 8-8　祖厉河流域界提取

对范围内的 DEM 进行二次分析,提出最终祖厉河流域界,见图 8-9。

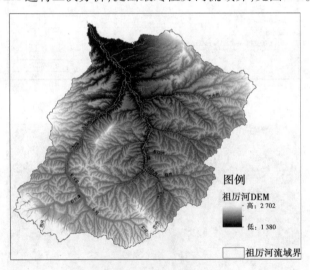

图 8-9　祖厉河最终流域界

8.2.2　流域与子流域的生成

在 IQQM 模型中,系统可以将处理好的 DEM 自动划分子流域,并生成分区图层。首先导入 DEM 数据,选择子流域的最小面积,从而确定整个流域的分区数,根据整个祖厉河的流域面积,对比不同最小面积分区的分区形态,选择 150 km² 为最小分区面积。然后选择流域的出口即祖厉河的入黄口,系统自动生成流域与子流域界,见图 8-10。

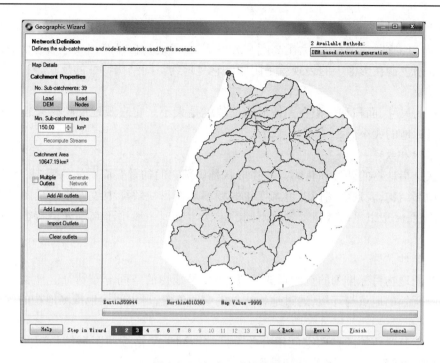

图 8-10　流域子流域的划分

8.2.3　基于遥感数据的功能单元的提取

8.2.3.1　土地利用分类系统

首先进行土地利用现状数据库建立,信息提取完成后经质量检查和精度评价合格后转换为 * . shp 格式。土地利用分类系统包括 6 个 Ⅰ 级土地利用类型和 25 个 Ⅱ 级土地利用类型,主要包括以下内容:

(1)耕地。指种植农作物的土地,包括熟耕地、新开荒地、休闲地、轮歇地、草田轮作地;以种植农作物为主的农果、农桑、农林用地;耕种三年以上的滩地和海涂。

(2)林地。指生长乔木、灌木、竹类以及沿海红树林地等林业用地。

(3)草地。指以生长草本植物为主、覆盖度在 5% 以上的各类草地,包括以牧为主的灌丛草地和郁闭度在 10% 以下的疏林草地。

(4)水域。指天然陆地水域和水利设施用地。

(5)城乡、工矿、居民用地。指城乡居民点及其以外的工矿、交通等用地。

(6)未利用土地。目前还未利用的土地,包括难以利用的土地。

8.2.3.2　土地利用信息提取

1. 目视解译

1)色调和颜色

色调和颜色是指遥感影像的相对明暗程度。色调是地物反射或辐射的能量在遥感影像上表现出的差异。地物的属性、几何形状和分布范围等都是通过色调差异反映在遥感图像上的。在彩色图像上,色调表现为颜色。在建立解译标志时必须考虑这些因素。

2）阴影

在特定传感器观测角度、太阳高度和方位下，由于地物自身遮挡或地形起伏而造成的影像上的暗色调在影像上的表现就是阴影。它是地物空间结构特征的反映。

3）大小

地物的尺寸、面积和体积在图像上的反映就是大小。它直观地反映感兴趣目标相对于其他目标地的大小。

4）形状和纹理

形状是指地物的外形和轮廓。地物形状是识别它们的重要而明显的标志。纹理是指图像的局部结构，表现为图像上色调变化的频率。在目视解译中纹理指的是图像上地物表面的质感，一般以平滑或粗糙划分不同的层次。纹理一般用于判别光谱特征相似的地物。

5）图案和位置

图案是地物目标排列的空间形式，所反映地是地物的空间分布特征。地物空间位置反映地物所处的地点与环境，通过地物所处的空间位置，可以间接地推测地物的类型。

6）组合

组合指某些地物的特殊空间组合关系。它不同于严格按照图形结构现实的空间排列，而是指物体间一定位置关系和排列方式。

根据遥感影像解译要素再结合遥感影像的时相特征、图像种类、研究对象和研究区域等，就可以整理出不同目标在该图像上所特有的表现形式，即解译标志。

解译标志又可分为直接标志和间接标志。在图像上可以直接反映出来的影像标志就是直接标志。间接标志是在某些直接解译标志的基础上，根据地物的相关属性等地学知识，间接推断出的影像标志。

解译标志的建立是因研究区域、影像时相、研究目标的不同而不同的。不同地物目标的解译标志需要不同解译要素的组合。一般解译标志的建立需要针对研究目标，通过典型样片对典型标志进行实地对照、详细观察和描述而建立。

通过建立的解译标志，利用遥感影像目视解译的方法（主要包括总体观察、对比分析、综合分析、参数分析等方法）将影像中的地物目标逐一判别为特定的地物类型。

2．计算机辅助解译

1）监督分类

监督分类（Supervised classification）又称为训练场地法，是以建立统计识别函数为理论基础，依据典型样本训练方法进行分类的技术。根据已知训练区提供的样本，通过选择特征参数，求出特征参数作为决策规则，建立判别函数对待分类的影像进行分类，是模式识别的一种方法。

2）非监督分类

非监督分类是以不同影像地物在特征空间中类别特征的差别为依据的一种无先验（已知）类别标准的图像分类，是以集群为理论基础，通过计算机对图像进行集聚统计分析的方法。根据待分类样本特征参数的统计特征，建立决策规则来进行分类。而不需事先知道类别特征。把各样本的空间分布按其相似性分割或合并成一群集，每一群集代表的地物类别,需经实地调查或与已知类型的地物加以比较才能确定。

8.2.3.3　遥感影像纹理分析法

遥感图像分析和解译的基本依据是灰度(波谱)和纹理(空间)两方面的信息。在遥感图像的分类过程中单纯利用光谱信息进行分类已不能满足实际应用的需求,随着遥感技术的不断发展,遥感图像的解析程度也越来越高,在遥感解译过程中作为遥感图像重要信息之一的空间信息——纹理信息,逐渐在遥感图像信息分类提取中发挥着重要作用。纹理结构是间接地由图像亮度值之间的关系表现的,它能反映出地表辐射随时间、空间的分布状况。为了使提取的地物信息更准确,可以把波谱信息和纹理信息结合起来进行地物信息提取。

关于遥感影像纹理的定义,不同的学者有不同的定义,那是因为各学者基于的目的不同,是在特定应用环境下对纹理特征某个侧面的表述。从整体上,纹理可以被理解为图像灰度在空间上的变化和重复,或图像中反复出现的局部模式(纹理单元)和它们的排列规则。

遥感图像的纹理结构反映了图像灰度的空间变化特征,为了将纹理特征应用到计算机遥感图像分类和解译,需要把遥感图像中的纹理即相邻像元的空间变化特征及组合情况进行量化,形成纹理变量或纹理图像。但是定量的纹理信息并不能由遥感图像数据直接得到,所以必须要对图像纹理特征进行分析和提取。

纹理分析指的是通过一定数学分析和数学变换的方法提取出的纹理特征,如粗糙和方向性等,从而实现纹理的定量或定性描述的处理过程。它主要包含两个方面的内容:检测出纹理基元和获得有关纹理基元分布排列的方式信息。

8.2.3.4　匹配成果

将解译后成果图层导入模型分类单元中,自动完成类型匹配,提取匹配的数据和图形进行对比,基本无误差,能够满足系统使用,见图8-11。

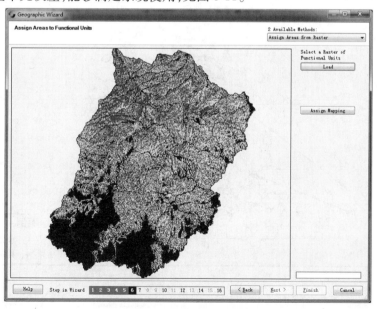

图8-11　土地利用分类的匹配

根据对祖厉河流域遥感影像的解译、纹理分析及匹配,祖厉河流域可分为 39 个单元,每个单元均包括 5 个 I 级土地利用类型。在土地利用类型中以裸岩和耕地的面积最大,分别为 85.27 km² 和 15.48 km²,分别占流域面积的 80.1% 和 14.5%。祖厉河流域土地利用分类统计见表 8-1。

表 8-1　祖厉河流域土地利用分类统计

代码	土地类型	面积(km²)	面积比例(%)
SA #01 ~ SA #39	耕地	1 548	14.5
SR #01 ~ SR#39	居民地	540	5.1
SF #01 ~ SF#39	林草地	13	0.1
SW #01 ~ SW#39	水域	1	0
SU #01 ~ SU#39	未利用土地	8 550	80.3
合计		10 652	100.0

8.2.4　节点和链接的设定

根据划分的各个子单元,系统将子流域的中点生成节点、子流域之间关系生成链接形成了基本的流域"节点—链接",在此基础上增加水文站、用水节点和工程节点,并匹配相应的链接,生成祖厉河流域的概化节点图,见图 8-12。

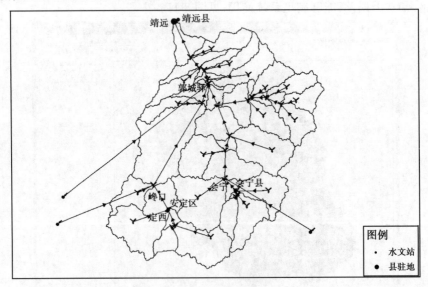

图 8-12　祖厉河流域概化节点图

8.3　流域径流模拟

8.3.1　模型原理

IQQM 模型具有分布式流域水文模型平台用于降雨径流模拟。为了考虑流域降雨输入和下垫面条件客观上存在的空间分布不均匀性,IQQM 模型以数字高程模型(DEM)为基础,按流域内自然分水线,将流域划分成多个不嵌套的子系统;各子系统根据地形地貌和水文响应划分为功能单元。功能单元是 IQQM 模型降雨径流模拟的最小单元。

由于流域被划分成足够多功能单元,可以认为其中任一功能单元的降雨输入和下垫面条件在空间上均匀分布。将降雨和蒸发数据输入选定的模型,给定模型参数,就可模拟功能单元的产汇流过程,然后再由各功能单元的结果,分析计算各子流域的产汇流过程,进而确定整个流域的产汇流过程。

每个功能单元可根据其地形地貌条件、产汇流特点选择降雨径流模型。通常,不同模型,其参数的数量和意义也不同。但大多数模型的输入数据包括降雨和蒸发资料,少数模型也可以用温度作为输入;且模拟出来的河川径流量一般包括基流和地表快速流两部分。降雨径流模拟一般过程如图 8-13 所示,河川径流形成过程示意见图 8-14。

图 8-13　降雨径流模拟一般过程

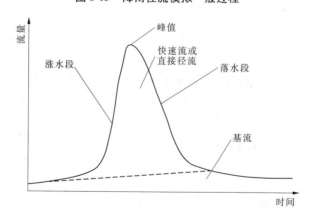

图 8-14　河川径流形成过程

8.3.2　模型选择

IQQM 流域模型里集成了 7 个常用的降雨径流模型,分别为 AWBM、GR4J、IHACRES、Sacramento、SIMHYD 和 SIMHYD with Routing、Gwlag,以及专门针对城区的降雨径流模型

SURM。

　　AWBM 为蓄满产流机制;GR4J 为经验模型,以单位线原理为基础的集总式概念性降雨径流模型,在中国运用较少,仅在深圳有运用且还经过了改造;Gwlag 主要用于高原地下水模拟,SURM 主要用于城市产汇流模拟,Sacramento 主要适用于半湿润地区,SIMHYD 包含蓄满产流和超渗产流两种机制。各模型的主要特征及适用性详见表 8-2。

表 8-2　降雨径流模型功能、模型输入及参数对比

降雨径流模型	产流机制	模型输入	模型参数数量	模型适用性
AWBM	蓄满产流机制	逐时段降水量、流域蒸散发能力和实测径流量	8 个	在湿润地区适应性较好,而在干旱半干旱地区精度不高
GR4J	经验模型	降雨和潜在蒸发量	4 个	在法国及其他国家进行验证,但在国内未见应用
IHACRES		实测降雨、温度或蒸散发、径流量	6 个	应用广泛,对无资料地区的径流模拟更为适用
Sacramento	超渗和蓄满两种产流机制	降雨和潜在蒸发日过程	16 个	干旱半干旱地区和湿润地区均适用。参数较多,参数独立性差,关系比较复杂,最优解不唯一,参数的自动优选问题很难解决
SIMHYD	超渗和蓄满两种产流机制	逐时段降水量、流域蒸散发能力和实测径流量	7 个	已在美国、澳大利亚等国的多个湿润、干旱流域中得到了应用,对流域的月流量过程模拟结果较好
SIMHYD with Routing		逐时段降水量、流域蒸散发能力和实测径流量	9 个	功能与 SIMHYD 一致,增加了演进模型
SURM		降雨和潜在蒸发日过程	7 个	SIMHYD 的简化模型,适用于城镇地区
Gwlag		土壤类型空间分布、土地利用类型、气候带、田间含水量、秸秆残余量,降雨和蒸发序列,地下水含水层厚度、水力传导率和储水率,地下水井相关参数,地下水盐度和雨水盐度的空间分布,流域出口河损的日过程	7 个	既可以模拟降雨径流又可以模拟污染物生成过程,可模拟地表水与地下水的相互作用

　　祖厉河流域总的气候特征是降水稀少,气候干燥,日照时间长,昼夜温差大。降水量少且分布不均,年降水量由南向北递减。南部华家岭一带年降水量为 509.3 mm,到北部靖远县城降至 248.4 mm,全流域平均降水量 376.2 mm。蒸发量为 1 100 ~ 1 700 mm,空间分布与降水量相反,由东南向西北方向逐渐增加,属内陆干旱半干旱地区。祖厉河干流河道比降 7.2‰,多年平均径流量 1.14 亿 m³,平均输沙量 4 960 万 t。

　　我国学者通过大量的试验和分析研究发现,湿润地区以蓄满产流为主、干旱地区以超蓄产流为主。半干旱地区的径流形成机制比较复杂,有时是单一的超渗产流或蓄满产流模式;有时既有超渗产流,也有蓄满产流模式。根据祖厉河流域产汇流特点,初步选定 Sacramento 模型和 SIMHYD 模型用于流域模拟,两种模型在中国都有较多的运用。

　　从模型结构和参数上来说,Sacramento 流域模型参数较多,参数独立性差,关系比较复杂,最优解不唯一,参数的自动优选问题很难解决。而 SIMHYD 模型不仅具有结构简单、参数较少的特点,而且考虑了超渗与蓄满两种产流机制,对输入资料要求低,一般流域资料都可以满足其输入需要,更符合其特点。两种模型都可应用于祖厉河模拟流域产汇流,精度差别不大,但从模型结构和参数,以及以往利用情况,本次选用 SIMHYD 模型来进行祖厉河流域的产流模拟。

8.3.2.1　Sacramento 模型

1. 模型结构和原理

　　Sacramento 模型是美国国家天气局和加利福尼亚水资源部于 20 世纪 60 年代末至 70 年代初研制的适合半湿润地区的概念性水文模型。模型以土壤水分的贮存、渗透、运移和蒸散发特性为基础,用一系列具有一定物理概念的数学表达式来描述径流形成的各个过程,具有较强的物理概念和广泛的适用性。模型有 5 个蓄水箱和 17 个参数模型结构如图 8-15 所示。

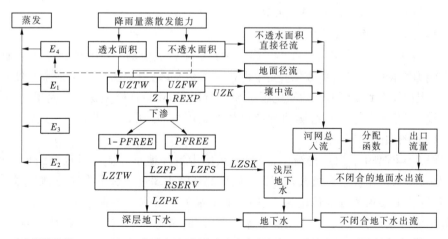

　　E_i 为各层蒸发量;$UZTW$、$UZFW$ 分别为上土层张力水和自由水;UZK 为壤中流出流系数;Z 为渗透系数;$REXP$ 为渗透指数;$PFREE$ 为从上土层向下土层渗透水量中补给下土层自由水比例;$LZTW$ 为下土层张力水含量;$LZFP$ 为深层地下水含量;$LZFS$ 为浅层地下水含量;$LZSK$、$LZPK$ 分别为浅层、深层地下水日出流系数

图 8-15　Sacramento 模型结构示意图

Sacramento 模型的核心部分就是其土壤含水量模型,将流域分为透水面积、不透水面积及变动不透水面积三部分。在透水面积上设计了土壤含水量模型,其结构分为上、下两层,每层蓄水量又分为张力水和自由水。降水首先补充给上层张力水,当张力水饱和达到张力水蓄水容量后,其多余的水补充给上层自由水。张力水的消退为蒸散发,自由水渗透到下层形成下层张力水和下层自由水,其下层自由水又分为下层浅层自由水和下层深层自由水。Sacramento 模型的径流成分包括不透水面积上的直接径流;变动不透水面积上的直接径流和地面径流;透水面积上的地面径流、壤中流,浅层和深层地下径流。

2. 模型参数

Sacramento 模型中的每一个变量代表水文循环中一个相对独立的层次和特性;模型中共有 22 个变量,其中土壤蓄水量模型共有 17 个参数。模型参数则是根据流域特性、降雨量和流量资料推求。根据不同的地理条件,采用不同的参数组合,可分别确定产流和汇流。

3. 模型应用

Sacramento 模型有蓄满产流与超渗产流两种产流机制。可以根据不同的地理条件,采用不同的参数组合,描述不同的产流机制。在湿润与半湿润地区以蓄满产流为主,在干旱与半干旱地区以超渗产流为主,因此模型适应范围广。在国内,温树生等(2002)和冷雪、关志成(2003)分别利用改进的 Sacramento 流域水文模型对黑龙江省牡丹江流域上的横道河子水文站以上的流域,以及上游敦化站的径流进行了模拟。熊剑锋等(1998)利用 Sacramento 模型对南盘江天生桥一级电站的洪水进行了预报。张卫华等(2011)利用该模型模拟澳大利亚 Broken 流域的降雨产流分析。这些研究结果表明,Sacramento 模型在干旱半干旱地区和湿润地区都具有较好的适用性。

Sacramento 流域模型参数较多,参数独立性差,关系比较复杂,最优解不唯一,参数的自动优选问题很难解决,这给应用推广带来一定的困难。

8.3.2.2　SIMHYD 和 SIMHYD with Routing

1. 模型结构和原理理论

1971 年澳大利亚人 Porter 提出了概念性日降雨径流模型 HYDROLOG,通过日降雨量和蒸发能力数据模拟日流量效果较好,但模型参数众多,也给实际应用带来不便。为此,Chiew 等提出了 HYDROLOG 的简化版本 SIMHYD。SIMHYD 模型是一个简单的集总式降水径流模型,考虑了超渗和蓄满两种产流机制,计算时段可以是小时、月或天。SIMHYD 模型结构框图如图 8-16 所示。

SIMHYD 模型中,河川径流由地表径流、壤中流和地下径流 3 种成分组成。模型计算过程中,降水首先被地表植被截留,若剩余部分降水超过流域下渗能力,则超过部分形成地表径流,下渗水量分别转化为壤中流、地下水和土壤水。根据地下水储蓄量,按照线性水库出流理论计算基流,基于蓄满产流机制,同时考虑流域空间不均匀的影响,引入土壤含水量线性估算壤中流。最后,线性叠加地表径流、壤中流和基流,得到模拟的河川径流。带演进的 SIMHYD 模型(SIMHYD with Routing)与 SIMHYD 模型基本相同,就是在最后增加了一个水箱用以模拟地表水演进。该模型包括 4 个水箱、11 个参数。

2. 模型参数

模型的输入包括 3 个部分:逐时段降水量、流域蒸散发能力和实测径流量,流域蒸散

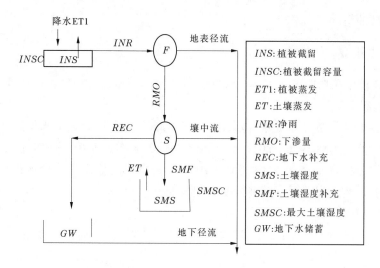

图 8-16　SIMHYD 模型结构框图

发能力通常由实测的潜在水面蒸发代替。实测流量用于参数的优化,有 7 个参数需要通过优化。各参数名称和取值范围详见表 8-3。

表 8-3　SIMHYD 模型参数

参数	参数意义	单位	默认值	取值范围
Baseflow coeff.	基流系数		0.3	0 ~ 1.0
Impervious Threshold	不渗透阈值	mm	1	0 ~ 5
Infiltration Coeff.	入渗系数		200	0 ~ 400
Infiltrationshape	入渗形态		3	0 ~ 10
Interflow Coeff.	壤中流系数		0.1	0 ~ 1.0
Perv. Fraction	渗透面积比例		0.9	0 ~ 1.0
RISC	降雨截留储水量	mm	1.5	0 ~ 5.0
Recharge Coefficient	补给系数		0.2	0 ~ 1.0
SMSC	土壤储水能力	mm	320	1 ~ 500

3. 模型应用

　　SIMHYD 模型不仅具有结构简单、参数较少的特点,而且考虑了超渗与蓄满两种产流机制,对输入资料要求低,一般流域资料都可以满足其输入需要,因此模型适用范围大、易于推广应用。目前,该模型已在美国、澳大利亚等国的多个湿润、干旱流域中得到了应用。在国内,蔡文君等(2008)利用 SIMHYD 模拟 Goulburn 流域径流量,王国庆等(2006)将 SIMHYD 模型运用于清涧河和汾河流域,表明 SIMHYD 对于模拟干旱地区径流模拟具有较高的精度。

8.3.3　数据准备

SIMHYD 模型在功能单元上运行,时间步长为日,模型运行需要 4 种数据:

8.3.3.1　日降雨量

祖厉河流域内分布有郭城驿、葛家岔、会宁、草滩、头寨子等多个雨量站,采用泰森多边形的方法计算祖厉河 1956～2012 年日面降雨量数据作为模型降雨量输入数据。为了便于模型的率定和验证,本次采用 1956～2000 年资料作为输入开展径流模拟,采用模拟径流与修正的天然系列进行比较进行率定和验证。

8.3.3.2　潜在蒸散发

本次采用郭城驿、会宁站统计的 1956～2000 年系列日水面蒸发量作为区域潜在的蒸散发输入。

8.3.3.3　校验站数据

在祖厉河流域的入黄口建有靖远水文测站,位于甘肃省靖远县,距入黄口 3.8 km,建站于 1945 年 6 月,具有长系列的实测径流资料。采用靖远站 1956～2000 年系列还原后的天然径流作为模型率定和验证基础。

8.3.4　参数敏感性分析

为了初步确定模型各参数对祖厉河流域径流的贡献,提高参数率定的效率,首先对模型参数的敏感性进行分析:在其他参数不变的情况下,对某一个参数增加(减少)一定的百分比,用调整后的参数,输出结果特征值的变化百分比与指定参数变化的百分比进行比较,分析各参数对 SIMHYD 模型输出的影响大小。敏感性分析结果详见表 8-4。

由表 8-4 可知,不同参数对模型输出的不同特征值的影响不同。根据参数变化与模型输出的关系总体上可将参数分为三类。第一类是与模型输出呈正相关的参数,即参数增加,模型输出结果增加。这类参数主要有基流系数、壤中流系数、补给系数;第二类是参数变化与模型结果呈负相关的参数,即参数增加,输出结果减少的参数。这类参数主要有不渗透阈值、渗透面积比例、降雨截留蓄水容量、土壤水蓄水容量;第三类是参数变化与模型输出正负关系不明显的。这类参数主要是入渗系数和入渗形态。

各参数的敏感性与参数的物理意义关系密切。9 个参数中,渗透面积比例参数最敏感,且与特征值成反比;当参数取值增加 10%,取值为 0.91 时,模型输出极大值、极小值标准方差和总水量的减小幅度都大于 50%。其原因为在模型中不渗透的流域面积上的降雨将直接转化为径流,因此若是渗透面积大,而不渗透面积小,则直接降雨产生的径流较小,而更多的降雨通过填洼、下渗或参与地下水循环等过程后形成径流。其次比较敏感的参数有不渗透阈值、降雨截留蓄水容量;再次为补给系数、土壤水蓄水容量、壤中流和基流系数等四个参数,最不敏感的参数是入渗系数和入渗形态。

表 8-4 敏感性分析结果

参数	方案	参数取值	特征值变化情况			
			极大值	平均值	标准方差	总水量
基流系数	增加 50%	0.45	0.53%	−0.16%	0.31%	0.02%
	较少 50%	0.15	−1.87%	−0.25%	−1.11%	−0.07%
不渗透阈值	增加 50%	1.5	−6.77%	−34.75%	−18.80%	−34.63%
	减少 50%	0.5	6.77%	46.92%	18.58%	47.19%
入渗系数	增加 50%	300	0	−0.18%	−0.06%	0
	减少 50%	100	0	−0.18%	−0.06%	0
入渗形态	增加 50%	4.5	0	−0.18%	−0.06%	0
	减少 50%	1.5	−0.11%	−1.37%	−0.53%	−1.19%
壤中流系数	增加 50%	0.15	5.77%	1.79%	2.85%	1.97%
	减少 50%	0.05	−5.86%	−2.16%	−2.97%	−1.99%
渗透面积比例	增加 10%	0.91	−53.91%	−82.01%	−72.50%	−81.98%
	减少 10%	0.81	53.91%	83.24%	75.37%	83.58%
降雨截留蓄水容量	增加 50%	2.25	−12.57%	−9.30%	−10.97%	−9.14%
	减少 50%	0.75	16.53%	24.27%	20.78%	24.49%
补给系数	增加 50%	0.3	11.19%	3.77%	5.45%	3.96%
	减少 50%	0.1	−11.54%	−4.19%	−5.56%	−4.02%
土壤水储水容量	增加 50%	480	−7.64%	−2.08%	−3.01%	−1.90%
	减少 50%	160	13.17%	2.51%	4.59%	2.69%

根据《IQQM 模型 科学参考手册》,模型参数中对径流最为敏感的参数是土壤储水能力(SMSC)、渗透面积比例(Perv. Fraction)和基流系数(Baseflow coeff.)。从以上分析得知,对于祖厉河产流最为敏感的三个参数分别为渗透面积比例、不渗透阈值和降雨截留蓄水容量。

8.3.5 参数率定

8.3.5.1 率定方法

按照模型率定所采用的数据系列,降雨径流模型的校核方法可分为整体校核期和样板分割测试两种。整体校核期是采用记录所在的整个时期数据进行校核,其最大优势是可以在整个校核期获得最优校核,但是由于没有校核期以外的检验,无法了解模型的可靠性。样本分割测试即是对于有足够长的系列数据,选用数据系列部分用于模型校核,其余部分数据用于模型验证,这样可以进行校核期外模型可靠度评估。长系列中模型校核期和检验期的选择要考虑模型目的,时间序列中测量方法的变化,以及土地利用或者河道形态等对模型校核有重大影响因素的变化情况等综合分析确定。研究采用样本分割测试法,即利用前 30 年(1956~1985 年)的数据进行参数率定,采用后 15 年(1986~2000 年)的数据进行参数验证。

8.3.5.2　率定标准

IQQM 模型提供模型运行结果双变量统计指标,具体包括线性回归拟合(R^2),Nash-Sutcliffe 效率系数(Efficiency)和体积(Volume)。一般认为模型合格的标准为:Nash-Sutcliffe 效率系数超过 60% ,根据《水文情报预报规范》(SL 250—2000)第 3.5.4 条规定,降雨径流预报以实测洪峰的 20% 作为许可误差。

8.3.5.3　参数估值

(1)基流系数:根据有关研究资料,小川—兰州区间、兰州断面、兰州—下河沿区间基流量占径流量的比例分别为 41.1%、44.7% 和 20% 。祖厉河流域位于兰州—下河沿区间,靠近兰州断面,因此基流系数取值范围为 0.2~0.42,取 0.4。

(2)不渗透阈值:指不能产生渗透的降雨量,与土壤的干湿程度有关。采用不渗透阈值,取 1.0 mm。

(3)入渗系数:是表征表层土壤下渗能力的指标,与下垫面条件和土壤类型有关,默认取值为 200。对于居民地、未利用土地等土地类型,受地物和土壤类型影响,入渗系数偏低;耕地、林草地较高,水域入渗系数最大。

(4)入渗形态:是用于计算入渗能力的无量纲参数,取值范围为 0~10,默认值为 3。敏感性分析表明,入渗形态对模拟结果影响不大,因此参数取值采用默认值 3。

(5)壤中流系数:表征土壤水对地表径流的贡献大小,采用默认值 0.1。

(6)渗透面积比例:是影响产流最大的参数,参数取值由下垫面条件决定。对于耕地、林地、水域等降水均能渗透,因此取 1;对于裸岩、未利用土地等土地利用类型,渗透面积略小,取 0.95;居民地大多为砖混结构房屋、硬化路面或街道,渗透面积最小,取 0.8。

(7)降雨截留储水量:包括植物截留、填洼等损失降雨量,其取值与下垫面条件关系密切。祖厉河流域降雨稀少,气候干旱,降雨截留偏大;林地降雨截留最大,取 2 mm;耕地、水域和未利用土地取值为 1.5 mm,其余取值 1.0 mm。

(8)补给系数:是计算降水入渗补给地下水的参数之一,无量纲,取值范围为 0~1.0,默认值为 0.2。该参数与土地利用类型相关,地表植被较好,截蓄雨水多,下渗补给地下水多,补给系数大。否则,若地表植被覆盖差,降雨短时间内转化为地表径流,则对地下水补给少,补给系数小。

(9)土壤储水能力:与土壤孔隙多少、孔隙连通性、植被覆盖等有关。一般说来,土壤孔隙发达,植物根系发育,储水能力强。因此,林地、耕地和水域的土壤储水能力较大,而裸岩、未利用土地等土地利用类型储水能力偏小。

当降雨降落到地面上时,首先要满足植物的截留及陆面上的填洼和下渗,才能产生地面径流。不同的土地利用类型的不同产流能力,因而参数值存在差别。参数估值结果详见表 8-5。

表 8-5 模型主要参数率定结果

参数名称	耕地	林地	居民地	水域	未利用土地
基流系数	0.3	0.3	0.3	0.3	0.3
不渗透阈值(mm)	3.0	1	1	1	1
入渗系数	180	250	100	350	100
入渗形态	3	3	3	3	3
壤中流系数	0.1	0.1	0.1	0.1	0.1
渗透面积比例	1	1	0.8	1	0.95
降雨截留储水量(mm)	3.5	2	1	1.5	1.5
补给系数	0.40	0.4	0.3	0.3	0.3
土壤储水能力(mm)	400	450	100	400	200

8.3.5.4 模型参数率定

采用祖厉河 1956～1985 年系列径流系列对模型参数进行率定。根据参数估值,采用 IQQM 系统水文模型在设置的边界条件下,模拟计算祖厉河流域径流过程,通过参数初设、调整、拟合、再调整、再拟合等步骤直至模型模拟数值收敛,比较实测值与模拟值,若符合模型率定标准即可标定模型参数。

1956～1985 年系列,靖远站多年平均径流量为 1.47 亿 m^3,最大日径流量为 523 万 m^3,最小日径流量为 0.77 万 m^3。模型模拟结果为,靖远站多年平均径流量为 1.43 亿 m^3,最大日径流量为 620.77 万 m^3,最小日径流量为 0.62 万 m^3,多年平均径流量,最大、最小日平均径流量计算值分别与实测值相差 - 2.7%、- 18.7%、- 19.5%,相关系数 0.99,Nash 效率系数 0.98。详见表 8-6 和图 8-17。

表 8-6 水量模型参数率定拟合的主要水文站径流成果

分项	多年平均径流量(亿 m^3)	最大值(万 m^3/d)	最小值(万 m^3/d)	平均值(万 m^3/d)	相关系数	Nash 效率系数
实测值	1.47	523.05	0.77	40.2	0.99	0.98
计算值	1.43	620.77	0.62	39.1		
差值	- 2.7%	18.7%	- 19.5%	- 2.8%		

8.3.5.5 模型验证

模型参数率定之后,需进行模型的验证,以进一步验证模型的精度、适用性和可靠性。采用率定参数和 SIMHYD 模型,用靖远站 1986～2000 年 15 年数据进行验证分析。1985～2000 年靖远站多年平均径流量为 1.63 亿 m^3,最大日径流量为 313.16 万 m^3,最小日径流量为 4.58 万 m^3。模型模拟结果为,靖远站多年平均径流量为 1.49 亿 m^3,最大日平均径流量为 313.67 万 m^3,最小日平均径流量为 3.66 万 m^3,多年平均径流量,最大、最小日平均径流量计算值分别与实测值相差 - 8.3%、0.2%、- 19.2%,相关系数 0.98,Nash 效率系数 0.96。总体模拟结果详见表 8-7 和图 8-18。

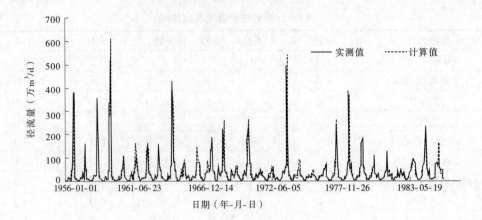

图 8-17　靖远站径流量模拟结果

表 8-7　总体模拟结果

分项	多年平均径流量（亿 m³）	最大值（万 m³/d）	最小值（万 m³/d）	平均值（万 m³/d）	相关系数	Nash效率系数
实测值	1.63	313.16	4.58	44.6		
计算值	1.49	313.67	3.66	40.9	0.98	0.96
差值	−8.3%	0.2%	−19.2%	−8.3%		

　　从年平均径流量分析,模拟结果表明,模拟值比实测值偏小 8.3%,最大偏小 13.4%,最小相差 2.4%。模拟值与实测值相关系数为 0.97,相关度较高。

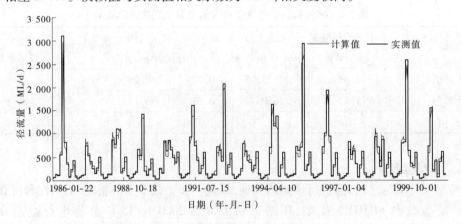

图 8-18　靖远站模拟径流量和实测径流量对比表

8.4　污染物产生迁移转化模拟

　　祖厉河流域水环境污染可分为点源污染和面源污染。点源污染主要包括工业废水、污水处理厂的出水和城市生活污水,通常在排污口或排污管道直接向河流集中排放。面源污染是指流域较大范围内,在降雨径流的冲刷和淋溶作用下,大气、地面和土壤中污染物以分散的微量的形式进入地表及地下水体,并在水体中富集,从而导致河流水环境的污染。

8.4.1 降雨径流产污模拟

降雨—径流污染是非点源污染的过程,即降雨产生的径流对地表具有冲刷作用,地面和地下的大量污染物在降雨—径流冲刷作用下进入水体,造成水环境污染。降雨径流产污模拟是研究降雨—径流条件下非点源污染物的产生过程、变化规律以及不同用地类型的地表景观对非点源污染的贡献特征。

在一次降雨过程中,流域内的所有地区都能产生地表径流冲刷而带来面源污染,因此,从水文学、水动力学的角度出发,研究作为暴雨事件响应的径流动力形成的产汇流特性,重点是对其产流条件的空间差异性进行研究,有助于深刻揭示面源污染的形成。美国水土保持局早在 20 世纪 50 年代就提出了 SCS 法,综合考虑影响径流形成的下垫面的空间差异性(如土壤前期含水量、土地利用类型、土壤渗透性、降雨量大小等),研究面源污染产生规律。

影响降雨径流污染的因素非常复杂,但地表径流携带污染物的多少主要取决于堆积于地表面的污染物数量和地表径流的冲刷力。前者主要受土地利用类型的影响,后者主要受降雨径流过程的影响。研究表明各指标负荷输移速率随时间的变化趋势和径流量变化趋势大体相同,即先逐渐增大达到峰值,再逐渐变小。由于地表径流的初期效应(即在径流初期,与初期径流量不成比例的,大部分的污染物被冲刷进入地表水体的现象),在洪水初期,暴雨径流中污染物浓度大于基流中污染物浓度。流域非点源污染径流污染负荷过程示意见图 8-19。

IQQM 模型中,构建了分布式流域水文模型平台用以降雨径流模拟,在此基础上,将每个子流域中的每种土地类型,作为面源污染的最小单元。根据不同的下垫面情况,选定相应的水质模型,给定模

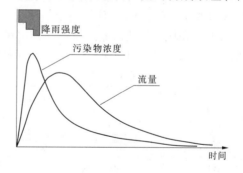

图 8-19 非点源污染径流污染负荷过程图

型参数模拟每个单元的产污过程,然后再由各功能单元的结果和各子流域的产汇流过程,进而确定整个流域的产污过程。IQQM 模型中计算面源污染的水质模型主要有 EMC/DWC、Export Rate、Power Function 三个模型。

EMC/DWC 模型是一种分布式的产污模型,模型采用平均浓度法计算年非点源污染负荷,对场次降雨径流事件的污染物负荷采用 *EMC* 指标进行量化,对旱季的污染物采用基流污染负荷 *DWC* 计算。EMC/DWC 模型(场次降雨平均浓度/旱季平均浓度)的表达式为:

$$W = SF \times DWC + QF \times EMC \tag{8-1}$$

式中:W 为污染物负荷;SF 为日径流慢流比例;QF 为日径流快流比例;DWC 为干旱天气期间测得的平均污染物浓度,mg/L;EMC 为降雨天气测得的流量权重平均污染物浓度,mg/L。

各场暴雨径流非点源污染加权平均浓度 EMC 的计算方法为:根据各次降雨径流过程的水量水质同步监测以及枯季流量和枯季浓度监测资料,先计算每次暴雨径流各种污染物非点源污染的平均浓度,即由该次暴雨自身携带的负荷量(监测断面洪水总负荷量割除枯季负荷量)除以该次暴雨自身产生的径流量(监测断面总径流量割除枯季径流量)得到。EMC 是用来表示一场降雨事件径流全过程排放的某种污染物质的平均浓度,其计算方法如下:

$$EMC = \frac{M}{V} = \frac{\int_0^t C_t Q_t \, dt}{\int_0^t Q_t \, dt} = \frac{\sum C_t Q_t \Delta t}{\sum Q_t \Delta t} \tag{8-2}$$

式中:M 为整个降雨过程中某种污染物的总含量,g;V 为相对应的总水量,m^3;t 为总的径流时间,min;C_t 为随时间变化的污染物的含量,mg/L;Q_t 为随时间变化的径流速率,m^3/min;Δt 为不连续的时间间隔。

由于实测中无法监测污染物质的连续浓度数据,在实际计算过程中用某一时刻的污染物质浓度来代替其所在时间段的浓度。

8.4.2 点源污染及河流水质模拟

8.4.2.1 点源污染估算

祖厉河流经定西市的市区、会宁县城以及白银市的靖远县城,流经城镇工业和生活排放的废污水是祖厉河重要点污染源。据统计,2008~2010 年,祖厉河流域年均总用水量为 5 838 万 m^3,其中定西市区、会宁县、靖远县城镇生活用水量 429 万 m^3、工业用水量 451 万 m^3,工业和城镇生活形成的废污水排放量分别为 301 万 m^3、226 万 m^3。2008~2010 年祖厉河流域城镇和工业用水量及废污水排放量见表 8-8。

表 8-8　现状祖厉河流域城镇和工业用水量及废污水排放量　　（单位:万 m^3）

年份	用水量			废污水排放量	
	总用水量	其中城镇生活	工业	城镇生活	工业
2008	5 467	427	379	299	190
2009	5 446	430	464	301	232
2010	6 602	431	511	302	256

祖厉河流域的点源污染物主要来自于城镇河段排放的生活和工业废污水,点源污染计算采用下式:

$$W = R_d C_d + R_I C_I \tag{8-3}$$

式中:W 为污染物排放量;R_d、C_d 分别为城镇生活排放的废污水量和污染物浓度;R_I、C_I 分别为工业排放的废污水量和污染物浓度。

根据对城镇生活和工业废污水含污染物的浓度监测数据,采用式(8-3)估算祖厉河流域现状年主要污染物 COD 和氨氮的排放量分别为 1 987 t 和 96 t。

8.4.2.2 河流水质模拟

一维水质模型是水质模型中相对简单的一种,适用于河流流速 v 较小的小型河道,岸

边排放的污染物能在较短的时间内达到对岸,且能与河流均匀混合。祖厉河水流较小,建立一维水质微分方程式如下:

$$\frac{\partial c}{\partial t} + v\,\frac{\partial c}{\partial x} = -KC \tag{8-4}$$

式中:C 为排污口下游污染物浓度,mg/L;x 为输移距离,m;K 为污染物综合衰减系数,d^{-1};v 为河流平均流速,m/s。

采用离散算法求解在排污口以下 x 处污染物的浓度:

$$C = \frac{Q_pC_p + Q_eC_e}{Q_p + Q_e}e^{\left(\frac{-KX}{86\,400V}\right)} \tag{8-5}$$

式中:Q_p 为上游来水设计水量,m^3/s;C_p 为上游来水的水质浓度,mg/L;Q_e 为排污口废水排放量,m^3/s;C_e 为排污口污染物排放浓度,mg/L。

8.4.3　模型选择及参数率定

8.4.3.1　数据准备

降水径流模型计算采用 2008~2010 年祖厉河流域降水资料,流域年降水量分别为 348 mm、257 mm 和 314 mm。从降水量的年内分布来看主要分布在 7~9 月,占全年降水量的 60% 左右。祖厉河流域日降水过程见图 8-20。

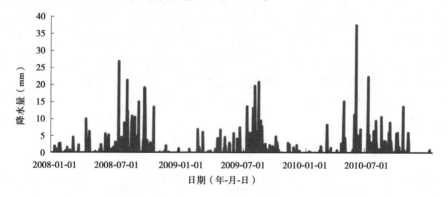

图 8-20　2008~2010 年祖厉河流域日降水过程

2008~2010 年祖厉河流域年蒸发量分别为 1 510 mm、1 455 mm、1 407 mm,蒸发量年内差别较大,1 月蒸发量最小值为 20 mm,7 月最大值为 250 mm。祖厉河流域日蒸发量变化见图 8-21。

祖厉河流域现状土地利用情况,通过遥感影像解译获取,现状土地利用情况见表 8-1。EMC/DWC 模型除了需要降雨、蒸发,还需要控制站点连续的水质资料以及点源污染排放物质浓度资料。降雨径流的计算步长为日,水质资料 2008~2010 年工业、农业和生活用水排放的点源浓度。

8.4.3.2　参数敏感性分析

EMC/DWC 径流产污模型的参数有 DWC 和 EMC,国内外研究表明,EMC 的值随降水量过程变化幅度可在 10~1 000,且对流域面源污染物影响比 DWC 显著,DWC 的值相对较小,因此 EMC 取值对模型起决定性作用,是模型的主要参数。

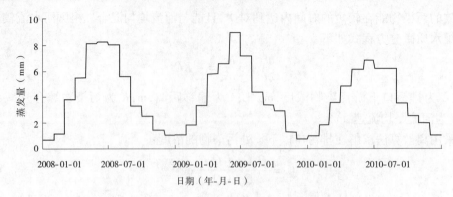

图 8-21　2008～2010 年祖厉河流域日蒸发量变化

8.4.3.3　参数率定

　　气候特点及区域下垫面性质等影响因素的不确定性导致了同一区域在不同降雨事件中或不同区域在同一场次降雨事件中的各项污染物质浓度差异很大,并且各场次降雨事件本身特征的差异性也导致了径流污染物质浓度变化差异显著。EMC 的取值还与本次降雨前的持续无降水天数有关,无降水天数越多则 EMC 的初始值越高,之后 EMC 逐渐下降,变化幅度可达数十倍,DWC 的数值则相对较为稳定。

　　在同场次降雨事件中,不同下垫面的透水性的强弱对径流的冲刷效应有直接影响。研究表明,耕地、林草地较未利用土地与居民地透水率高,雨水下渗能力强,产生的径流量相对较少,对累积污染物质冲刷力弱,因此耕地、草地径流中污染物的初始浓度都要低于其在未利用土地与居民地径流中的浓度。根据《IQQM 模型科学参考手册》的水质模型参数取值范围,结合祖厉河流域各种土地类型条件及相关流域场次降水径流非点源污染物的实测浓度,采用初拟、试算、调整的方法率定水质模型的参数。祖厉河流域水质模型的主要参数拟定见表 8-9。

表 8-9　祖厉河流域水质模型参数拟定　　　　　　　　　　　（单位:mg/L）

土地类型	COD		氨氮	
	EMC	DWC	EMC	DWC
耕地	500	25	10	1
林地	250	10	6	0.8
居民地	400	40	6	0.8
水域	100	10	6	0.8
未利用土地	400	20	8	0.8

　　祖厉河一维水质模型主要污染物 COD 综合衰减系数 K 取 0.18,氨氮综合衰减系数 K 取 0.32,采用初设、拟合、调整、再拟合,直至满足要求。

8.4.4　一体化模拟分析

　　利用验证和率定的祖厉河流域 IQQM 模型,开展流域降雨—径流—产污的一体化模拟,分析现状下垫面条件下祖厉河流域产流、产污特征和规律。

8.4.4.1 降雨径流模拟

利用 IQQM 模型的 SIMHYD 模型,模拟 2008~2010 年祖厉河流域降雨径流。降水输入是以祖厉河主要气象站日降水过程为基础,暴雨过程采用主要站 2 h 的观测值。SIM-HYD 包含蓄满产流和超渗产流两种机制,以日时间步长的降水为基础输入,模拟祖厉河流域的径流输出。祖厉河流域 2008~2010 年日径流过程模拟值与实测值对比见图 8-22。

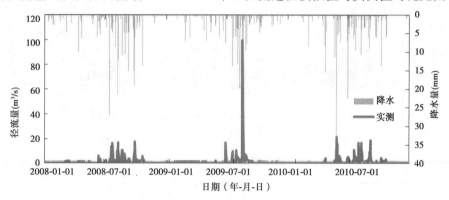

图 8-22 祖厉河流域日径流过程模拟

祖厉河径流以降水补给为主,从图 8-22 来看,模拟径流过程变化与流域降水过程匹配,较大的径流过程基本出现在大降水日之后的 2~3 d,河川基流以地下出流补给相对平稳。径流过程波动模拟径流与靖远站实测径流的波动规律基本一致,符合流域特征。径流模拟的平均偏差为 18.3%,符合《水文情报预报规范》(SL 250—2000)的相关要求,模拟径流与实测径流的相关系数达到 0.71,Nash 效率系数 0.64,表明模型精度符合要求。祖厉河流域径流模拟效果见表 8-10。

表 8-10 祖厉河流域径流模拟效果

项目	流量特征值(m³/s)			模拟偏差(%)			模拟效果	
	平均流量	最大流量	最小流量	平均偏差	最大偏差	最小偏差	相关系数 r	Nash 效率系数
实测	1.87	99.8	0.31	18.30	38.50	7.30	0.71	0.64
模拟	1.81	68.4	0.29					

8.4.4.2 径流产污模拟

利用 IQQM 模型的 EMC/DWC 分布式产污模型,模拟祖厉河流域的面源污染,并采用改进的河流水质模型开展污染物迁移转化的模拟。以日降水为基本输入,EMC/DWC 模型采用场次降水径流的平均浓度法计算流域的非点源污染负荷,非点源负荷的模拟与降水径流同步模拟,污染物在河道内的迁移转化与径流的演进同步模拟,模拟祖厉河污染物浓度过程变化为模型输出。

祖厉河流域的污染物峰值主要源自于降水径流携带的面源污染,河流主要污染物COD、氨氮浓度的峰值随降水径流而波动,且 COD、氨氮浓度峰值一般出现在降水产生快流较大的时段。无降水径流的时段,河道径流(基流)主要为降水形成的慢流,径流水质相对较好,污染物主要来自流经定西市区和会宁县城等城镇排出的废污水,点源排出的污染物在河流径流中得到稀释。2008~2010年祖厉河流域污染物日浓度变化过程模拟值与实测值的对比见图 8-23、图 8-24。

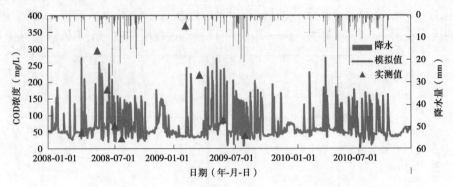

图 8-23　祖厉河流域 COD 日浓度过程模拟

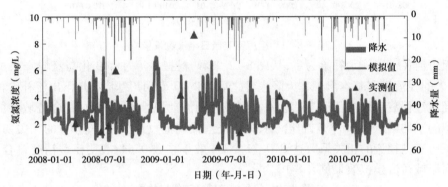

图 8-24　祖厉河流域氨氮日浓度过程模拟

　　从 IQQM 模型对祖厉河流域径流产污的模拟效果来看,祖厉河流域主要污染物 COD、氨氮浓度变化与流域有效降水过程呈现良好的匹配关系,即降水量与污染物浓度波动规律基本同步。由于靖远站实测资料不连续,而不能对模型模拟效果进行评价。在对模拟的污染物日浓度与同期靖远站实测浓度比较来看,模型模拟的主要污染物 COD 和氨氮浓度总体上比较接近,符合流域污染物浓度变化规律。祖厉河流域主要污染物浓度模拟效果见表 8-11。

表 8-11　祖厉河流域污染物浓度模拟效果　　　　　　　　　　(单位:mg/L)

日期 (年-月-日)	COD			氨氮		
	模拟值	实测值	偏差(%)	模拟值	实测值	偏差(%)
2008-04-11	53.0	50	6	2.1	2.11	-2
2008-05-30	260.2	296	-12	3.0	2.45	24
2008-06-28	141.2	178.4	-21	1.5	1.48	3

续表8-11

日期 （年-月-日）	COD			氨氮		
	模拟值	实测值	偏差(%)	模拟值	实测值	偏差(%)
2008-07-20	77.8	70.7	10	1.9	1.92	-2
2008-08-10	39.9	33.8	18	4.1	6.01	-32
2008-09-23	290.0	456	-36	3.9	3.97	-2
2008-12-18	285.9	447	-36	4.0	10.3	-61
2009-02-23	261.6	370	-29	3.9	4.21	-8
2009-04-05	246.5	223	11	4.4	8.67	-49
2009-06-15	76.8	88.4	-13	0.6	0.42	53
2009-08-20	41.3	42.2	-2	1.3	1.39	-5
2009-10-21	276.6	570	-51	5.1	14.0	-64
2009-12-15	242.0	415	-42	3.6	4.08	-12

8.5 流域水质水量一体化调控的实现

根据《全国重要江河湖泊水功能区划》,祖厉河会宁、靖远一级水功能区被划为保留区,水质目标为Ⅳ类。现状年(2008~2010年)祖厉河流域点源和面源污染物入河总量超过河流水功能区的纳污能力,主要污染物COD的浓度平均为70.04 mg/L,河流水质常年为劣Ⅴ类,是黄河上游的主要污染源之一。

祖厉河流域水质水量一体化调控目标是通过调控实现水质改善、入黄水量满足要求。水量调控是通过合理利用地下水减少潜水的蒸发损失,适度减少地表水利用,采用径流调节满足入黄的水量下泄量与过程需求;水质调控是通过工程和非工程的措施控制点源和面源污染物的入河量,降低河流的污染负荷,改善河流水质。

祖厉河流域土壤侵蚀严重,随径流进入河道的泥沙携带大量面源污染物是河流水体污染的重要原因。降雨径流污染具有影响面广、危害严重、治理困难等特点,其污染过程随降水径流变化大。现有手段对降雨还无法实施过程控制,因此控制降雨径流产污只能从改善流域下垫面条件方面着手,减少面源产污量,重点是减少降水形成的快流产污。调整土地类型,改善植被覆盖率、增加植被的截留和下渗量,是减少降水快流冲刷的有效途径。现状祖厉河流域的植被覆盖率(林草地面积占流域面积)仅0.1%,截留和下渗能力较低,降水量大量形成快流,雨水冲刷携带大量面源污染。祖厉河水质水量一体化通过改善植被覆盖率,情景方案考虑将植被覆盖率提高到10%。

祖厉河流域径流主要依赖降水形成,无降水时段河流径流量小,河流纳污能力低,此时河流的污染物主要来自于城镇河段点源污染,因此控制点源污染物入河量是实现小流量水质达标的有效手段。现状年祖厉河流域点源排污的平均浓度,COD为381 mg/L,氨氮为 18.4 mg/L。水质水量一体化调控考虑对祖厉河主要点源按照达标排放标准进行控制,工业 COD 排放量控制在 100 mg/L,氨氮排放量控制在 15 mg/L;城镇生活 COD 排放量控制在 60 mg/L,氨氮排放量控制在 8 mg/L。

祖厉河流域地表水取用不断增加是导致入黄径流减少、水质恶化的原因。水质水量一体化调控的水量调控考虑在祖厉河流域推行节约用水,使流域用水量减少 10%,以增加河道内的水量,提高河流纳污能力。祖厉河流域水质水量调控方案设置见表 8-12。

表 8-12　祖厉河流域水质水量调控方案设置

方案	用水控制	面源治理	点源治理
现状模式	现状用水	林草覆盖 0.1%	现状排放
一体化调控	节水 10%	林草覆盖 10%	达标排放

利用 IQQM 模型对祖厉河流域水质水量一体化方案进行联合模拟,模拟结果表明,通过提高祖厉河流域的植被覆盖率、减少用水量、控制污染物入河量,可显著改善祖厉河流域水质。祖厉河流域水质水量调控方案径流过程及主要污染物浓度变化对比见图 8-25 ~ 图 8-27。

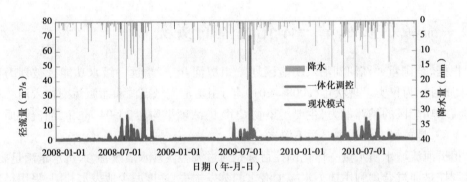

图 8-25　祖厉河流域水质水量调控方案径流过程变化对比

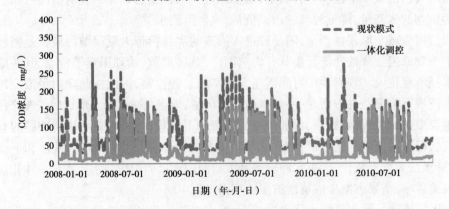

图 8-26　祖厉河流域水质水量调控方案 COD 浓度变化对比

由图 8-25 可知,祖厉河一体化调控由于植被覆盖率增加,植被截留下渗增加,径流峰

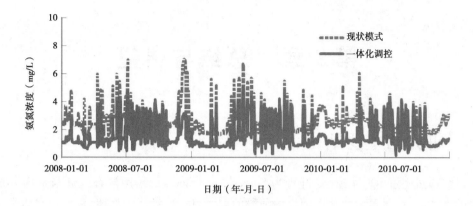

图 8-27　祖厉河流域水质水量调控方案氨氮浓度变化对比

值有所减小,基流补给加强,谷值有所增加。由图 8-26 和图 8-27 可以看出,实施水质水量一体化调控祖厉河流域主要污染物 COD、氨氮浓度在降水产流时段和无降水时段均有明显减少。

从调控效果来看,实施水质水量一体化调控方案可显著提升祖厉河流域水质:由于植被覆盖率提高截留、下渗量增大,地表径流产水量减少,入黄水量略有减少,由现状模式的 5 902.4 万 m³ 减少到 5 622.0 万 m³;与现状模式相比水质水量一体化调控方案主要污染物浓度明显降低,河流水质显著改善,COD 平均浓度从现状模式的 70.04 mg/L,降低到 29.61 mg/L,水功能区水质不达标天数从现状模式的 1 066 d 减少至 263 d,达标比例为 76%;氨氮平均浓度从现状模式的 2.64 mg/L,降低到 1.46 mg/L,水功能区水质不达标天数从现状模式的 1 067 d 减少至 196 d,达标比例占 82%。祖厉河流域水质水量调控方案效果对比见表 8-13。

表 8-13　祖厉河流域水质水量调控方案调控效果对比

方案	河川径流		COD 指标		氨氮指标	
	入黄水量（万 m³）	最大流量（m³/s）	平均浓度（mg/L）	劣于Ⅳ类水天数(d)	平均浓度（mg/L）	劣于Ⅳ类水天数(d)
现状模式	5 902.4	68.4	70.04	1 066	2.64	1 067
一体化调控	5 622.0	59.3	29.61	263	1.46	196

第9章　总结与展望

9.1　研究的主要结论

研究通过引进 IQQM 模型(升级为 Source Catchments),采用调查统计与室内分析相结合的方法,总结了黄河兰州—河口镇河段的取水、排水、排污等规律,建立了水质水量一体化配置与调度模型系统,并开展了水质水量一体化配置与调度的研究,提出推荐的水质水量一体化配置与调度方案,实现了黄河水质水量一体化的配置与调度。研究取得主要成果如下:

(1)分析梳理了黄河兰州—河口镇河段的重要规律。

黄河上游兰州—河口镇河段跨甘肃、宁夏、内蒙古 3 个省(区),位于我国西北干旱半干旱地区。河段产水量少、用水量大,是黄河水量的主要消耗区,年均产水量不足 20 亿 m^3 而用水量接近 180 亿 m^3,占黄河流域总用水量的 40% 以上;区域废污水排放量大且集中,主要污染物入河量 COD 达 42.95 万 t,氨氮为 3.14 万 t,占全河的 30% 以上,是黄河流域水资源和水环境问题最突出的区域之一。

在现场调查和统计分析的基础上,梳理总结了河段的取水规律、排水规律、污染物排放和入河规律、河段水力及水文气象特征等 6 大规律,为河段概化和模型参数设置提供了重要的科学基础。

(2)引入并改进 IQQM 模型。

与国际上通用的模型比较,IQQM 模型采用模拟与优化相结合的方法,具有强大的模拟分析功能,是一套适用于黄河流域水质水量一体化调配的模型系统。模型采用分布式产流、产污分析技术,能够实时模拟河道水流演进及污染物质的迁移、转化,可分析各种水量分配和管理政策、灌溉决策的水质水量效果。模型具有良好的人机交互界面,设计理念灵活,采用数据驱动模式,框架体系可支持模块插件,具有较强的适应性,方便修改。

研究针对黄河多泥沙特征和河段污染物排放、入河规律,采用可视化的 VBA 和插件嵌入技术,对 IQQM 模型中的水质模块做适应性修改,提升模型在黄河的适用性;结合河段水权分配状况和灌区农业灌水决策策略,改进灌溉决策模块增强河段灌区灌溉决策适应性。

(3)建立黄河上游水质水量一体化配置与调度系统。

在对兰州—河口镇河段水资源系统深入分析的基础上,构建具有物理基础的河段水资源系统网络图,建立水源与用水户之间的逻辑关系,作为模型系统的基础输入。以 IQQM 模型为基础,采用分解、协调、耦合的方法,以水库调度为手段,以取水控制和排污控制为调控手段,采用交互方式实现黄河上游的水量与水质的耦合,建立具有正向计算、反向修正、自动反馈 3 层结构的水质水量一体化配置与调度模型。

在总结河段重要规律的基础上,设置水质和水量模型的主要参数,采用兰州—河口镇河段 2001～2007 年实测水质与水量数据对模型的主要参数进行了初拟、调整、拟合和率定,分析参数的灵敏性,完成模型的标定。利用河段 2008～2010 年实测的水质与水量数据,对模型计算精度进行全面验证,结果表明模型具有适用性、有效性、可靠性。

(4)研究水质水量一体化配置方案。

以河段径流预报、需水分析为基础,分析河段水资源供需和水环境形势,根据黄河流域水资源开发利用和保护需要,按照可行性、合理性和逐渐递进的原则,设置"87 分水方案"现状排污模式、"87 分水方案"达标排污模式及水质水量一体化配置方案等三种情景方案,利用 IQQM 模型的模拟与优化功能,开展黄河上游水质水量的模拟。

通过不同情景方案实现的水质水量效果对比,"87 分水方案"现状排污模式方案河段水功能区水质超标严重,"87 分水方案"达标排污模式方案水功能区水质有所改善但仍不能满足控制目标,水质水量一体化配置方案利用模型优化功能达到水质与水量的互动,采用控制取水、优化水库运用方式和断面下泄水量、限制污染物入河等调控手段,实现水质水量双控的目标,作为研究的推荐方案。在水质水量一体化配置方案的基础上,提出了细化到断面(行政区、取水口)取水总量与月过程控制、污染物入河总量与月过程控制方案,可为黄河流域实施最严格的水资源管理制度提供"取水量红线""纳污量红线"的总量和过程控制提供技术支撑。

(5)实现水质水量一体化的调度。

在水质水量一体化配置方案的基础上,分析水质水量一体化调度的目的、任务、对象和调度手段,考虑径流丰枯代表性和资料齐全性以 1969～1971 年为算例,开展兰州—河口镇河段周步长的水质水量一体化调度,实现河段水质水量的过程控制。

在水质水量一体化配置的年(月)总水量、污染物入河总量的基础上,细化控制河段(取水口)取水过程、河段(排污口)排水过程、主要河段(断面)下泄水量过程、调节水库的运用过程,提出水质水量一体化调度方案。调度结果表明:一体化配置的水质水量控制目标可在短时间尺度得到实现,主要水功能区水质均可满足水质目标、断面下泄水量满足需求、河段(取水口)取水总量不超过配置量、河段(排污口)污染物入河量控制在配置量以内。研究成果可为全面实施黄河流域水资源综合管理提供重要的决策依据。

(6)研究典型流域的水质水量一体化调控方案。

以祖厉河为典型流域开展水质水量一体化的研究,根据祖厉河流域 DEM 和 GIS 信息生成流域水系,利用 IQQM 模型系统的流域产流、产污模拟以及水质水量一体化调控功能,开展祖厉河流域水质水量一体化调控的水质水量效果模拟。

调控结果表明,现状模式祖厉河流域水质水量问题突出,水质不达标时段超过 95%;通过改善植被覆盖、减少取水、限制排污等手段,祖厉河水质明显改善,基本可实现水功能区水质控制的目标,水量过程得到优化。通过祖厉河流域水质水量一体化调控方案的模拟,展示了 IQQM 模型在流域水质水量一体化调控功能和实现手段。

9.2 创新性成果

研究了水质水量一体化模型的改进和应用,黄河上游取水、用水、排水、排污、河流水力等重大规律的认识,以及河流水质水量一体化配置与调度方案成果等方面均有所突破,取得的创新性成果包括:

(1)结合黄河河流特征及主要污染物情况,改进 IQQM 的水质模型,建立符合黄河河流水沙特征、能够反映主要污染物迁移转化规律的一维水质模型;根据黄河水权实际,改进农业灌溉决策模型;汉化并改进系统界面,实现了模型的本土化,增强了模型的灵活性。采用大系统分解、协调、耦合的方法,改进模型的求解和控制模块,建立具有正向计算、反向修正、自动反馈 3 层结构,提高分析计算能力,提升模型的控制功能。

(2)以网络技术为基础,以模型概化为手段,建立了具有物理基础的黄河上游水质水量一体化的模型系统,为实施黄河综合管理提供重要的模型工具。

(3)在建立河段水质水量一体化配置模型的基础上,结合调查统计和观测资料,通过数理统计和模型模拟对比,系统总结了河段点源排污量、面源排污量、过程及其演变和主要污染物质迁移转化的规律。

(4)以黄河"87 分水方案"为基础,以黄河水功能区水质目标和主要断面水量控制为约束,创新性地提出了我国主要江河的水质水量一体化的配置方案,并细化了取水口取水量和排污口污染物入河量的过程分配,提出调度上实现手段和措施。

(5)将 GIS、RS 技术应用于河流水质水量一体化模拟与调控中,全过程模拟河流产流、产污及污染物迁移转化等水文、物理、化学过程,研究改善植被、控制排污、限制取水等调控手段实施的河流水质水量效应,完善了河流水质水量一体化调配的措施、方法和手段。

9.3 问题与展望

黄河水质水量一体化配置与调度是个典型的水资源多目标利用问题,涉及水资源及污染物入河的时空分配、水利工程的调度等方面问题,具有高维复杂巨系统的典型特征,而复杂巨系统的优化协调技术长期以来一直是水资源和经济学领域研究的前沿问题之一,需要不断跟踪学科新发展不断完善优化准则和决策机制。本研究通过引入 IQQM 模型在黄河水质水量一体化配置与调度方面取得了一系列成果,在一定程度上解决了流域综合管理领域的技术难题,但黄河水质水量一体化配置与调度仍存在一些问题需要深入研究和关注。

(1)扩大研究范围,建立黄河流域水质水量一体化配置与调度模型。研究以兰州—河口镇河段为例建立了河段统一配置与调度模型,提出了一体化的配置和调度方案,为实施综合管理提供技术支持。然而水资源供需矛盾突出、水污染形势严峻是黄河流域面临的重大水问题,应以建立的兰州—河口镇河段水质水量一体化配置与调度示范为基础,进一步深入研究采用 IQQM 模型建立黄河流域的水质水量一体化配置与调度模型,提出流域尺度实施水质水量统一管理的方案、措施和对策。

（2）开展突发水污染事故模拟与控制的跟踪研究。由于管理或技术问题,黄河流域常出现一些突发的水污染事件,容易造成严重的水环境问题。对于突发水污染事件的影响控制及应急处理面临重大技术需求和模型支持,应深入分析研究 IQQM 模型调度机制,研究水质水量一体化实时调度的模型系统提高流域应对突发水污染事件的处置能力和水平。

（3）深入研究泥沙吸附污染物机制和泥沙对污染物转化影响。黄河属多沙河流,汛期含沙量大,泥沙的运动规律具有很强的随机性,泥沙的迁移规律非常复杂。此外,存在于水、沙和污染物体系中的泥沙表面的物理、化学和生物作用也很复杂。由于泥沙环境效应问题的复杂性,它涉及泥沙运动力学、水力学、物理化学、水环境化学和环境地球化学等不同学科和领域,因此影响含沙水体中泥沙与污染物相互作用的因素也很多。在吸附机制方面,由于泥沙表面特性复杂,有必要从微观上采用新方法揭示泥沙本身的物理、化学特性,对泥沙吸附污染物机制和泥沙对污染物转化影响做更深入的研究。由于水流的紊动状态对泥沙运动有很大的影响,水体中的推移质和悬移质存在相互交换过程,并且这个过程非常复杂。为揭示污染物在推移质和悬移质之间的迁移和转化规律,结合泥沙运动力学来研究推移质和悬移质共存体系中的迁移、转化规律显得非常重要。在泥沙对污染物迁移、转化影响试验研究的基础上,研究需考虑悬移质和推移质交换过程及泥沙对污染物吸附、释放、转化、迁移等过程的综合泥沙水质模型。

（4）加强特征污染物研究。黄河兰州—河口镇河段除 COD、氨氮主要污染物外,局部河段的特征污染物如石油类、挥发酚、重金属及全盐量等问题也较为突出,由于资料所限研究中未全面分析研究,下阶段应增加河段污染物指标的分析和研究工作,为提出全面的水质水量配置和调度提供基础。

（5）动态跟踪研究河流形态变化。黄河河道形态不断变化,黄河的塌岸改变河宽、泥沙冲淤变化改变水深等一系列水力参数的改变会影响污染物迁移转化规律,需要动态跟踪研究河流形态的新变化。

（6）强化面源污染的控制。面源污染是未来黄河治理的重点,改变宁蒙灌区灌溉模式,提高农业灌溉水利用系数,减少农业灌溉的取水量和排水量,减少面源的产生量;采取渠道田间生物联合的面源污染物治理模式,减少污染物的入河量。

（7）建立完善的水文、水质监测体系。现有的水文断面、水质断面的布设密度和监测频次不能满足精细化调度的需要,可通过增加站网密度,逐步发展到日的水文、水质常规监测。

（8）开发具有独立知识产权的模型系统。IQQM 模型具有较强的分析、计算、模拟功能,具有较深的专业基础和较高的灵活性,可广泛应用于河流的开发规划和调度管理。项目通过引进 IQQM 模型建立了适用于黄河流域的模型,通过改进增强了模型的适用性,在一定程度上解决了黄河水质水量统一管理问题,但由于缺乏具有独立知识产权的模型,不能系统地进行模型升级和维护,影响了模型的推广和应用,因此需要借鉴 IQQM 模型的建模理念开发具有独立知识产权的水质水量一体化调配模型系统。

参考文献

[1] 陈炼钢. 多闸坝大型河网水量水质耦合数学模型及应用[D]. 南京:南京大学,2012.

[2] 张明亮. 河流水动力及水质模型研究[D]. 大连:大连理工大学,2007.

[3] 彭森. 基于 WASP 模型的不确定性水质模型研究[D]. 天津:天津大学,2010.

[4] 董丽华. 河流水质发展模型研究[D]. 天津:天津大学,2010.

[5] 廖振良,徐祖信. 苏州河干流水质模型的开发研究[J]. 上海环境科学,2002, 21(3):136-142.

[6] 董增川,卞戈亚,王船海,等. 基于数值模拟的区域水量水质联合调度研究[J]. 水科学进展,2009, 20(2):185-189.

[7] 李大勇. 区域水量水质联合调度对太湖水生态环境影响效果评估研究[D]. 南京:河海大学, 2007.

[8] 郝璐,王静爱. 基于 SWAT–WEAP 联合模型的西辽河支流水资源脆弱性研究[J]. 自然资源学报, 2012, 27(3):184-189.

[9] 吴浩云. 大型平原河网地区水量水质耦合模拟机联合调度研究[D]. 南京:河海大学, 2006.

[10] 张蕾. 东辽河流域水生态功能分区与控制单元水质目标管理技术[D]. 长春:吉林大学, 2012

[11] 严登华,何岩,邓伟,等. 东辽河流域地表水水质空间格局演化[J]. 中国环境科学, 2001, 21 (6): 564-568.

[12] 谭恒,赵文晋,伦王. 东辽河分水期污染物通量估算研究[J]. 安徽农业科学,2012, 40(1): 337-339.

[13] 徐祖信,廖振良,张锦平. 基于数学模型的苏州河上游和支流水质对干流水质的影响分析[J]. 水动力学研究与进展,2012, 40(1): 733-743.

[14] 张俐. 基于 GIS 的水量水质耦合模型应用研究[D]. 武汉:武汉大学, 2005.

[15] 孙少晨. 基于数学模型的寒区河流水量水质联合调控研究[D]. 上海:东华大学, 2012.

[16] 于达,刘萍,史峻平,等. 松花江水污染模型研究[J]. 数学的实践与认识,2009,39(11):104-108.

[17] 陈家军,于艳新,李森. QUAL2E 模型在呼和浩特市水质模拟中的应用[J]. 水资源保护,2004,29 (3):1-4.

[18] 廖振良,徐祖信,高廷耀. 苏州河环境综合整治一期工程水质模型分析[J]. 同济大学学报(自然科学版),2004,32(4):499-502.

[19] 史铁锤,王飞儿,方晓波. 基于 WASP 的湖州市环太湖河网区水质管理模式[J]. 环境科学学报, 2010,30(3):631-640.

[20] 徐仲翔,孙建富,章献忠,等. WASP 水质模型在兰江流域水体纳污能力计算中的应用[J]. 北方环境,2011,23(10):30-34.

[21] 李娜,叶闵. 基于 MIKE21 的三峡库区涪陵段排污口 COD 扩散特征模拟及对下游水质的影响[J]. 华北水利水电学院学报,2011,(1):30-34.

[22] 余江,许刚,康建雄. 河流一维水质预测模型在污染贡献值计算中的应用[J]. 环境科学与技术, 2006, 29(1):32-34.

[23] 郭新蕾. 河网的一维水动力及水质分析研究[D]. 武汉:武汉大学,2005.

[24] 朱健,王平,李捍东. 基于一维水质模型贾河自净能力分析[J]. 环境科学与技术,2009,32(6c): 245-248.

[25] 刘梅冰. 闽江下游河道水动力水质动态模拟[D]. 福建:福建师范大学,2006.

[26] 刘璐.基于水质模型的区域污染控制研究[D].上海:东华大学,2011.

[27] 锥文生,宋星原.用耦合模型法进行水质随机模拟的研究[J].水利学报,1995(3):12-20.

[28] 王有乐,陈连军,雷兴龙.黄河白银段面源污染分析及防治措施[J].科技信息,2010(1):379-380.

[29] 王有乐,周智芳,王立京.黄河兰州段氨氮降解系数的测定[J].兰州理工大学学报,2006,32(5):72-74.

[30] 王有乐,高康宁,蒲生彦.黄河兰州段面源污染分析与防治对策[J].人民黄河,2008,30(10):57-60.

[31] 云飞,李燕,杨建宁.黄河宁夏段COD及氨氮污染动态分布模拟探讨[J].宁夏大学学报,2005,26(3):283-286.

[32] 杜宇红,赵桂香.黄河包头段氨氮降解系数的研究[J].内蒙古环境科学,2009,21(2):32-36.

[33] 王有乐,张建奎,孙苑菡.黄河兰州市区段泥沙特性及水质预测研究[J].甘肃科技,2006,22(7):69-71.

[34] 王有乐,孙苑菡,张庆芳.黄河水体中COD与含沙量的关系研究[J].甘肃科技,2006,22(4):118-119.

[35] 王有乐,孙苑菡,周智芳.黄河兰州段COD$_{Cr}$降解系数的实验研究[J].甘肃冶金,2006,28(1):27-28.

[36] 司毅铭.小浪底水库对孟花段水环境影响的预测[J].西安理工大学学报,2005,21(2):174-177.

[37] 胡国华.多泥沙河流水质模型研究[J].安全与环境学报,2004,4(4):45-48.

[38] 黄文典.河流悬移质对污染物吸附及生物降解影响试验研究[D].成都:四川大学,2005.

[39] 何用,李义天,邸会彩.泥沙污染水质模型研究[J].四川大学学报,2004,36(6):12-17.

[40] 张世坤,张建军,田依林.黄河花园口典型污染物自净降解规律研究[J].人民黄河,2006,28(4):46-47.

[41] 张世坤,黄锦辉,杨艳春,等.黄河流域污染源调查分析[J].人民黄河,2011,33(12):45-47.

[42] 李怡庭,张曙光,李淑贞.黄河泥沙对水质参数影响的研究[J].水利水电科技进展,2003,23(1):11-13.

[43] 李家科.流域非点源污染负荷定量化研究——以渭河流域为例[D].西安:西安理工大学,2008.

[44] 李强坤.青铜峡灌区农业非点源污染负荷及控制措施研究[D].西安:西安理工大学,2010.

[45] 刘玉年,施勇,程绪水.淮河中游水量水质联合调度模型研究[J].水科学进展,2009,20(2):177-183.

[46] 付意成,魏传江,臧文斌,等.浑太河污染物入河控制量研究[J].水电能源科学,2008,28(12):21-25.

[47] HAYES D F, LABADIE J W, SANDERS T G. Enhancing water quality in hydropower system operations [J]. Water Resources Research, 1998, 34(3):471-483.

[48] WILLEY R G, SMITH D J, DUKE J H. Modeling water – resource systems for water quality management [J]. Journal of Water Resources Planning and Management, 1996, 122(3): 171-179.

[49] LOFTIS B, LABADIE J W, FONTANE D G. Optimal operation of a system of lakes for quality and quantity[C]//TORNOHC. Computer Applications in Water Resources. NewYork: ASCE, 1989:693-702.

[50] 芮孝芳,朱庆平.分布式流域水文模型研究中的几个问题[J].水利水电科技进展,2002,22(3):56-57.

[51] 胡彩虹,郭生练,彭定志,等.半干旱半湿润地区流域水文模型分析比较研究[J].武汉大学学报(工学版),2003,36(5):38-42.

[52] 赵人俊. 流域水文模型[M]. 北京：水利水电出版社,1984.

[53] 张卫华,李雨,魏朝富,等. 不同水文模型在 Broken 流域的比较研究[J]. 西南师范大学学报(自然科学版),2011,36(4):211-216.

[54] 李红霞,张新华,张永强,等. 缺资料流域水文模型参数区域化研究进展[J]. 水文,2011,31(3):13-16.

[55] 蔡文君,张卫华. SIMHYD 模型在 Goulburn 流域中的应用[J]. 安徽农业科学,2008,36(11):4591-4594.

[56] 王国庆,王军平,荆新爱,等. SIMHYD 模型在清涧河流域的应用[J]. 人民黄河,2006,29(3):29-30.

[57] 王国庆,张建云,贺瑞敏. 环境变化对黄河中游汾河径流情势的影响研究[J]. 水科学进展,2007,17(6):853-858.

[58] 温树生,王晓辉,关志成. 改进的萨克拉门托流域水文模型在小河站的应用[J]. 东北水利水电,2002,(11):42-43.

[59] 冷雪,关志成. 萨克拉门托模型的改进应用[J]. 吉林水利,2003(5):37-39.

[60] 熊剑锋,张树生. 萨克拉门托水文模型在天生桥洪水预报中的应用[J]. 云南水利发电,1998,15(1):4-7.

[61] 张卫华,李雨,魏朝富,等. 不同水文模型在 Broken 流域的比较研究[J]. 西南师范大学学报(自然科学版),2011,36(4):211-216.

[62] 林学钰,廖资生,钱云平,等. 基流分割法在黄河流域地下水研究中的应用[J]. 吉林大学学报(地球科学版),2009,39(6):959-967.

[63] 林学钰,廖资生,钱云平,等. 黄河流域地下水资源及其开发利用对策[J]. 吉林大学学报(地球科学版),2006,36(5):677-684.

[64] 王建华,肖伟华,王浩. 变化环境下河流水量水质联合模拟与评价[J]. 科学通报,2013,58(12):1101-1108.

[65] 杨新民,沈冰,王文焰. 降雨径流污染及其控制述评[J]. 土壤侵蚀与水土保持学报,1997,3(3):58-70.

[66] 欧阳威,王玮,郝芳华. 北京城区不同下垫面降雨径流产污特征分析[J]. 中国环境科学,2010,30(9):1249-1256.

附　录

附表 1　黄河兰州—河口镇区间入河排污口基本情况一览表

序号	排污口名称	入黄岸别		地理位置			排放类型		排放方式			污水性质					主要排污单位	排入河段所属水功能区
		左岸	右岸	行政位置	东经	北纬	常年	间断	暗管	明渠	泵站	工业	生活	工业为主混合	生活为主混合	农灌退水		
1	兰州维尼纶厂 0#		√	新城桥上 5 km	103°27′06.2″	36°10′16.4″	√		√			√						兰州饮用工业用水区
2	兰州维尼纶厂 1#		√	维尼纶厂雨墙后	103°26′58.1″	36°10′14.4″	√		√			√						
3	兰州维尼纶厂 2#		√	维尼纶厂雨墙后	103°26′53.7″	36°10′12.3″	√		√			√						
4	兰州维尼纶厂 3#		√	维尼纶厂雨墙后	103°26′53.7″	36°10′12.3″	√		√			√						
5	兰化 302		√	兰铝厂内钟家桥上 1 500 m	103°35′34.4″	36°07′45.5″	√		√			√						兰州工业景观用水区
6	兰州西固热电有限责任公司 1#		√	钟家桥下 2 000 m	103°37′05.5″	36°08′15.8″	√		√			√						
7	兰州西固热电有限责任公司 2#		√	钟家桥下 2 000 m	103°37′05.5″	36°08′15.8″	√		√			√						
8	兰州炼油厂 1#		√	沉淀池旁	103°39′31.2″	36°06′54.7″	√		√			√						

续附表 1

序号	排污口名称	入黄岸别 左岸	入黄岸别 右岸	地理位置 行政位置	地理位置 东经	地理位置 北纬	排放类型 常年	排放类型 间断	排放方式 暗管	排放方式 明渠	排放方式 泵站	污水性质 工业	污水性质 生活	污水性质 工业为主混合	污水性质 生活为主混合	污水性质 农灌退水	主要排污单位	排入河段所属水功能区
9	兰州炼油厂 2#		✓	双烟筒下	103°39′31.3″	36°06′53.9″	✓		✓			✓						
10	兰州炼油厂 3#		✓	双烟筒下	103°39′31.8″	36°06′52.9″	✓		✓			✓						
11	兰州炼油厂 4#		✓	双烟筒下	103°39′32.3″	36°06′51.4″	✓		✓			✓						
12	崔家大滩		✓	秀川游乐场旁	103°42′04.6″	36°04′57.2″	✓			✓					✓			
13	李家庄桥		✓	钟家桥下 2 500 m	103°38′08.4″	36°07′57.4″	✓			✓					✓			兰州工业景观用水区
14	兰州武警支队		✓	武警支队下 10 m	103°42′25.0″	36°04′50.9″	✓		✓				✓					
15	西沙沟	✓		白银水川吊桥下 500 m	103°36′45.8″	36°8′27.4″	✓			✓		✓						
16	金港城桥		✓	金港城桥下	103°44′15.8″	36°05′01.6″	✓			✓		✓						

续附表1

序号	排污口名称	入黄岸别		地理位置			排放类型		排放方式			污水性质					主要排污单位	排入河段所属水功能区
		左岸	右岸	行政位置	东经	北纬	常年	间断	暗管	明渠	泵站	工业	生活	工业为主混合	生活为主混合	农灌退水		
17	水挂庄桥	✓		省党校上约200 m	103°43′36.5″	36°05′34.4″	✓			✓					✓			
18	七里河路口		✓	七里河桥路口	103°46′58.0″	36°04′21.1″	✓		✓				✓					
19	七里河桥		✓	七里河桥上150 m	103°46′49.5″	36°04′26.6″	✓		✓				✓					
20	石碳沟		✓	小西湖公园西侧	103°47′33.1″	36°04′04.7″	✓		✓						✓			
21	雷坛河桥		✓	雷坛河桥下	103°48′23.9″	36°03′47.9″	✓			✓		✓						
22	中山桥		✓	中山桥下	103°48′54.8″	36°03′50.1″	✓		✓						✓			兰州工业景观用水区
23	阿波罗大酒店	✓		中山桥下350 m	103°49′24.9″	36°03′59.2″	✓		✓				✓					
24	永昌路口		✓	中山桥下100 m	103°49′06.4″	36°03′50.8″	✓		✓						✓			

续附表1

序号	排污口名称	入黄岸别		地理位置			排放类型		排放方式			污水性质					主要排污单位	排入河段所属水功能区
		左岸	右岸	行政位置	东经	北纬	常年	间断	暗管	明渠	泵站	工业	生活	工业为主混合	生活为主混合	农灌退水		
25	庙滩子	√		中山桥下400 m	103°49′30.9″	36°03′53.9″	√			√			√					
26	轻工大厦		√	新大桥上30 m	103°49′47.5″	36°03′57.6″	√		√				√					
27	大沙沟	√		3512工厂下约300 m	104°50′15.7″	36°04′03″	√			√				√				兰州工业景观用水区
28	正林瓜子厂	√		新大桥下500 m	103°51′22.4″	36°04′26.0″	√		√			√						
29	石门沟	√		石门沟	103°51′38.1″	36°04′55.1″	√			√					√			
30	南河渠		√	包兰桥上1 600 m	103°55′29.0″	36°03′14.8″	√			√					√			
31	兰州皮革厂		√	包兰桥上1 500 m	103°55′40.2″	36°03′07.5″		√		√		√						兰州排污控制区
32	油污干管		√	包兰桥上1 400 m	103°55′43.9″	36°03′07.8″	√		√			√						
33	雁儿湾污水处理厂		√	包兰桥上1 000 m						√				√				

续附表1

序号	排污口名称	入黄岸别 左岸	入黄岸别 右岸	地理位置 行政位置	地理位置 东经	地理位置 北纬	排放类型 常年	排放类型 间断	排放方式 暗管	排放方式 明渠	排放方式 泵站	污水性质 工业	污水性质 生活	污水性质 工业为主混合	污水性质 生活为主混合	污水性质 农灌退水	主要排污单位	排入河段所属水功能区
34	西大沟	√		白银水川吊桥下500 m	104°14'25.3"	36°21'39.9"	√			√		√						白银饮用工业用水区
35	东大沟	√		白银四龙乡四龙口	104°23'30.5"	36°25'46.6"	√		√			√						
36	靖远县污水口	√		靖远县污水城后	104°41'36.5"	36°34'29.6"	√			√					√			靖远渔业工业用水区
37	甘肃靖远第一发电有限责任公司	√		甘肃靖远第一发电有限责任公司取水口下100 m	104°41'28.9"	36°42'55.1"	√		√			√						
38	中宁总排		√	中宁黄河桥下	105°46.885'	37°33.23'	√			√					√		生活污水	青铜峡饮用农业用水区
39	中宁电厂退水	√		中宁县石空镇	105°45.110'	37°33.384'	√			√		√					中宁电厂	
40	吴忠总排		√	吴忠市古城湾乡	106°07.511'	37°58.280'	√		√				√				生活污水	吴忠排污控制区
41	峡光造纸厂		√	青铜峡市青铜峡镇	106°01.463'	37°54.471'	√		√			√					峡光造纸厂	

续附表1

序号	排污口名称	入黄岸别		地理位置			排放类型		排放方式			污水性质					主要排污单位	排入河段所属水功能区
		左岸	右岸	行政位置	东经	北纬	常年	间断	暗管	明渠	泵站	工业	生活	工业为主混合	生活为主混合	农灌退水		
42	大坝电厂退水口	√		青铜峡市青铜峡镇	105°59.575'	37°53.745'	√		√			√					大坝电厂	吴忠排污控制区
43	青铜峡树脂厂		√	青铜峡市青铜峡镇	106°01.463'	37°54.471'	√		√			√					青铜峡树脂厂	
44	二矿排水	√		石嘴山黄河大桥下	106°47.039'	39°14.532'	√			√			√				石嘴山二矿	
45	国电宁夏石嘴山发电有限责任公司	√		石嘴山河滨工业园区	106°47.756'	39°17.929'	√			√		√					国电宁夏石嘴山发电有限责任公司	黄河宁蒙缓冲区
46	石嘴山氯碱厂	√		石嘴山河滨工业园区	106°47.786'	39°18.132'	√			√		√					石嘴山氯碱厂	
47	宁夏恒力集团有限公司	√		石嘴山河滨工业园区	106°47.868'	39°18.393'	√			√		√					宁夏恒力集团有限公司	
48	石嘴山水泥厂	√		石嘴山河滨工业园区	106°47.937'	39°19.134'	√			√		√					石嘴山水泥厂	
49	内蒙古海勃湾发电有限责任公司		√	乌海市海南区雀沟罗村	106°48'01.2"	39°37'63.0"	√			√		√					内蒙古海勃湾发电有限责任公司	

续附表 1

| 序号 | 排污口名称 | 入黄岸别 | | 行政位置 | 地理位置 | | 排放类型 | | 排放方式 | | | 污水性质 | | | | | 主要排污单位 | 排入河段所属水功能区 |
		左岸	右岸		东经	北纬	常年	间断	暗管	明渠	泵站	工业	生活	工业为主混合	生活为主混合	农灌退水		
50	乌达发电(集团)有限责任公司洗煤厂渗漏水	√		乌海市乌达区	106°44′56.9″	39°28′50.3″		√		√		√					乌达发电(集团)有限责任公司洗煤厂	黄河宁蒙缓冲区
51	乌达发电(集团)有限责任公司	√		乌海市乌达区	106°44′12.2″	39°29′13.1″	√			√		√					乌达发电(集团)有限责任公司	
52	内蒙古黄河化工(集团)有限责任公司		√	乌海市上海勃湾区715农场	106°47′12.6″	39°34′27.2″	√			√		√					内蒙古黄河化工(集团)有限责任公司	
53	内蒙古黄河工贸集团华西焦公司		√	乌海市上海勃湾区青年农场	106°47′03.4″	39°37′36.0″	√		√			√					内蒙古黄河工贸集团华西焦公司	乌海排污控制区
54	海勃湾城区总排		√	乌海市下海勃湾区51农场6队	106°45′23.4″	39°42′57.7″	√			√					√		海勃湾城区生活污水	
55	亿利科技实业股份有限公司利欣分公司		√	鄂尔多斯市巴拉贡镇														三盛公农业用水区

续附表 1

序号	排污口名称	入黄岸别		地理位置			排放类型		排放方式			污水性质					主要排污单位	排入河段所属水功能区
		左岸	右岸	行政位置	东经	北纬	常年	间断	暗管	明渠	泵站	工业	生活	工业为主混合	生活为主混合	农灌退水		
56	内蒙古黄河铬盐股份有限公司	√		磴口县巴彦高勒镇南奎子村	107°02′50.0″	40°20′11.4″	√		√			√					内蒙古黄河铬盐股份有限公司	巴彦淖尔盟农业用水区
57	包头钢铁集团尾矿坝	√		包头市全巴图乡西圆圃村	109°09′16.5″	40°31′34.3″		√		√		√					包头钢铁公司选矿厂	包头昭君坟饮用工业用水区
58	蒙达发电有限责任公司		√	达拉特旗解放滩乡	40°31′42.9″	109°54′47.2″	√		√					√			蒙达发电有限责任公司生活、工业废污水	
59	西河槽	√		包头市九原区毛凤章营村	109°58′54.4″	40°31′52.8″	√			√				√				包头东河饮用工业用水区
60	东河槽	√		包头市河东乡河东村	110°02′28.0″	40°32′40.7″	√			√				√				
61	华资实业股份有限责任公司	√		包头市古城湾乡东富村	110°11′28.8″	40°33′04.0″	√		√					√			华资实业股份有限责任公司生活、工业废污水	土默特右旗农业用水区

续附表 1

| 序号 | 排污口名称 | 入黄岸别 | | 地理位置 | | | 排放类型 | | 排放方式 | | | 污水性质 | | | | | | 主要排污单位 | 排入河段所属水功能区 |
		左岸	右岸	行政位置	东经	北纬	常年	间断	暗管	明渠	泵站	工业	生活	工业为主混合	生活为主混合	农灌退水		
62	内蒙古大唐托克托发电有限公司污水口 1	√		托克托县燕山营乡碱池村	111°18'46.4"	40°18'53.8"	√		√					√			内蒙古大唐托克托发电有限公司生活、工业废污水	黄河托克托缓冲区
63	内蒙古大唐托克托发电有限公司污水口 2	√		托克托县燕山营乡碱池村	111°19'15.0"	40°08'53.8"	√		√					√			内蒙古大唐托克托发电有限公司生活、工业废污水	

附表 2　黄河兰州—河口镇区间农灌退水沟调查表

序号	农灌退水沟名称	入黄岸别 左岸	入黄岸别 右岸	行政位置	地理位置 东经	地理位置 北纬	主要排污单位	排入河段所属水功能区
1	中卫第一排水沟	√		宁夏中卫市胜金关北	105°28.113′	37°30.118′	生活污水	青铜峡饮用农业用水区
2	清水沟		√	吴忠市古城乡华三村	106°11.841′	38°02.642′	吴盛纸业、吴忠造纸厂、吴忠化工厂	吴忠排污控制区
3	金南干沟		√	灵武枣园乡	106°07.508′	37°58.297′	宁华纸业、吴忠化肥厂	
4	苦水河		√	灵武崇兴镇	106°12.309′	38°04.146′		
5	灵武西沟		√	灵武瓷窑堡煤矿农场	106°20.291′	38°17.387′	灵武化肥厂、灵武纺织总厂	
6	第一排水沟	√		永宁望洪镇望洪	106°14.482′	38°12.147′		永宁过渡区
7	永宁中干沟	√		永宁望远镇东升3队	106°20.628′	38°19.549′	伊品味精厂、紫金花纸业	
8	银新沟(第二排水沟在入黄口上游2 000 m处汇入银新沟)		√	贺兰县京星农场	106°31.416′	38°35.955′	银川市、贺兰县城市污水美洁纸业	陶乐农业用水区
9	第四排水沟	√		平罗县通伏村	106°35.404′	38°19.549′	沙湖纸业	黄河宁蒙缓冲区
10	第五排水沟(第三排水沟在入黄口上游2 000 m处汇入入五排)	√		惠农区园艺镇	106°46.913′	39°13.782′	沙湖纸业、平罗化肥厂、平罗糖厂	

附表 3　黄河兰州—河口镇区间支流口调查表

序号	支流名称	入黄岸别		地理位置			排入河段所属水功能区
		左岸	右岸	行政位置	东经	北纬	
1	祖厉河		√	青海省靖远县	104°38′	36°34′	靖远渔业工业用水区
2	清水河		√	中宁县古城乡康滩	105°32.623′	37°29.254′	青铜峡饮用农业用水区
3	红柳沟		√	中宁鸣沙乡二道渠村	105°53.883′	37°37.219′	青铜峡饮用农业用水区
4	都思兔河		√	巴音陶亥一棵树村	106°53.130′	39°05.246′	黄河宁蒙缓冲区
5	昆都仑河	√		包头市全巴图乡三良才村	109°45′28.7″	40°30′13.0″	包头昆都仑排污控制区
6	四道沙河	√		包头市九原区共青农场	109°52′54.9″	40°31′23.9″	包头昆都仑过渡区

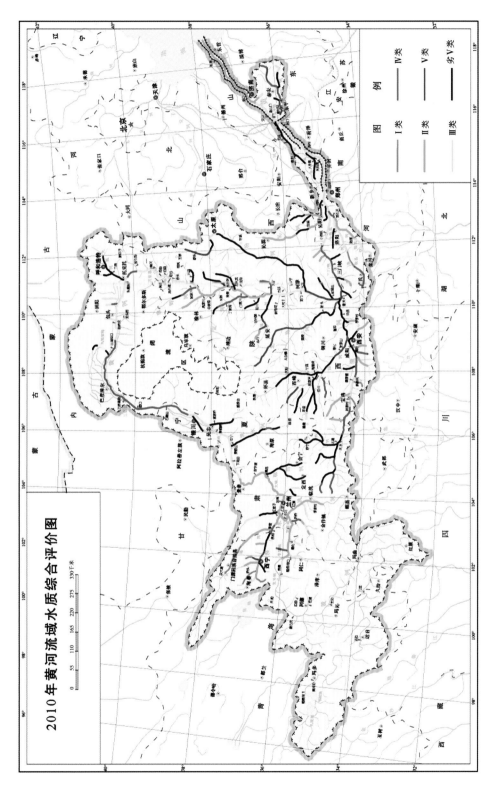

附图1　2010年黄河流域水质综合评价图

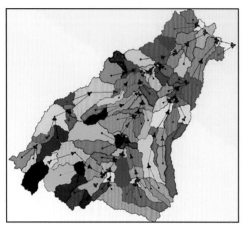

(a)空间布局

(b)概念布局

Time	Large Dam Volume (ML)	Dam Release	Operator release	Min Release	Flow @ min Release	Inflow1 (Ml/Day)	Min Flow below Inflow	Flow below Inflow (ML/day)	Gauge9 G.H.	Predicted weir Inflow (ML)	Weir Inflow	Weir pool level [m]	Weir Volume (ML)	Weir Release	WU5 Order	WU5 Supplied
9/01/2011 00:00	99680	20		20	20	50	0	270	3.26	340	270	10	10000	270	0	0
0/01/2011 00:00	99560	120		20	20	50	0	70	0.85	140	70	9.97	9970	100	0	0
1/01/2011 00:00	99510	50		20	119.6	50	0	70	0.85	240	70	9.94	9940	100	0	0
2/01/2011 00:00	99460	50		20	50	50	0	170	2.05	170	170	9.98	9978	132	0	0
3/01/2011 00:00	99379	82		20	50	50	0	100	1.21	200	100	9.98	9978	100	0	0
4/01/2011 00:00	99329	50		20	81.6	50	0	100	1.21	232	100	9.98	9978	100	0	0
5/01/2011 00:00	99279	50		20	50	50	0	132	1.59	232	132	9.99	9992	118	0	0
6/01/2011 00:00	99259	20		20	50	100	0	100	1.21	250	100	9.99	9992	100	0	0
7/01/2011 00:00	99239	20		20	20	1000	0	150	1.81	1170	150	10	9997	145	0	0
8/01/2011 00:00	99219	20		20	20	5000	0	1020	10.16	6040	1020	10	9999	1018	0	0
9/01/2011 00:00	99199	20		20	20	5000	0	5020	50.1	10040	5020	10	10000	5019	0	0
0/01/2011 00:00	99179	20		20	20	2500	0	5020	50.1	7540	5020	10	10000	5020	0	0
1/01/2011 00:00	99159	20		20	20	1730	0	2520	22.37	4270	2520	10	10000	2520	0	0
1/02/2011 00:00	99139	20		20	20	1229	0	1750	16.11	2999	1750	10	10000	1750	0	0
2/02/2011 00:00	99119	20		20	20	904	0	1249	12.03	2174	1249	10	10000	1249	0	0
3/02/2011 00:00	99099	20		20	20	693	0	924	7.32	1637	924	10	10000	924	200	200

(c)时间布局

附图 2 IQQM 模型布局

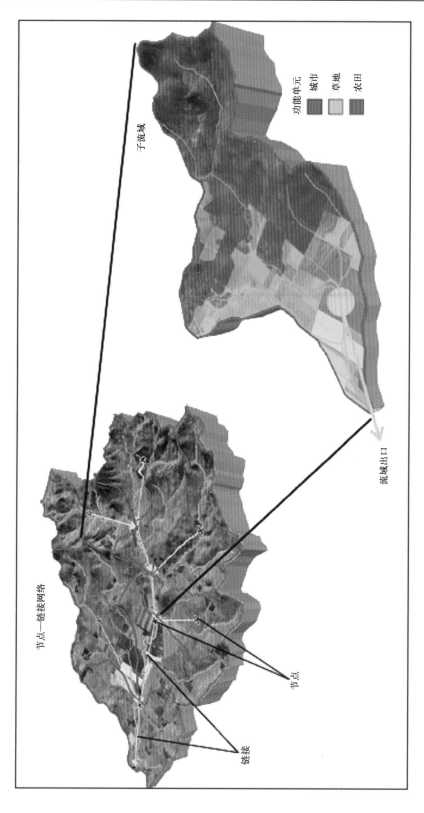

附图 3　节点—链接网络和子流域

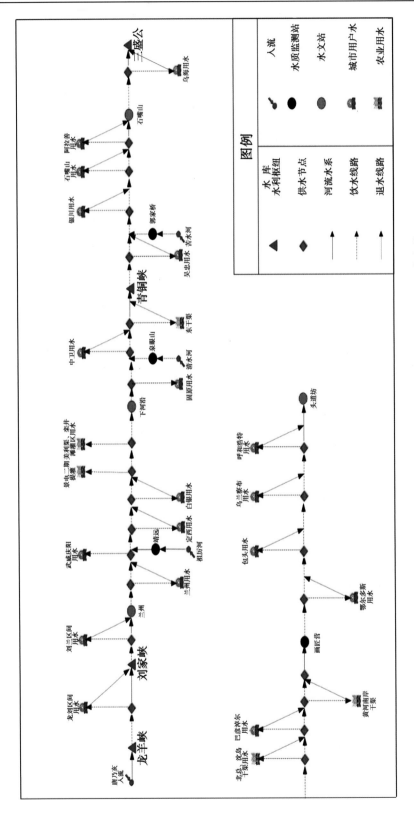

附图 4 黄河兰州—河口镇河段水质水量一体化配置模型概化节点简图